人身風險管理
理論與實務

鄭燦堂 著

五南圖書出版公司 印行

自序

　　人類進入 21 世紀，才短短的十三年間，南亞大海嘯、911 紐約世貿大樓恐怖攻擊、美國卡崔娜颶風、中國汶川大地震，以及東日本 311 大地震等重大天災人禍就像黑天鵝，不但是絕對多數人從未想過會發生的事，損失程度更超出我們認知的範圍。但隨著重大天災的發生頻率大幅增加，有如上百萬隻黑天鵝降臨般成為常態時，我們更應做好準備，面對如影隨形的黑天鵝時代之風險社會（Risk Society）的來臨。

　　在這個風險社會時代，人類已必須重新去面對許多以前疏忽掉的問題，大的如既有文明的走向、國際政經社會的重新規範、重大風險共同管理等；而在短中期方面，則是每個企業社會與政府，都必須成為新型態的「警戒式單位」──它必須有足夠的警覺心，有掌握及研判風險的能力，還要有本領對各類風險作出有效的動員，以及能有足夠的風險研究。

　　這也就是說，「風險」已成了目前這時代的背景音樂，人類已進入了一個與風險共生、與災難並存的新階段。

　　國內有關人身風險管理理論與實務的論述較為缺乏，然而採行人身風險管理的各種措施，可以幫助個人、家庭、工商企業及政府機構，達到預防、減輕及彌補人身損失的目的，因此，筆者將多年來在學術及實務上的所得整理成冊。

　　本書共有十二章，前六章係說明一般風險管理之理論與實務，後六章係闡明家庭（個人）與企業人身風險管之理論與實務，並輔佐最新的案例，幫助大家瞭解家庭（個人）與企業如何管理人身風險。

　　此外，本書於每一章結束時，均提出一些自我評量的題目供讀者檢視學習成果，並將歷屆各種有關人身風險管理考試試題及參考解答以附錄方式呈現於書後，我們確信，本書對於有意在人身風險管理領域中更上一層樓的朋友們──不論是初學者、有意進修者、參加各種考試者以及實際執行人身風險管理者，都是很好的參考教材。

　　本書雖然力求內容完善及易懂，但錯誤之處在所難免，誠盼產、官及學界先進不吝指正。

鄭燦堂　謹識

2013年6月

目　錄

第一章　風險與風險管理　**1**

　　第一節　黑天鵝效應如影隨形 / 3
　　第二節　風險社會 / 5
　　第三節　現代風險社會之特色 / 6
　　第四節　現代風險社會之風險 / 8
　　第五節　人類未來十年面臨的十大風險 / 11

第二章　風險的定義、特性及分類　**15**

　　第一節　風險的定義 / 17
　　第二節　風險的特性 / 18
　　第三節　風險四要素 / 19
　　第四節　風險之偏好 / 21
　　第五節　風險的分類 / 22
　　第六節　風險之要件及性質 / 35
　　第七節　風險之管理 / 37
　　第八節　風險的成本 / 39

第三章　風險管理之基本內容　**43**

　　第一節　風險管理的沿革 / 45
　　第二節　風險管理的發展 / 46
　　第三節　風險管理受重視之原因 / 48

第四節　風險管理之意義及其重要性／50

第五節　風險管理的特質／51

第六節　風險管理的目標／55

第七節　風險管理的範圍／58

第八節　風險管理之原則／60

第九節　風險管理與其他管理之比較／60

第十節　風險管理之貢獻／62

第十一節　風險管理之實施步驟／64

第四章　風險管理實施之步驟㈠　69
——認知與分析損失風險

第一節　風險管理之管理面與決策面／71

第二節　風險管理實施之步驟／75

第三節　風險管理實施步驟1：認知與分析損失風險／77

第五章　風險管理實施之步驟㈡　89
——檢視、選擇、執行，以及監督與改進風險管理策略

第一節　風險管理實施步驟2：檢視各種風險管理策略之可行性／91

第二節　風險管理實施步驟3：選擇最佳之風險管理策略／102

第三節　風險管理實施步驟4：執行所選定之風險管理策略／105

第四節　風險管理實施步驟5：監督與改進風險管理計畫／107

第五節　風險管理之成本與效益／110

第六章　風險管理計畫之建立　115

第一節　風險管理計畫之目標／117

第二節　風險管理人之基本職責／125

第三節　風險長的職責與挑戰／129

第四節　風險管理計畫之組織／133

第五節　風險管理資訊系統／141

第六節　風險管理計畫之管制／143

第七節　風險管理政策說明書與風險管理年度報告／145

第七章　人身損失風險之評估　149

第一節　個人風險態度的種類／151

第二節　個人理性思考的限制性／155

第三節　影響個人風險承受能力的因素／163

第四節　如何評估個人風險承受能力／165

第八章　人身損失風險之分析　171

第一節　人身損失風險的意義與種類／173

第二節　影響人身損失風險的因素／173

第三節　人身損失風險事故的特色／175

第四節　人身損失風險之特性／179

第九章　家庭（個人）人身風險認知與人身損失之財務影響　181

第一節　家庭（個人）人身風險之認知／183

第二節　家庭（個人）人身損失之財務影響／184

第三節　家庭（個人）人身風險成本／196

第十章　家庭（個人）人身風險管理與保險規劃　199

第一節　人生與風險／201

第二節　家庭（個人）理財與風險管理／202

第三節　家庭（個人）人身風險管理與保險規劃／213

第十一章　企業人身風險認知與人身損失之財務影響　231

　　第一節　企業人身風險之認知／233
　　第二節　企業人身損失之財務影響／235
　　第三節　企業人身風險成本／244

第十二章　企業風險管理與保險規劃　247

　　第一節　企業經營與人身風險管理／249
　　第二節　企業人身損失風險之評估／249
　　第三節　企業人身風險管理之步驟／250
　　第四節　企業人身風險管理與保險規劃／251

參考書目　259

附錄一　自我評量解答　263

**附錄二　中華民國風險管理學會歷屆個人風險管理師「人身風險管
　　　　　理」試題及參考解答　267**

**附錄三　考試院歷屆人身保險經紀人「人身風險管理概要」試題及
　　　　　參考解答　301**

第一章

風險與風險管理

學習目標

本章讀完後,您應能夠:

1. 瞭解自然災害的黑天鵝效應對風險管理的衝擊
2. 體認我們已處在一個風險社會的時代
3. 發現現代風險社會之特色
4. 歸納現代風險社會所面臨的風險
5. 明白人類未來十年面臨的十大風險

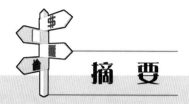

摘　要

　　根據紐約大學教授納西姆‧尼可拉斯‧塔雷伯（Nassim Nicholas Taleb）的定義，「黑天鵝效應」就是指那些「對全球影響極大，卻總在事前被人們忽略的突發事件。但事後看來，這些意外卻非偶然。」例如：鐵達尼號沉船事件、911 事件、金融海嘯、歐元危機……。塔雷伯認為「黑天鵝」之所以不斷出現，是因為無論是個人、企業或政府，總習慣將眼前的太平景象，視為理所當然，而忽略背後隱藏的結構性風險。

　　人類進入 21 世紀，才短短的十二年間，南亞大海嘯、911 紐約世貿大樓恐怖攻擊、美國卡崔娜颶風、中國汶川大地震，以及東日本 311 大地震等重大天災人禍就像黑天鵝，不但是絕對多數人從未想過會發生的事，損失程度更超出我們認知的範圍。但隨著重大天災的發生頻率大幅增加，有如上百萬隻黑天鵝降臨般成為常態時，我們更應做好準備，面對如影隨形的黑天鵝時代之風險社會（Risk Society）的來臨。

　　1990 年代後期以來，全球政經社會領域即出現一個關鍵詞—「風險」（Risk）。這個詞開始進入歷史的日程表，主要乃是拜德國思想家烏爾利希‧貝克（Ulrich Beck）教授於 1986 年創發的「風險社會」（Risk Society）學說之賜。

　　貝克教授指出，在這個全球化的資本主義晚期時代，儘管人類的互動與福祉增加，但連動所造成的風險也同樣大增。例如，若在國際政治上太過跋扈，就會有無法預測的恐怖反擊；全球持續掠奪自然資源，使得氣候異變、風雨暴雪等自然災害的頻率與規模就會增大；由於各國經濟連動增加，所謂的「蝴蝶效應」就會形成，人類對自然的擾動增多，大規模的流行疫病就更容易爆發。

　　現代風險社會的焦慮與不安，已嚴重威脅著每個國家社會、每個行業與每一個人，因此，在這「風險社會」的時代，人們無論在決策與運作上，已必須用另一種更高規格的邏輯，才能趨吉避凶，減少牽累與受害。

第 一 節　黑天鵝效應如影隨形

　　17 世紀之前的歐洲人認為，所有天鵝都是白色的。因為歐洲人從沒看過黑天鵝，所以沒有人會懷疑「所有的天鵝都是白的」這件事。直到有一天人們在澳洲發現了黑天鵝，歐洲人的想法才有極大的轉變。這種大翻轉帶給人們極為劇烈的震盪。因為「所有天鵝都是白的」這個事實，有數萬隻的白天鵝支持它。但只出現一隻黑天鵝，就足以推翻它。它的意義在於，人們深信不疑的觀念不一定正確。正因為我們從未懷疑過「它可能是錯的」，在完全沒有防備的情況下，竟然可以如此輕易造成極大的傷害，就如同只看過白天鵝的歐洲人，自然認為「所有的天鵝都是白色的」，「黑色天鵝」則是想都沒想過的事，心中的衝擊可想而知，這就是「黑天鵝效應」（Black Swan Theory）。

　　根據紐約大學教授納西姆・尼可拉斯・塔雷伯（Nassim Nicholas Taleb）的定義，「黑天鵝效應」就是指那些「對全球影響極大，卻總在事前被人們忽略的突發事件。但事後看來，這些意外卻非偶然。」例如：鐵達尼號沉船事件、911 事件、金融海嘯、歐元危機……。塔雷伯認為「黑天鵝」之所以不斷出現，是因為無論是個人、企業或政府，總習慣將眼前的太平景象，視為理所當然，而忽略背後隱藏的結構性風險。

　　在人類進入 21 世紀，才短短的十二年間，南亞大海嘯、911 紐約世貿大樓恐怖攻擊、美國卡崔娜颶風、中國汶川大地震，以及東日本 311 大地震等重大天災人禍就像黑天鵝，不但是絕對多數人從未想過會發生的事，損失程度更超出我們認知的範圍。但隨著重大天災的發生頻率大幅增加，有如上百萬隻黑天鵝降臨般成為常態時，我們更應做好準備，面對如影隨形的黑天鵝時代之風險社會（Risk Society）的來臨。

　　塔雷伯教授認為，在現代風險社會中，保持謙卑的態度肯定是受歡迎的。因為在「太平」時期，我們似乎過度信任科技的模型計算與預測能力。其實，風險社會可以透過某些機制與措施，變得更穩健。換句話說，我們可能透過風險管理，創造一個「隔絕或減少黑天鵝的風險社會」。

第二節 風險社會

2011 年 3 月 11 日下午 1 點 46 分，東日本發生規模 9.0 之大地震，造成 15,843 人死亡，5,890 人受傷，3,469 人失蹤，房屋全倒 110,848 間，半倒 134,954 半間，部分受損 488,138 間，經濟損失高達 2,400 億美元。

此次東日本的 9 級大地震，引發地、水、火、核四大複合式災難齊發，讓人怵目驚心。其中最讓人憂心忡忡的還是福島第一核電廠機組的接連爆炸及放射性物質外洩事件。這事件既是天災，又有可能是人禍，所以引起了全球核能發電是否安全的廣泛重視。

2011 年 3 月 11 日發生東日本的 9 級大地震，除了造成上述龐大生命財產損失外，並引發了超級大海嘯、核電廠輻射外洩、全球產業關鍵零組件供應鏈暫時中斷及經濟影響的災難。這種由強震所引起的「複合式災難」，超出先前人類日常運作所能思考的範疇，值得我們深思。

發生於 2008 年 5 月 12 日下午 2 點 48 分，規模達芮氏 8 級之中國四川汶川大地震，經統計，造成 87,467 人死亡，374,176 人受傷，13,831 人失蹤；53,295 公里的公路被破壞，778.91 萬戶房屋倒塌；政府投入救災金額為 548.76 億人民幣，經濟損失超過 10,000 億人民幣。此次大地震透過新聞媒體的不斷報導，引發人們對現代風險社會的焦慮與不安。

發生於 1999 年 9 月 21 日規模達芮氏 7.3 級之集集大地震，再度喚起國人對地震之重視，此次臺灣百年以來最嚴重的地震災害，造成 2,415 人死亡失蹤，11,000 多人受傷，其中重傷 4,139 人，房屋全倒 8,457 間，半倒 6,204 間，直接財物損失逾新臺幣 3,600 億元。

2001 年 9 月 11 日，恐怖分子劫持了四架民航客機，其中兩架撞進了美國紐約世貿中心雙塔，第三架撞到五角大廈，而第四架則栽進了賓州西南部的一個農田裡，至少有 2,973 人在此次的恐怖事件中喪生。

2009 年 8 月 8 日，莫拉克颱風重創臺灣南部地區，帶來五十年來最嚴重水災的世紀大浩劫。山崩、橋斷、家毀、人亡，造成全臺共 571 人死亡、106 人失蹤，5,000 多人流離失所，農村漁牧損失高達新臺幣 160 億元。若不是此次 88 水災，臺灣人民很難相信幾年前電影「明天過後」的情節，會活生生地上演。被

世界銀行視為水災、旱災和地震等三大災害交替發生率最高的臺灣，世紀巨變恐未畫上休止符，明天過後，我們應如何與自然災害共處，降低老天爺的懲罰？

表1-1　東日本大地震vs.臺灣921大地震vs.中國汶川大地震比較表

事件	東日本大地震	921大地震	汶川大地震
發生日期	2011年3月11日	1999年9月21日	2008年5月12日
規模（芮氏）	9.0	7.3	8.0
震央	仙台市以東130公里外海	日月潭西偏南12.5公里處	汶川縣境內映秀鎮
深度	24公里	8公里	19公里
威力	110,000顆原子彈爆炸	45顆原子彈爆炸	251顆原子彈爆炸
死亡人數	15,843人，另有3,469人失蹤	2,415人	87,467人，另有13,831人失蹤

資料來源：參閱2011年4月1日《經典雜誌》，p. 45與2012年1月19日日本共同社網路新聞

令人震驚的311東日本大地震、臺灣88水災與921大地震、世貿中心恐怖攻擊事件與中國四川汶川大地震均清楚地表明，我們生活在一個風險社會中，處在風險社會中，最可怕的是我們竟不自知。

1990年代後期以來，全球政經社會領域即出現一個關鍵詞—「風險」（Risk）。這個詞開始進入歷史的日程表，主要乃是拜德國思想家烏爾利希・貝克（Ulrich Beck）教授於1986年創發的「風險社會」（Risk Society）學說之賜。

貝克教授指出，在這個全球化的資本主義晚期時代，儘管人類的互動與福祉增加，但連動所造成的風險也同樣大增。例如，若在國際政治上太過跋扈，就會有無法預測的恐怖反擊；全球持續掠奪自然資源，使得氣候異變，風雨暴雪等自然災害的頻率與規模就會增大；由於各國經濟連動增加，所謂的「蝴蝶效應」就會形成，人類對自然的擾動增多，大規模的流行疫病就更容易爆發。

這也就是說，「風險」已成了目前這個時代的背景音樂，人類已進入了一個與風險共生、與災難並存的新階段。

在這個風險時代，人類必須重新去面對許多以前疏忽掉的問題，大的如既有文明的走向、國際政經社會的重新規範、重大風險共同管理等；而在短中期方面，則是每個企業社會與政府，都必須成為新型態的「警戒式單位」——它必須有足夠的警覺心，有掌握及研判風險的能力，還要有本領對各類風險作出

有效的動員，以及能有足夠的風險研究。

　　自從貝克教授提出「風險社會」（Risk Society）的學說後，人們已愈來愈清楚地理解到，人類將面臨自然災害、流行疫病、恐怖組織攻擊及人類對地球生態破壞，可能引發全球暖化的天災、人禍等風險所帶來的不安全和不確定性。現代風險社會的焦慮與不安，已嚴重威脅著每個國家社會、每個行業與每一個人，因此，在這「風險社會」的時代，人們無論在決策與運作上，已必須用另一種更高規格的邏輯，才能趨吉避凶，減少牽累與受害。

第三節　現代風險社會之特色

一、現代風險社會之特色

　　現代風險社會具有下列九大特色，茲說明如下：

(一)變遷迅速

　　法國詩人保羅・凡樂希著名的詩句：「我們這個時代最大的問題是什麼？我們這個時代最大的問題，就是現在和過去不一樣。」為什麼不一樣？是因為變得快。最近五年的變化，等於過去五十年。一個人年輕時所學到的東西，隨著年齡的增長，很快地便落伍了。不管我們年輕還是年長，都成為沒有經驗的人，因此要以謙卑的態度、開闊包容的精神，不斷地學習。

(二)時間革命

　　傳統的時間觀念，每天 24 小時，區分晝夜。有工作、有休息，幾乎每件事情都有一定的發生時間，一定的操作時間。可是，自從 24 小時革命之後，沒有日夜的區分，不僅交通通訊事業全年無休，各種商店、娛樂場所、銀行也都全年無休。我們在睡覺的時候，某些地方的人在工作；一邊午夜正在夢中，另一邊可能股市崩盤，醒來時一生的積蓄已化為烏有。

⒢環境主義

自工業革命以來，隨著產業的發展，人類的欲望無止境的升高，資源急速的耗竭，環境遭到破壞，因而興起了維護自然生態的主張。人類逐漸明白，我們居住的地球，不僅是唯一賴以生存的空間，且為與我們後世子孫所共有。所以要節制欲望，經營純潔簡樸的生活，揚棄追求成長的想法，俾使人類得以永續生存。

⒣科技進步

自 1738 年紡織機發明之後，科技的發展日新月異，提升了生產力，一方面創造了富裕的社會，另方面縮減了勞動的時間，讓人可以享有休閒，繼續去學習。

可是科技作用於大自然，結果引發自然界的反擊。非但環境遭到破壞，資源急速耗盡，威脅到人類的生存，而且還使原來只是造成傷害性的危險，擴大為毀滅性的危險。

⒤人權伸張

人權本是一個發展的概念，隨著人類的努力創造，而擴張其領域，提高其水準，豐富其內容。由傳統社會主張以生存權為中心的權利，如美國革命與法國革命爭取以自由權為中心的權利，社會主義革命以平等權為中心的權利而奮鬥，迄今開展了以環境權、和平與安全權、糧食權、個人與民族發展權、自然資源享有權、人類文化遺產共享權、人道主義救援權等新權利的追求，使集體的權利意識升高。

⒥社會壓力

在以往由於社會封閉，除了來自政府的管轄之外，並無來自民間組織干預的力量。但是在社會力釋放之後，種種非政府組織勃然興起。勞工運動、婦女運動、人權運動、環境保護運動、消費者保護運動等，莫不產生強大的力量，施壓於企業和政府。

(七)人口結構

在經過人口革命之後,人口的出生率與死亡率都大幅下降,使人口結構老化。結婚年齡推遲,不婚比率升高,婚姻穩定性喪失,離婚率急速上升,單親家庭日益眾多,使戶量縮小,家庭功能不足。人口結構的改變,完全地改變了社會的面貌,左右了生活方式。

同時,也升高了人生的風險,創造出社會上新的需要。傳統的家庭本來是一個自給自足的單位,家庭成員之間有相互保險的功能,但如今此種功能已經不再。

(八)跨越國界

在過去,任何風險都是侷限於一隅,可是如今任何一地發生之事件,都使全球受到影響。無論是技術的更新、觀念的改變、災變的發生、環境的破壞、一國的決策,都擴散及於世界。

美國聯邦準備理事會一個改變利率的決定,使全球經濟都隨之波動;烏克蘭核能發電廠的爆炸事件,連臺灣嬰兒奶粉價格都會飆漲。

(九)資訊擴散

在資訊不發達的時代,危機是封閉的,消息是漸進的,可是現代社會資訊發達,通信便捷,一切都由封閉轉變為開放,侷限轉變為擴散,任何事件的發生立即傳播至全球。

媒體成了最有力的傳播者,其即時性的擴散能力,不僅支配了危機的走向,也支配了社會的反應方式。

第四節 現代風險社會之風險

工業革命後,由於人類大量使用石化燃料排放二氧化碳,全球溫室效應已日趨嚴重。根據世界氣象組織(WMO)發布的《2008年溫室氣體公報》,工業革命以前,大氣中二氧化碳含量幾乎不曾變化,但工業革命後,每年卻以2ppm

的速度迅速增加。科學家預測,若不採取任何防治措施, 2100 年時,地表溫度將較目前增加 1°C 至 3.5°C。值得注意的是,過去一萬年中地球平均溫度也不過上升 2°C。

人類在短短兩百多年之中,已經為地球帶來相當大的風險。科學家研究,溫室效應對地球帶來的風險主要可分為以下三點:

㈠生態破壞

氣溫增高使水氣蒸發加速,致使熱帶地區產生乾旱,其他地區雨量大增,造成動植物生存環境改變。

㈡海平面上升

氣溫增高使南北極冰層加速融化,造成海平面上升,大量農田及城市有被淹滅的疑慮,全世界約三分之一的沿海人口將居無定所。

㈢疾病蔓延

氣溫增高會傷害人體的抗病能力,若再加上全球氣候變遷引發動物大遷徙,屆時將促使腦炎、狂犬病、登革熱及黃熱病的大規模蔓延。

由於任何一個國家都無法避免溫室效應所帶來的風險,二氧化碳排放的議題已經成為國際關注的焦點。1992 年,世界各國領袖齊聚「里約地球高峰會」,催生《聯合國氣候變化綱要公約》,各國同意將大氣中溫室氣體濃度,穩定在防止氣候系統受到危險人為干擾的水平上。由於該項規範寬鬆,幾乎所有聯合國會員都簽署了。

基於《聯合國氣候變化綱要公約》幾乎沒有規範具體義務, 1997 年,世界各國領袖再度齊聚日本研擬《京都議定書》,明定 2008 年到 2012 年二氧化碳的排放量需較 1990 年降低至少 5%。然而,由於美國未能加入《京都議定書》,中國則因為被列入開發中國家而未肩負減碳義務,這都是《京都議定書》「美中不足」的地方。

鑑於《京都議定書》第一階段承諾期將於 2012 年屆滿, 2009 年 12 月 7 日至 18 日,全球 192 個國家的 15,000 名代表,又齊聚丹麥哥本哈根討論減碳議題。

雖然會議結束後，各國僅協議全球暖化升溫應控制在 2°C 以內，但是除歐盟提出減碳承諾外，五大排碳國包括中國大陸、美國、俄羅斯、印度及日本亦紛紛跟進，顯見近年來氣候異常現象已經撼動世界各國。這種危機無法由單一國家單獨面對，需要世界各國共同解決，打破過去零和遊戲式的國際關係模式。

依據 RMS 風險管理公司（Risk Management Solutions）研究人員花費半年的時間研究所有風險後，歸納出現代風險社會所面對的十大風險：

- 颶風　　　　　　　・森林大火
- 洪水　　　　　　　・工業事故
- 原油汙染　　　　　・網路病毒
- 恐怖攻擊　　　　　・流行疫病
- 停電　　　　　　　・地震

2010 年 1 月 12 日 21 時 53 分海地發生規模達芮氏 7 級大地震，造成 20 餘萬人傷亡之重大災情，引起全球關注，聯合國於 2010 年 1 月 28 日指出，過去十年，地震是最致命的自然災害，震災導致死亡人數居自然災害總死亡人數 60%。

聯合國統計顯示，過去十年全球共發生 3,852 起自然災害，導致 78 萬人死亡，20 多億人受災，造成經濟損失逾 9,600 億美元，因地震死亡人數逾 46 萬人。

亞洲受自然災害打擊最重，過去十年因自然災害死亡人數占全球總死亡人數 85%。過去十年最嚴重的自然災害包括：2004 年印度洋大海嘯（造成 22 萬 6,408 人死亡）；2005 年巴基斯坦地震（7 萬 3,338 人死亡）；2008 年緬甸颶風（13 萬 8,366 人死亡），同年四川汶川地震（8 萬 7,476 人死亡）等，都發生在亞洲。

聯合國「減災國際戰略」（UN International Strategy for Disaster Reduction, UNISDR）指出，世界十大人口最多城市中，八個地方處地震斷層線上，地震是過去十年致命自然災害之首，將繼續嚴重威脅各國，處於地震斷層線八大都市是：東京、墨西哥、紐約、孟買、德里、上海、加爾各達、雅加達。

2011 年日本與泰國分別發生史上規模最大地震與災情最慘重的水災，當年度全球經濟損失因而高達 3,700 億美元，創歷史新高。

對亞洲國家而言，2011 年堪稱是多災多難的一年。據瑞士再保險公司發行

的 Sigma 指出，史上規模最大的地震與災情最慘重的水災，分別發生在日本與泰國，合計造成 2,400 億美元的經濟損失（約合新臺幣 7.2 兆元），光這兩次「巨災」造成的損失，就超過 2010 年全球合計的 2,260 億美元！2011 年全球經濟的巨災損失，創下史上最慘紀錄。

2011 年泰國長達四個月的水災，保險公司慘賠 120 億美元，在史上十大洪災排行榜上名列第一，泰國水災經驗證明水災損失可能和地震、暴風一樣慘重，且不僅洪水的高危險地區可能發生嚴重水災，其他國家也可能發生相同程度，甚至更嚴重的水患。

根據瑞士再保險公司發行的 Sigma 所稱巨災，是指造成經濟總損失在 8,920 萬美元（約合新臺幣 26.76 億元）以上，或造成 20 人以上死亡或失蹤、超過 50 人受傷或 2,000 人以上無家可歸的自然或人為災變。巨災賠款則依險種而異，運輸險指賠款超過 1,800 萬美元（約合新臺幣 5.4 億元）、航空險指賠款超過 3,590 萬美元（約合新臺幣 10.8 億元），其他險種則指賠款在 4,460 萬美元（約合新臺幣 1,323.38 億元）以上者。

第 五 節　人類未來十年面臨的十大風險

目前景氣雖然正趨好轉，當今世界面臨的風險也正日益加劇。從貧富不均惡化、政府債務纏身，到溫室氣體排放不斷增加等問題，對人類造成的威脅程度，愈來愈高。

世界經濟論壇（WEF）最近公布的《二〇一三年全球風險報告》，便針對未來十年的五十項風險進行分析。共調查一千多位專家、行業領袖，歸納出人類未來會面臨的主要風險。

從發生機率來看，未來十年，最可能發生的前五大全球風險，分別是「收入嚴重不平等」（貧富不均），「財政長期失衡」（政府債務膨脹）、「溫室氣體排放不斷增加」、「水資源供應危機」，以及「人口老齡化管理不當」。

從衝擊程度來看，未來十年，最可能造成最嚴重後果的前五大全球風險，分別是「重大的系統性全融危機」、「水資源供應危機」、「財政長期失衡」、「糧食短缺危機」，以及「大規模殺傷性武器的擴散」。

●最可能發生的五大風險：
　　‧收入嚴重不平等
　　‧財政長期失衡
　　‧溫室氣體排放不斷增加
　　‧水資源供應危機
　　‧人口老齡化管理不當
　（資料來源：世界經濟論壇）

●後果可能最嚴重的五大風險：
　　‧重大的系統性金融危機
　　‧水資源供應危機
　　‧財政長期失能衡
　　‧糧食短缺危機
　　‧大規模殺傷性武器的擴散

「這些全球風險，是針對人類各種關鍵體系的善意警告，WEF 執行董事兼報告負責人郝爾指出：「各國必須高度重視，面對這些風險的抵禦能力，讓他們的關鍵體系在發生重大事故時，仍能繼續正常運行」。

尤其，過去一年（2012 年），從美國的世紀旱災、珊迪颶風，到中國的洪澇災害，各地都因為極端天氣而飽受創傷。但眼前的經濟危機，卻使人們無暇顧及氣候變遷帶來的挑戰。

「兩個風暴──經濟發展和環境保護──正在對撞中」，WEF 的報告預警。

「珊迪颶風等事件帶來的成本，愈來愈高，島國和沿海地區也面臨巨大的威脅」，蘇黎世保險集團的首席風控長李曼呼籲：「溫室氣體排放問題，如果還是沒有解決方案，災難就迫在眉睫了」。

在這個高度連結的世界，面對這些影響範圍既深且遠的全球風險，國家該如何應對？「我們需要建立韌性（resilience）」，世界經濟論壇主席施瓦布，一言點出。

韌性（resilience），係指的是風險抵禦力。據報告分析，風險抵禦力有五個構成要素（5R）──穩健性、冗餘性、資源豐富性、應對能力和恢復能力。

一、穩健性（Robustness）

吸收任何抵坑各種變動、危機的能力，注重穩定可靠。特色是除了要有安全保障和防火牆的設計，還要強調模組化的靈活決策模式，回應不斷變動的情勢。

二、冗餘性（Redundancy）

為關鍵的基礎設施、相關機構，保留多餘能量和備援系統，才能在發生重大事故時，維持核心部門的運作。強調策略與方法的多樣化。

三、資源豐富性（Resourcefulness）

面對危機做出調適，靈活反應，並盡量把負面衝擊逆轉為正的能力。強調一國的民間部門（企業、社群）相互信賴，能夠自我組織，在政府失靈時，迅速回應挑戰。

四、應對能力（Response）

危機發生時，迅速動員的能力。強調國家要找出辦法，蒐集有用資訊，有效進行溝通。讓政府、企業和民間社會的所有利害相關者，對全球風險可能造成的在地衝擊，建立共同的了解。

五、恢復能力（Recovery）

危機發生後，恢復到某種正常狀態的能力。包括了系統是否能靈活調適、演化，以面對變動之後的新情勢。

如果把國家視為一個系統，就可以利用這五個個要素，評估國家的子系統：經濟、環境、治理、基礎設施和社會體系。分析結果，可以作為決策者的研判工具，以評估和監督國家對全球風險的抵禦力。

自我評量

一、試說明自然災害黑天鵝效應對風險管理的影響。

二、試說明風險社會（Risk Society）的由來及我們應有的風險態度？

三、試說明溫室效應對地球帶來的主要風險？

四、試說明現代風險社會之九大特色？

五、試說明現代風險社會所面對的十大風險？

六、從發生機率來看，未來十年，人類面臨的五大全球風險？請說明之。

七、從衝擊程度來看，未來十年，人類面臨的五大全球風險？請說明之。

八、試說明風險抵禦力的五個構成要素（5R）？

第二章
風險的定義、特性及分類

學習目標

本章讀完後，您應能夠：

1. 敘述風險的定義

2. 闡明風險的特性

3. 描述風險四要素

4. 界定風險的分類

5. 瞭解風險的偏好

6. 描述風險的要件及性質

摘　要

　　所謂「風險」，主觀的定義是指事故發生的不確定性。客觀的定義則是指事故發生遭受損失的機會。風險之分類，依風險之來源，可分為因不可預期或不可抗拒之事件所致之靜態風險，以及因人類需求或制度、環境改變所引起之動態風險。依風險之潛在損失，可分為人身、財產、責任及淨利風險。依風險發生損失之對象，可分為企業、家庭（個人）及社會風險。若由管理的角度，則可分為可管理及不可管理風險。而由商業保險之角度，則可分為包括財產、人身及責任之可保風險，以及包括行銷、政治及生產等之不可保風險。若就風險發生之影響層面而言，可分為因個別原因發生而僅能影響較小範圍社會群體之單獨風險；以及非因個別原因發生，而其結果對整個社會群體有影響之基本風險。此外，應用精算及統計之技術，可將風險區分為純損風險，指事故發生時，只有損失而無獲利的機會；以及投機風險，指事故發生時，除了損失與無損失機會外，尚有獲利之機會。

　　基於人類與生俱來之安全需求及因應風險發生導致經濟損失之威脅，加上政府之法令要求，風險需要管理。而利用科學方法處理未來之不確定性以減少或規避風險所造成之損失，即是所謂之「風險管理」。

　　因此，在這「風險社會」的時代，人們無論在決策與運作上，必須用另一種更高規格的邏輯，才能趨吉避凶，減少牽累與受害。

第 一 節　風險的定義

　　由於現代風險社會活動甚為複雜，每個人及各行各業的財產每天皆有各種不同的風險必須面對；但是，對於風險之定義至目前為止，國內外學術界眾說紛紜，尚未發展出一個簡易明瞭、大家一致認同的說詞。經濟學家、行為科學家、風險理論學家、統計學家以及精算師，均有其自己的風險觀念（Concept of Risk）。一般來說，風險之定義主要可分為下列幾種：

一、事故發生的不確定性（Uncertainty）

　　是一種主觀的看法，著重於個人及心理狀況，由於企業經營對未來事件的發生難以預測，在企業的經營活動中常會遭遇到許多的不確定性，但不確定性並非全是風險，亦有充滿希望的一面，如下圖所示。

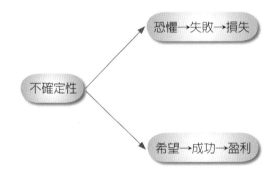

　　因為不確定性常給企業經營者帶來恐懼、憂慮，使得企業經營的績效減低；但不確定性亦帶給企業經營者希望、光明、邁向成功，獲致盈利。因此，從主觀觀點而言，風險係指在一定情況下的不確定性，此不確定性意指：
　　㈠發生與否不確定（Whether）。
　　㈡發生的時間不確定（When）。
　　㈢發生的狀況不確定（Circumstance）。
　　㈣發生的後果嚴重性程度不確定（Uncertainty as to Extent of Consequence）。

二、事故發生遭受損失的機會（Chance of Loss）

是一種客觀的看法，著重於整體及數量的狀況，認為在企業經營的各種活動中發生損失的可能性，亦即企業在某一特定期間內的經營活動，例如一年，遭受損失的或然率（Probability of Loss），此或然率介於 0 與 1 之間。若或然率為 0，即表示該企業的經營活動不會遭受損失；若或然率為 1，則該企業的經營活動必定會發生損失；若該企業在經營活動中發生火災損失的或然率為 0.50，亦表示該企業遭受火災損失的風險，可能在未來的二年中發生一次。因此，企業經營活動損失的或然率愈大時，風險亦愈大。

 風險的特性

風險具有以下五種特性：

一、風險具有客觀性

風險是不以人的意識為轉移，而是獨立於人的意識之外的客觀存在。人們只能採取風險管理辦法降低風險發生的頻率和損失幅度，而不能徹底消除風險。

二、風險具有普遍性

在現代風險社會，人類面臨著各式各樣的風險：自然災害、疾病、意外傷害……。同時，隨著科學技術的發展和生產力的提高，還會不斷產生新的風險，且風險事故造成的損失也愈來愈大。例如，核能技術的運用產生了核子輻射、核子汙染的風險；航空技術的運用，產生了巨災損失的風險。

三、風險具有損失性

只要風險存在，就一定有發生損失的可能。如果風險發生之後不會有損失，那麼就沒必要研究風險了。風險的存在，不僅會造成人員傷亡，而且會造成生

產力的破壞、社會財富的損失和經濟價值的減少，始終使人類處於震驚、憂慮中，因此才使得人們尋求分擔、轉嫁風險的方法。

四、風險具有必然性

個別風險事故的發生是偶然的，然而透過對大量風險事故的觀察，人們發現風險呈現出明顯的規律性。因此在一定條件下，對大量獨立的風險損失事件的統計處理，其結果可以比較準確地反映風險的規律性，從而使人們得以透過利用機率和數理統計方法，去計算其發生的機率和損失幅度。

總體上必然性和個體上偶然性的統一，構成了風險的隨機性。例如某一地區一年中必然有火災發生，是總體上的必然性，但究竟哪一幢房屋著火是偶然的，是無法預知的，即個體上的偶然性。

五、風險具有可變性

風險的可變性是指在一定條件下風險可轉化的特性。世界上任何事物之間互相聯繫、互相依存、互相制約，而任何事物都處於變動之中、變化之中，這些變化必然會引起風險的變化。例如科學之發明、文明之進步，可使風險因素發生變動；醫藥的發明與醫術之進步，使死亡率降低，改變人的壽命；汽車與飛機的發明，使人有因車禍或空難導致之死亡風險。

第三節　風險四要素

在瞭解風險社會與風險定義之風險特性後，我們可進一步深入瞭解風險構成的四要素。

風險係由風險標的、風險因素、風險事故和損失共同構成。

一、風險標的（Exposure）

風險標的係指暴露在風險之下的有形或無形標的。有形風險標的，如汽車、

建築物、生產設備或商品存貨皆是；無形風險標的，如因侵權行為（Torts）所致依法應負的賠償責任，或對他人債務的擔保行為皆是。

二、風險因素（Hazard）

風險因素係指足以引起或增加風險事故發生的機會，或足以擴大損失程度之因素。例如汽車維護不善、屋內堆積易燃品、衛生情形不良等，則為風險因素。

三、風險事故（Peril）

風險事故係指造成損失發生之直接原因。例如造成建築物焚毀之火災、造成乘客傷亡之車禍等屬之。

風險事故多係某些風險因素（Hazard）之存在所致。

風險事故，亦指可能造成風險標的物產生經濟盈虧結果的原因或事件。

㈠有源於自然界者，如火山爆發、地震、颶風或雷擊等皆是。

㈡有源於人為因素者，如火災、車禍、中共對臺灣實施導彈演習、中央銀行降低存款準備率等皆是。

㈢有源於物之本質者，如煤之自燃、穀倉塵爆等皆是。

四、損失（Loss）

損失係指財產經濟價值之非故意（Unintentional）減少或滅失。例如房屋因火災焚毀。

損失通常包括直接損失（Direct Loss）與間接損失（Indirect Loss）兩種型態。

損失是指非故意的、非計畫的和非預期的經濟價值之減少。這一定義包含兩個重要的因素：一是「非故意的、非計畫的、非預期的」；二是「經濟價值的減少」，兩者缺一不可，否則就不構成損失。例如，惡意行為、折舊以及面對正在受損失的物資可以搶救而不搶救等造成的後果，因分別屬於故意的、計畫的和預期的，因而不能稱為損失。再如記憶力的衰退，雖然滿足第一個因素，但不滿足第二個因素，因而也不是損失，但是，車禍使受害人喪失一條胳膊，便

是損失，因為車禍的發生滿足第一個要素，而人的胳膊雖不能以經濟價值來衡量，即不能以貨幣來度量，但喪失胳膊後所需的醫療費以及因殘廢而導致的收入減少，卻可以用金錢來衡量，所以車禍的結果滿足了第二個要素。

　　風險因素、風險事故與風險損失三者之間存在著因果關係，即風險因素引發風險事故，而風險事故導致損失。如果將這種關係連接起來，便得到對風險的直觀解釋。如圖 2-1 所示。

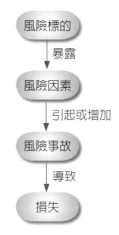

圖2-1　風險標的、風險因素、風險事故與損失四者之間的關係

　　例如一部汽車，因未定期保養維護，致使駕駛時發生車禍，造成汽車損壞，修理費用需 5 萬元。

　　就此例而言，「這輛汽車」為風險標的；「未定期保養」為風險因素；「車禍」為風險事故；「修理費用 5 萬元」為損失。

第 四 節　風險之偏好

　　風險管理決策人員對於風險之偏好，亦即對於風險之反應狀況，會影響風險管理之決策。在同一狀況、同一時間下，不同的決策者可能因對風險之偏好不同，而產生不同之決定。一般而言，對於風險之偏好，可分為三個層級：一為低度冒險者，亦即風險遠離者，對於風險之偏好較低；二為中度冒險者，對

於風險之偏好適中；三為高度冒險者，對於風險之偏好程度則較高。

　　一般影響風險偏好程度之重要因素，有下列幾項：㈠ 年齡；㈡ 性別；㈢ 個性；㈣ 教育程度；㈤ 學識及經驗；㈥ 對風險之瞭解程度；㈦ 擁有之財富；㈧ 損失金額之大小；㈨ 婚姻狀況；㈩ 就業狀況。

第 五 節　風險的分類

　　為了使個人、家庭、企業等經濟單位明瞭其本身之風險，而需要加以風險分類（Classification of Risks）；國內外學術界把風險按不同的區分方式分為不同的種類，茲說明如下：

一、按風險的來源區分

　　按風險的來源，風險可區分為：

㈠靜態風險（Static Risk）

　　係指不可預期或不可抗拒的事件，或人為上的錯誤、惡行所致的風險，此風險為任何靜態環境所不可避免者。

　　1.財產遭遇火災、天災等所致的實質性、直接性損失的風險。

　　2.因本身財產直接性損失或其他直接性損失，而導致營運中斷之間接損失的風險。

　　3.因本身財產直接性損失或其他直接性損失，而導致營運費用增加的間接性損失之風險。

　　4.企業經營過程中，因法律責任或契約行為所致損失的風險。

　　5.詐欺、犯罪、暴行所致損失的風險。

　　6.因公司重要人員或所有權人死亡或喪失工作能力所致損失的風險。

㈡動態風險（Dynamic Risk）

　　動態風險是由於人類需求的改變、機器事物或制度的改進，以及政治、社

會、經濟、科技等環境變遷所引起者。

1.管理上的風險

⑴生產上的風險

生產上的風險起源於生產與製造過程中所遭遇到的風險，例如生產作業流程設計失當的風險、採購偏差的風險等。

⑵行銷上的風險

行銷風險係指與行銷體系、同業競爭、產品擴展、市場開拓等有關的行銷活動風險，其風險主要有對市場情況不明的投資風險、對未來供給（競爭）與需求（消費者）評估錯誤的風險、產品滯銷的風險、同業競爭的風險等。

⑶財務上的風險

財務上的風險為企業在財務處理活動中所面臨的任何風險。美國中小企業列舉十四項企業常見的財務風險如下：

①創業時資本不足。

②成長或擴充時資本不足。

③過分依賴負債。

④不足的財務計畫。

⑤不當的現金管理。

⑥過分重視銷售量而忽略淨利潤。

⑦忽略風險與報酬之間的關係。

⑧業主自企業取款太多，動搖財務根基。

⑨現金與淨利混淆不清。

⑩銀行關係不佳。

⑪不當的信用政策。

⑫帳簿制度不佳。

⑬不適當地處理應付帳款。

⑭不良的會計制度。

在多國籍企業中，財務風險更包括國際匯兌的風險、國外稅制和其變動風險、國際性商業執照的風險，因營業中斷或完全終止，而仍須支付其國外員工之津貼或離職的風險。

(4)人事上的風險

人是企業的一項最重要資源，人事風險包括員工流動風險、員工工作效率的風險、勞資關係良窳的風險等。

2.政治上的風險

自 1970 年代初期，政治風險已開始為企業所重視，尤其是多國籍企業。伊朗及薩爾瓦多政治動亂之後，已更進一步地提高了企業界對政治風險的關注。其風險通常包括下列項目：

(1)國外公司的資產和設備被所在國國有化及沒收、充公。

(2)因革命、內戰、暴動、綁架及謀殺所造成財產與人身的損傷。

(3)國外政府對私人條約的侵犯或干擾。

(4)國外債務匯款支付禁令。

(5)法令及稅制上的歧視待遇。

3.創新上的風險

企業由於競爭激烈及產品生命週期更加縮短，致使企業若欲求生存與發展，唯有創新。熊彼得（J. Schumpeter）的創新理論（Innovation Theory）指出，在動態社會中，企業經營者若欲追求利潤，必須推動創新活動，如下所列：

(1)新產品的開發。

(2)新生產方法的應用。

(3)新市場的開拓。

(4)新的原料供給地的發現。

(5)對生產因素新組合的應用。

除上述技術創新外，並應重視管理上的創新來相互配合。當企業從事於創新時，可能因研究發展經費、人才、資訊、設備、觀念等因素，而使其工作不能達到預期之目標而發生創新的風險。例如事前對配銷者及消費者調查或測驗錯誤的風險、產品設計錯誤的風險、管理方面失當的風險、包裝錯誤的風險、使用說明書不當的風險等。

靜態風險與動態風險的區別：

1.發生特點不同

靜態風險在一定的條件下，具有一定的規律性，變化比較規則，可以透過

大數法則加以測算，對風險發生的頻率作統計估計推斷；動態風險的變化卻往往不規則，無規律可循，難以用大數法則進行測算。

2.風險性質不同

靜態風險一般均為純損風險，無論是對於個體還是對於社會來說，靜態風險都只有損失機會，而無獲利的可能；而動態風險則既包含純損風險，也包含投機風險。換句話說，某一動態風險對於一部分個體可能有損失，但對另一部分個體則可能獲利，從社會總體上看也不一定有損失，甚至受益。如消費者偏好的轉移，會引起舊產品失去銷路，增加對新產品的需求。

3.影響範圍不同

靜態風險通常只影響少數個體，而動態風險的影響則比較廣泛，往往會帶來連鎖反應。

二、按風險的性質區分

按風險的性質，風險可區分為：

(一)純損風險（Pure Risk）

係指事件發生的結果，只有損失或沒有損失的風險，亦即風險發生時，企業只有損失的機會而無獲利的機會。純損風險總是不幸的，對企業，甚至整個社會而言，純損風險不可能造成任何獲利的贏家。因此，企業經營的最佳決策，應盡量避免純損風險的發生。由於純損風險在相同的情況下會經常重複發生，企業若能藉著過去發生損失的資料，而計算出其損失頻率和損失幅度，再加上統計之大數法則的應用，往往可以預測未來純損風險發生的可能性。例如某企業在過去五年中，發生過幾次大小火災，損失金額從數千元到數百萬元不等，企業可應用此項資料去預測該企業在未來一年中發生火災的可能性。因此，企業經營上的純損風險，可藉著日新月異的風險管理技術加以避免、減少，甚至消除。

(二)投機風險（Speculative Risk）

投機風險係指事件發生的結果，除了損失與沒有損失的機會外，尚有獲利機會。

投機風險較不易或不可能在相同情況下重複發生,因此企業很難由過去的資料,預測未來投機風險獲利或虧損的可能性之大小。例如企業僅憑過去的資料,很難預測新產品開發或新投資的成功與否。雖然,企業有時考慮穩健保守的經營原則,而不願去承擔投機風險的損失;但是,投機風險具有誘惑性,使得企業為了賺取更多的利潤而甘冒虧損的風險。投機風險對企業而言,將會造成有些公司獲利,而有些公司虧損的局面;但對整個社會而言,往往是有利的;因為獲利的重要性往往高於失去的損失。例如科技的進步,可能創造了一個新行業,而摧毀了另一行業,但是二者權衡之下,畢竟是造福了消費者,所以在整個社會裡,往往便成了投機風險的獲利者。

雖然風險可劃分為純損風險和投機風險,但這二類風險並非完全排斥,有時這二類風險可同時並存。例如企業增建一座新廠房,企業便面臨廠房遭受火災、地震、颱風、洪水、爆炸、竊盜等的純損風險。同時,企業亦面臨由於通貨膨脹或其他經濟因素,致使廠房增值或貶值的投機風險,企業亦因擴充生產設備而面臨產品在市場上占有率大小、利潤增減等的投機風險。

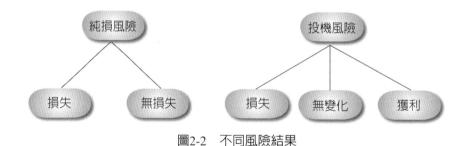

圖2-2　不同風險結果

三、按承擔風險的主體分類

按承擔風險的經濟主體不同,風險可以區分為個人與家庭風險、團體風險和政府風險等。

㈠個人與家庭風險

個人與家庭風險主要是指以個人與家庭,作為承擔風險主體的風險。個人與家庭面臨的風險,主要有人身風險、財產風險、責任風險和信用風險等。

(二)團體風險

團體風險主要是指以企業或社會團體作為承擔風險主體的風險。企業或社會團體面臨的風險，主要有企業或社會團體的員工人身風險、財產風險、信用風險和責任風險等。

(三)政府風險

政府風險主要是指以政府作為承擔風險主體的風險。

四、按風險程度是否受個人認知區分

按風險程度是否受個人認知影響，風險可區分為：

(一)客觀風險 (Objective Risk)

客觀風險是指實際損失經驗與預期損失經驗的可能變量（Variation），此種風險通常可以觀察，也可以衡量。例如，現實世界中可以觀察一個地區（如臺灣地區）一段期間（如五年）一定房屋棟數（如 1,000,000 棟）發生火災之次數，即可發現每一年平均發生多少次火災（如 5,000 次），成為一種預期損失經驗，一般係以百分比表示。不過，在經驗期間內每一年發生火災的實際次數一定有高低之分，有些較高（如 5,500 次），有些較低（如 4,500 次），此種情況之下相對上有差異（即 1,000 次），就是所謂的客觀風險。由於該等數據是經過實際統計而來，所以稱其客觀。同樣情況，亦可用於其他特定社會事故，例如竊盜案件。保險公司承保火災保險或汽車保險，長期觀察火災賠償案或汽車竊盜賠償案，亦可應用客觀風險的觀念。

(二)主觀風險 (Subjective Risk)

主觀風險是基於個人的心理狀況或精神狀況而產生的不確定性，一般而言，對某一特定事件的一種疑惑或是憂慮，常因個人的心理狀況或精神狀況而有所不同，所以，同樣一件事，有些人可能過於保守而感到悲觀，有些人則反而是樂觀。因此，每個人對同一件事之決策有所不同。在人類的社會中，不同的族群有不同的喝酒文化、賭博文化乃至於開車文化，其實可由主觀風險加以解釋。

五、按風險潛在損失標的區分

按風險的潛在損失標的，風險可區分為：

㈠財產風險（Property Risk）

係指家庭或企業對其自有、使用或保管的財產，因不可預期或不可抗拒的事件，或人為的疏忽、錯誤所致的毀損與滅失。例如：

1.財產遭遇火災、天災（地震、颱風等）所致實質性、直接性損失的風險。

2.因本身財產直接性損失或其他直接性損失，而導致營業中斷之間接損失的風險。

3.因本身財產直接性損失或其他直接性損失，而導致營運費用增加之淨收入損失風險。

㈡人身風險（Personnel Risk）

係指企業重要人員、所有權人死亡或喪失工作能力所致損失的風險，或家庭中之任何成員因生、老、病、死等原因，而遭致損失的風險。

㈢責任風險（Liability Risk）

係指對於他人所遭受的財產損失或身體傷害，依法應負賠償責任的風險。例如，酗酒開車撞傷路人或撞壞他人之財物。此種責任風險一般稱為「法律責任」風險（Legal Liability Risk）。另外尚有因契約行為所致的責任風險，一般稱為「契約責任」風險（Contractual Liability Risk）。例如，航空公司以契約承受飛機製造人之產品責任。

㈣淨利風險（Net Income Risk）

企業因財產、人身及責任損失，導致營運失常或中斷，而使淨利（Net Income）減少的損失風險。

六、按風險發生損失之對象區分

按風險發生的損失對象，風險可區分為：

㈠企業風險（Business Risk）

係指企業之經營活動所導致企業財產、人身、責任與淨利損失的風險。由表 2-1 可說明企業風險與可能損失之相互關係。

表2-1　企業風險與可能損失關係表

風險	風險標的	事　故	可能損失
財產	建築物、設備	毀損或滅失	資產、收入、額外費用
	商業機密	偷竊	收入
	存貨	毀損或滅失	資產、收入
人身	員工	傷殘或疾病	收入、服務、額外費用
	員工	死亡	收入、服務、額外費用
	員工	老年	收入、服務、額外費用
責任	營運	產品責任	資產、收入、額外費用
	營運	汙染責任	資產、額外費用
	財產	一般責任	資產、額外費用
淨利	財產	毀損或滅失	資產、收入、額外費用
	人身	病殘或死亡	收入、服務、額外費用
	責任	刑事或民事	資產、收入、額外費用

㈡家庭（個人）風險（Famliy & Individual Risk）

係指家庭（個人）之活動行為，所導致家庭（個人）財產、人身、責任損失的風險。由表 2-2 可說明家庭（個人）風險與可能損失之相互關係。

㈢社會風險（Social Risk）

係指社會、經濟結構之變遷，生產技術之改革，導致各種動態風險不斷出現，例如經濟制度之失衡，引起就業、所得、物價等變動之風險；生產技術或設計之錯誤，導致產品不良與工業傷害等事故之風險，對於公共福利及社會安定皆有密切關係。此等社會風險，通常雖可由社會團體或政府行政力量予以處理，但在處理技術上總有一定限制，仍不免常有重大經濟損失之發生，其影響所及既深且廣。

表2-2　家庭（個人）風險與可能損失關係表

風險	風險標的	事　　故	可能損失
財產	住宅	毀損或滅失	財產和額外費用
	汽車	毀損或滅失	財產和額外費用
	其他財產	毀損或滅失	財產和額外費用
人身	主要收入者	傷殘或疾病	收入、服務、額外費用
	配偶（有工作者）	傷殘或疾病	收入、服務、額外費用
	配偶（無工作者）	傷殘或疾病	服務、額外費用
	小孩	傷殘或疾病	額外費用
	主要收入者	死亡	收入、服務、額外費用
	配偶（有工作者）	死亡	收入、服務、額外費用
	配偶（無工作者）	死亡	服務、額外費用
	小孩	死亡	額外費用
責任	相關活動	責任	財產、額外費用
	相關財產	責任	財產、額外費用

七、按風險是否可管理區分

按管理的立場而言，風險可區分為：

㈠可管理風險（Manageable Risk）

可管理風險係以人類之智慧、知識、科技，可採有效方法予以管理之風險。

風險依其是否可加以有效管理，分為可管理風險與不可管理風險兩類。凡可藉任何風險管理方法減低或排除其不利影響之風險，皆稱為可管理風險，例如火災、竊盜、投資等均屬之。

㈡不能管理風險（Unmanageable Risk）

不能管理風險係指以人類目前之智慧、知識及科技水準，均無法以任何有效措施予以管理之風險。

風險依其是否可以有效管理，可分為可管理風險與不能管理風險兩類，凡無法以任何方法減低或排除其不利影響之風險，均屬不能管理風險。

八、按風險是否可保險區分

依商業保險立場而言，風險可區分為：

㈠可保風險（Insurable Risk）

係指可用商業保險方式加以管理之風險，可保風險主要可分為下列三種：

1.**財產風險**（Property Risk）

在財產方面，由於下列事故所引起之損失：

⑴財產上之直接損失。

⑵因本身財產直接性損失或其他直接性損失，而導致之間接損失風險。

⑶因本身財產直接性損失或其他直接性損失，而導致淨利損失風險。

2.**人身風險**（Personnel Risk）

係指人的生命或身體方面，由於下列事故所引起之損失：

⑴早年死亡。

⑵身體喪失工作能力（傷害或疾病）。

⑶老年。

⑷失業。

3.**責任風險**（Liability Risk）

在下列各種情形中，由於法律責任或契約責任所致第三人身體或財物之損害，依法應負賠償責任所引起之損失：

⑴使用汽車或其他運輸工具。

⑵使用建築物。

⑶僱用關係。

⑷製造產品。

⑸執行業務之過失行為、錯誤或疏漏（Negligent Acts, Errors and Omissions）。

㈡不可保風險 (Uninsurable Risk)

係指不可用商業保險方式加以管理之風險，不可保風險主要可分為下列幾種：

1.行銷風險 (Marketing Risk)

由於下列各種因素所致之損失：

⑴季節性或循環性之價格波動。

⑵消費者偏好之改變。

⑶流行之變化。

⑷新產品之競爭。

2.政治風險 (Political Risk)

由下列各種情形所致之損失：

⑴戰爭、革命或內亂。

⑵對自由貿易之限制。

⑶國外稅制和其變動。

⑷外匯法令變動與管制。

3.生產風險 (Production Risk)

由下列各種情形所致之損失：

⑴機器設備不能有效使用。

⑵技術問題不能解決。

⑶原料資源之缺乏。

⑷罷工、怠工及勞力供給之不穩定。

可保風險係指能用保險加以管理之風險，因此它是一種可管理之風險。不可保之風險則不一定為不可管理之風險，因不可保僅指用保險無法處理的風險之故。

㈢可保風險的要求

商業保險公司在正常情況下只承保純損風險。然而，不是所有的純損風險都是可保的。純損風險在被保險公司承保之前必須滿足一定的要求。以保險公司的角度來看，可保風險需要滿足下列六個要求：

1.大量的風險單位（Large Number of Exposure Units）

可保風險的第一個要求是：要有大量的風險單位。在理想情況下，應當存在大量由相同風險或風險集合所引起的大致相似，但不必完全相同的風險單位。例如，可以透過集合一個城市的大多數框架結構住宅，來為住宅提供財產保險。

2.意外造成的損失（Accidental and Unintentional Loss）

可保風險的第二個要求是：損失應該是意外造成的。理想情況下，損失應該是偶然的，並且在被保險人控制範圍之外。因此，如果個人故意造成損失，他或她是不應該得到賠償的。

3.可確定和衡量的損失（Determinable and Measurable Loss）

可保風險的第三個要求是：損失應該是可確定和衡量的。這意味著損失的原因、時間、地點和數量應該是明確的。在大多數情況下，人壽保險可以很容易地滿足這個條件。死亡原因和時間，在大多數情況下很容易被確定。如果一個人買了人壽保險，那麼人壽保單的面值就是保險人對它所支付的數額。

4.非巨災性損失（No Catastrophic Loss）

可保風險的第四個要求是：理想情況下損失不應該是巨災性的，這意味著大部分的風險單位不應該同時遭到損失。正如我們前面所提到的，保險的本質是損失分攤。如果某種風險單位的大部分或全部都遭到損失，那麼這種分離機制就會崩潰，變得不能運作。在這種情況下，保險費必然提高到令大多數人不敢問津的水準，並且保險機制也因為無法把少數人的損失放在整個群體裡分攤，而變得不再是一種可行的安排。

5.可計算的損失機會（Calculable Chance of Loss）

可保風險的第五個要求是：損失的機會是可計算的。保險公司必須能夠在一定精確程度上，預測未來損失出現的頻率和幅度。這個要求是必要的，以便使保險人能夠收取合適的保險費，在保單有效期內足夠支付所有的索賠和費用開支，並獲得利潤。

然而，由於無法準確估計某些損失的機率，也由於存在潛在的巨災性損失，保險人很難承保這些損失。例如，洪水、戰爭和週期性的失業都是不定期發生的，預測它們發生的頻率和幅度都很困難。因此，如果沒有政府的支持，商業保險很難承保這些損失。

6.經濟可行的保險費（Economically Feasible Premium）

可保風險的第六個要求是保險費必須是經濟可行的。投保人必須能夠支付保險費。另外，為了使保險產品能夠引起人們的購買欲望，支出的保險費必須顯著低於保單的面值。

九、按風險影響的對象區分

按風險影響的對象，風險可區分為：

(一)單獨風險

係指其發生多為個別原因，而其結果僅能影響某一或若干個體或較小範圍之社會群體，基本上亦較易控制。諸如財產遭受火災、碰撞、竊盜所致毀損、滅失，或因使用財產不慎導致第三人傷亡，或財損依法應負之賠償責任等風險。

(二)基本風險

係指其發生非因任何個人之錯誤行為所致，而其結果對於整個經濟社會群體中之任何個體（包括個人、家庭及企業）皆有影響，同時基本上亦非任何個體所能防止，諸如經濟景氣變化、售價波動、社會政治動亂、戰爭及天然災變等風險。

綜上所述，認為以經濟個體作為基礎之風險分類較佳，而與其他風險分類法均互有相關性，如圖 2-3 所示。

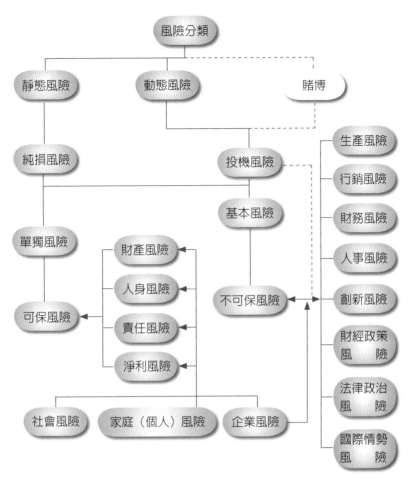

圖2-3　風險的分類

第 六 節　風險之要件及性質

一、風險之要件

風險構成之要件有三：

㈠須為不確定

所謂不確定，係指風險事故（Peril）發生與否？何時發生？以及發生以後

會產生怎樣之結果均不一定。如風險事故必然發生或可預知何時發生，甚至發生結果為何均已確定，此雖對人類會造成損失，亦不稱為風險。例如企業機器設備之折舊屬必然發生之風險事故，且隨時均在發生，其發生之結果亦可預先確定，雖其發生對企業會造成損失，但此為正常耗損，故不稱為風險。

㈡須有損失發生

有損失才會構成風險，若風險事故發生之結果並沒有損失，則不構成風險。例如爆竹爆炸，如未造成火災，則無風險；如造成火災，則屬風險。故在正常情況下，使用爆竹增添歡樂氣氛，並非風險；惟如使用不當，則有導致火災之風險。

㈢須屬於將來

風險事故如已發生，損失已造成，不再是風險。唯獨對未來不可預期之風險事故是否發生損失產生疑慮，方構成風險。

二、風險之性質

風險的性質有二：

㈠依據大數法則

個別風險單位之不確定性較高，而總體風險單位之不確定性較低，且風險單位數愈多，風險之不確定性愈能預測，風險也就隨之減少。

㈡風險具有可變性

其變動可能係受下列因素之影響：

1.科學文明之影響

科學之發明、文明之進步，可使風險因素（Hazard）發生變動。例如，醫藥的發明及醫療設備之改進，使人類死亡率降低；飛機的發明，使人有因空難而死亡的風險。

2.經濟情況之影響

當經濟景氣時，失業率降低，國民所得提高，社會安定，故道德性風險較少。反之，當經濟不景氣時，失業率提高，國民所得降低，社會風氣敗壞，容易引發道德性風險。

3.社會情況之影響

諸如民情、風俗、政治輿論均會影響風險因素的變動。例如國家發生動亂或戰爭，則風險情況增加；一國之環境保護法公布以後，工廠即增加汙染環境之責任風險。

第 七 節　風險之管理

風險之所以需要管理，乃基於下列三大因素：

1.人類與生俱來的安全需求。

2.風險之經濟耗費。

3.各種法令之要求。

茲就此三大因素說明如下：

一、人類與生俱來的安全需求

風險是與世俱存。在人類悠久的文化發展過程中，個人或團體無論是從事於經濟或社會活動，都面臨著風險，而風險又基於對未來的未知。因此，風險的存在，直接或間接地威脅到人類生存的安全（身體及生命的、心理的、經濟的或社會的）；而追求現在及未來的安全，又是人類與生俱來的願望。因此在追求安全的過程中，就必須努力去減除對未來的未知，而期盼能克服風險所帶來的威脅，進而管理未來的風險，以便趨吉避凶，福利萬全。

如何處理未來的未知及進而管理風險，以減低或消弭對於個人、家庭及社會經濟活動所產生的不利後果，乃利用現代最新的科學方法，這就是「風險管理」。

二、風險之經濟耗費

所謂「風險之經濟耗費」（Economic Costs of Risk），係指因純損風險之發生而導致經濟上之直接損失，或因風險（不確定性）之存在而引起經濟上之浪費或不利影響，茲分別說明如下：

㈠意外事故之直接損失

無論企業或家庭，平日皆可能因純損風險事故之發生而遭受損失，例如工廠鍋爐發生爆炸而損壞；倉庫發生火災而被毀；汽車發生車禍而車損人傷；廠商因產品缺陷而被訴求賠償等，此類損失多為「經濟社會」（Economy）之淨損失，構成國民生產毛額（Gross National Product，簡寫為 GNP）之減項。

㈡不確定性之間接損失

因不確定性之存在而引起經濟上之浪費或不利影響，計有下列三點：

1.阻礙資本形成，減少經濟福利

由於不確定性之存在，而使人對於未來深感憂慮與恐懼，不願作長期投資（例如不願擴建廠房、更新機器，不購置必需之運輸工具而以租用代替），阻礙資本形成，降低經濟社會之生產量，從而減少社會之經濟福利。

2.資源分配不當之浪費

由於不確定性之存在，而使資源（即生產因素──土地、勞動、資本及技術知識）大多流向於安全性較高之產業，而少用於風險較高之產業，結果造成資源配置不當之浪費。因為依據邊際報酬遞減定律，在其他條件不變之情況下，一定量之生產資源在各產業中之「邊際生產力」（Marginal Productivity），將因使用量增加而遞減，亦即使用量不斷增加以後生產效率因而降低，報酬遞減。此種情況最後導致安全性較高產業之產品供給過多而價格下降，風險較高產業之產品供給太少而價格上漲。

3.準備資金之損失

由於不確定性之存在，企業或家庭須經常保存大量現金或貨幣性資產，以準備填補未來可能發生之損失，使資金不能作有效之運用以增加收益，造成另一種經濟耗費。

　　由上觀之，純損風險之發生僅能造成各種經濟耗費而不產生利益，因此吾人對於此類風險須加以有效控制管理，以維持經濟生活之安全與進步。

三、各種法令之要求

　　最近幾年，世界各國企業經營環境面臨了相當大的衝擊和變化。尤其是在法律方面變化最大，各種新的法令相繼完成立法。例如：

　　㈠政府基於社會安定，保障人民生命財產安全，制定勞動基準法，要求雇主有義務保障勞工免除工作環境中所有之風險。

　　㈡政府基於保護消費者應有的權利，已制定有關消費者安全的商品檢驗法、藥物藥商管理法、食品衛生管理法、醫藥法等，現又全力制定消費者保護法，以免除社會大眾於消費活動中面臨之風險，保障社會大眾之權益。

　　㈢政府基於保障社會大眾生活環境之品質，已陸續制定都市計畫法、水利法、自來水法、飲水管理規則、水源汙染管理防止規則、噪音管制法、空氣汙染管制法、處理汙水管理法、廢棄物處理規則等環境保護有關之法規，這些法令之要求，目的是提升我國國民生活品質，改善生存環境，免除社會大眾生活環境受汙染的風險。

　　以上這些法令之要求，是為風險需要加以管理之強制性原因。

第 八 節　風險的成本

　　所謂風險的成本（Cost of Risk），簡稱風險成本，乃因純損風險所致之經濟耗費。

　　風險管理是純損風險最佳的對策，而風險管理最主要的功能，就在降低風險成本，風險成本是近幾年來風險管理的一種新觀念，最早係由美國 Massey Ferguson Ltd. 的風險經理人道格拉斯（Douglas A. Barlow）於 1982 年在其一篇發表的論文所揭示，基於風險管理的需要，我們有必要分析風險的消極影響，即風險成本。風險成本又稱風險代價，是指由於風險的存在或者風險事故發生而引起的有形或無形的損失，包括風險因素的成本、風險事故的成本和處理風

險的費用三個方面。

(一)風險因素的成本

　　經濟單位面臨某種風險，即存在一定的風險因素，說明其風險損失尚處於潛在的可能狀態。此時的成本即風險因素的成本，是無形的、隱蔽的，但卻是實實在在的。風險因素導致的成本具體表現為：

　　1.風險因素所導致的社會生產力和社會福利水準下降。一方面，由於風險事故發生的不確定性以及事故後果的災難性，人們對於所面臨的風險因素總是感到恐懼和焦慮。為了應付未來可能發生的風險事故，經濟單位不得不保持相當數量的準備金，因而直接導致了經濟單位福利水準的下降。同時由於這些資金未能進入生產或流通領域，不能成為資本，於是生產領域或流通領域的擴大受到影響，從而降低了社會生產能力。另一方面，因為風險的存在，人們不願意把資金投向高風險的創新技術產業，這使創新技術的運用和推廣受到阻礙，這也會降低社會的生產能力。

　　2.風險因素所導致的社會資源分配失衡。按照經濟學的原理，任何產業生產資源的邊際生產力相等時，生產資源達到最佳配置。然而，由於風險因素的存在，客觀上限制了投資方向，並從總體上破壞了社會資源的均衡狀態。這表現為社會資源流向風險相對較小的部門或行業過多，而流向風險相對較大的部門或行業則過少。社會資源配置的這種不平衡狀況，容易形成部門和行業對資源的壟斷，從而抑制生產，限制供給，引起市場價格的變動。這又會引起新的市場風險，形成惡性循環。

(二)風險事故的成本

　　對某一經濟單位而言，風險事故的發生會導致一定程度的損失，有時這種損失可能是災難性的。風險事故造成的損失，即風險事故的成本，它可能是直接的，也可能是間接的。例如，一家工廠發生機器爆炸，不僅造成機器損毀、生產停止，而且可能導致員工傷亡，支出大量醫療等費用；又如，一個家庭主要勞動者重病住院，不僅帶來大筆醫療費用支出，而且導致家庭收入驟減，使得家庭陷入財務危機。

㈢處理風險的費用

　　意識到自己面臨的風險，經濟單位就會採取各種措施，於是處理風險的費用便產生了。例如，購買防災減損設備的直接費用和維護費用，以及與安全人員有關的一切費用。如果採用購買保險的方式處理風險，則要支出保險費。而就社會而言，也要為之支付費用，例如，為預防和控制高層建築物的火災，政府投資研發自動火災報警系統和自動消防滅火系統；為防止水患，政府和各地方政府投資興修水利、植樹造林等。

　　除了瞭解風險成本產生的原因，還須簡單分析風險成本負擔的對象。根據負擔的對象，可將風險成本分為私人負擔成本和社會負擔成本。前者是指個人或企業從事某項特定活動所產生的必要成本，後者則是指從特定活動引出另一種由其他人或社會全體來負擔的成本。如一個加工企業遭受火災而導致全毀，這一損失由該企業主自行負擔，為私人負擔成本；而與之相關的廠商，如材料供應商，為該廠商將為這次火災付出必要的間接損失成本，這就是社會負擔成本。

　　風險成本架構圖，如圖 2-4 所示。

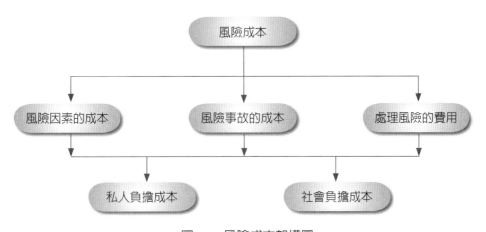

圖2-4　風險成本架構圖

自我評量

一、試說明風險的五種特性？

二、試說明風險四要素的關聯性？

三、何謂靜態風險（Static Risk）？試舉例說明之？

四、何謂動態風險（Dynamic Risk）？試舉例說明之？

五、何謂純損風險（Pure Risk）？試舉例說明之？

六、何謂投機風險（Speculative Risk）？試舉例說明之？

七、何謂客觀風險（Objective Risk）？試舉例說明之？

八、何謂主觀風險（Subjective Risk）？試舉例說明之？

九、從承擔風險的主體而言，風險可區分為哪三類？請說明之。

十、從管理的立場而言，風險可區分為可管理風險（Manageable Risk）與不能管理風險（Unmanageable Risk），請分別舉例說明之。

十一、依商業保險立場而言，風險可區分為可保風險（Insurable Risk）與不可保風險（Uninsurable Risk），請分別舉例說明之？

十二、請說明風險構成之三要件？

十三、請說明風險之性質？

十四、何謂風險成本（Cost of Risk）？主要可分為哪三種成本？

第三章

風險管理之基本內容

本章讀完後，您應能夠：

1. 明白風險管理的沿革。
2. 瞭解風險管理的發展。
3. 清楚風險管理受重視的原因。
4. 敘述風險管理的意義與重要性。
5. 說明風險管理的特質。
6. 認清風險管理的目標。
7. 界定風險管理的範圍。
8. 解釋風險管理的原則。
9. 區別風險管理與其他管理之差異。
10. 說出風險管理之貢獻。
11. 分辨風險管理的實施步驟。

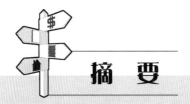
摘　要

「風險管理」一詞，係譯自英文「Risk Management」，國人亦有譯爲「危險管理」者。根據文獻記載，風險管理的起源大致可分爲兩個系統：一是歐洲系統，以德國爲發源地；一是北美系統，以美國爲發源地。

企業在致力於追求利潤時，往往忽視企業資產維護及員工安全之重要性。企業不重視安全活動的結果，損失輕者，將使企業之財務受到影響；損失重者，可能導致企業的倒閉。近年來，企業之安全活動已廣爲世界各國所重視，進而演變成風險管理，並成爲企業管理之一部分。

企業界對重大事故所造成的損失，以往僅依賴傳統的保險方法以彌補解決。風險管理則是除了考慮以保險方式來彌補損失外，同時更積極地採取防患未然措施，使企業能獲得更大之安全保障。目前，各先進國家之企業界已紛紛在公司內成立風險管理部門，設立風險管理人之職位，以處理整個公司之風險管理及保險事務。近幾年來，國人漸重視勞工權益及環境保護，使得企業潛在之經營風險擴大，預期風險管理之觀念將漸爲國內企業界所接受。

風險管理工作所含括之範圍，除了認知與分析風險、做好損害防阻及購買適當之保險以保障企業的生存外，應將風險管理制定成一明確的公司政策，以提升企業之社會形象，並履行企業之社會責任。風險管理人應熟悉風險管理之特質，並把握管理之原則，確實針對企業各種潛在純損風險先行認知、衡量，進而選擇適當之方法予以控制、處理。期能以最低之風險成本達成風險管理之損失預防目標及損失善後目標，以保障企業經營之安全。

第 一 節　風險管理的沿革

「風險管理」一詞，係譯自英文「Risk Management」，國人亦有譯為「危險管理」者。根據文獻記載，風險管理的起源大致可以分為兩個系統：一是歐洲系統，以德國為發源地；一是北美系統，以美國為發源地。以下分別概述德國與美國風險管理的起源。

德國的風險管理源自於第一次世界大戰後的「風險政策」（Risikopolitik）論。第一次世界大戰，德國戰敗，德國國內通貨膨脹極劇，企業為求生存，紛紛開始研究因應之道，在通貨膨脹高漲下如何生存為企業之首要問題。而風險對策咸認為是經營上重要之課題，其因應的方法就是所謂的「風險政策」，內容包括：風險控制、風險分散、風險補償、風險防止、風險隔絕、風險相殺等。

美國的風險管理，則可以追溯至 1930 年代的美國經濟大蕭條（Great Panic）。1931 年，美國經營者協會（American Management Association, AMA）設置保險部（Insurance Division），以協助其會員如何在不景氣下生存。簡單地說，美國的風險管理係源自不景氣下的費用管理，即以費用管理作為經營合理化的一種手段。

美國風險管理之建立，雖於 1931 年由美國經營者協會（AMA）的保險部門所提倡，但始至 1957 年，美國保險管理學會（The American Society of Insurance Management）才開始重視風險管理的觀念，並成立教育委員會協助美國各大學推廣風險管理教育。為了因應風險管理的發展，美國保險管理學會復於 1975 年改名為「風險暨保險管理學會」（The Risk and Insurance Management Society, RIMS），此學會目前擁有多國籍企業的美國一流工商各界保險負責人為會員，而使得風險管理的領域，由單國性業務跨入了多國籍企業。

綜觀兩國之風險管理的發展背景，德國係來自於通貨膨脹，美國則源自於景氣蕭條。相較之下，我國風險管理之開展尚稱幸運，係承受國外成果，先由學術界引進，再設法落實於企業界應用，其意義非凡。

1967 年逢甲大學銀保系首開 Risk Management 的課程，在 60 年代的風險管理，幾乎可以說僅流傳於學術界，說得更具體些，可說僅存在於保險學系、保險研究所的課堂講演而已。這樣的開始，使得風險管理在我國的推展顯得相當

吃力。

　　自 70 年代以後，陸續有財政部官員、保險業主管等發表文章介紹鼓吹。1983 年，教育部首度將「危險管理概要」納入銀保科系的基本課程，對於我國風險管理教育產生重大影響，現在，全國有二十所大學以及超過二十所以上的專科學校，開授「危險管理」或「風險管理」的課程。80 年代有數本風險管理的書籍問世，供教學之用。1998 年，國立政治大學保險學系，更名為「風險管理與保險學系」（Risk Management and Insurance Department），推展風險管理理念於學術與社會大眾，為風險管理之於學術界的里程碑。

第二節　風險管理的發展

　　雖然我國風險管理教育早在 60 年代即已萌芽，但是其成效卻僅止於保險系的學生或企業界的基層職員或中級幹部。很不幸地，不論是在歐美或是我國，企業高層經理人對「風險」的重視，大多源於巨災事件的刺激。

　　在美國，由於 1953 年通用汽車公司（General Motor, GM）的「1 億元火災」（$100 million fire）的教訓，促使美國企業界加速對風險管理的重視。在我國，則為 1985 年 7 月 7 日，台灣電力公司恆春核能三廠火災及其巨額損失，促使經濟部通令其所屬的事業機構，研究及注重企業內的風險管理與保險，該事件也才引起國人對風險管理的重視。可惜當時台灣電力公司並未設置風險管理的專責機構，僅在財務處下設置專人負責風險管理與保險的工作，否則台電以全國規模最大企業，以及其為公營事業的雙重背景之利基，必可帶動企業界推行風險管理的熱潮，也許可使我國風險管理之發展向前推進十年。

　　雖然自台電核電廠火災之後，「風險管理」開始為企業界所注意，但是普及速度卻相當緩慢。這主要原因可能是因為我國的經濟及企業結構是以中小企業為主軸，中小企業限於人力及財力而力有未逮。如同美國風險管理發展歷程，我國第一家風險管理顧問公司於 1987 年始出現，可知新興服務業的開始若要獲得社會各界，特別是中小企業界的重視，是需要時間的。現在幾家國際性的保險經紀人公司，都已提供類似服務。

　　國內第一家成立「風險管理」部門的企業，首推長榮集團（EVERGREEN

Group）。長榮集團在 1992 年成立「風險管理部」，負責長榮集團內部，包括：海運、空運、旅館、建設、營造及其他事業部門的風險管理相關事宜。長榮集團如今已有自己的專屬保險公司（Captive Insurance Company），負責長榮集團各事業部的保險與再保險事宜。「風險管理部」的成立，為長榮至少每年節省新臺幣 5 千萬元以上的保險費。

　　1992 年中華民國風險管理學會成立，是我國第一個以研究、推展風險管理理念與實務為宗旨的非營利團體。目前擁有個人會員 300 餘人，40 家團體會員。規模雖不算大，但卻是網羅了國內學術界、保險業以及有志於風險管理之人士。此外，亦先後加入「國際風險管理暨保險聯合會」（International Federal Risk and Insurance Management Association, IFRIMA）及「亞太及非洲風險管理組織」（Federation of Asian Pacific and African Risk Management Organizations, FAPARMO）為會員，且更進一步獲選為此兩組織理事（Director），為我國風險管理在國際間爭取一席之地。值得一提的是，風險管理學會每年所主辦的「風險管理師」考試，為目前國內企業甄選風險管理專業人才的唯一管道，希望能對風險管理未來在企業內生根發展有所貢獻，尤其是對於中小企業。

　　風險管理引進於臺灣已三十年，如果從 1985 年台電核電廠火災算起，風險管理之發展實際上不過二十多年。這二十多年間，我們很慶幸國內已有幾家大型企業，像長榮、台積電等皆標榜落實風險管理為其最重視的工作。但是，這期間各種天災、工安、飛安事件亦頻頻打擊著我們的生命與財產，國內企業經營不善或周轉不靈，相繼出現，顯示出風險管理亟待加強。也就是說，風險管理之重要性此時正為各界所強調，隱然形成風險管理發展的重要契機，促使我國未來風險管理的發展。

　　1997 年亞洲金融風暴發生，短短幾個月，造成東亞國家發生貨幣貶值競賽，泰銖、印尼盾貶幅超過 50% 以上；在利率方面，香港更創下隔日拆款利率 400% 的紀錄；日本多家知名證券公司及人壽保險公司倒閉；韓國則幾乎宣告破產。這些種種不利現象，促使我國財政部當局不得不重視金融機構風險管理的重要性，並通令要求銀行設置風險管理部門，以確實做好各銀行的資產管理。臺灣銀行亦於 2004 年，設立臺灣銀行界第一個風險管理部門。

　　隨著全球氣候異常、科技快速發展、國際間交流往來頻繁、媒體發達及人民對政府期許提高等自然與人文環境變遷，導致社會充滿不確定性，政府施政

所面臨之挑戰因此倍增。為確保民眾權益，降低風險發生可能性與衝擊，行政院特於 2005 年 8 月 8 日函頒「行政機關風險管理推動方案」，其具體目的為「為培養行政院所屬各機關風險管理意識，促使各部會清楚瞭解與管理施政之主要風險，以形塑風險管理文化，提升風險管理能量，有效降低風險發生之可能性，並減少或避免風險之衝擊，以助達成組織目標，提升施政績效與民眾滿意度」。期望透過教育訓練、溝通與分享學習，形塑風險管理文化與營造支持性的環境，發展出得以長期有效運作的風險管理機制，提升政府施政績效。

第 三 節　風險管理受重視之原因

在人類的發展過程中，即不斷在尋求安全保障。如今，企業對風險管理之所以如此重視，主要係基於下列兩點理由之考慮：

一、損失發生成本（Cost of Risk by Happen）

對企業而言，財務上之損失，小至引起不便，大至危及生存，其受害程度之深淺，端視損失之大小及企業承擔損失之能力而定。例如：損失 100 萬元可能使小型企業因之倒閉，但對大型企業而言，只會降低其盈餘。

然而不論損失大小，企業有無承擔能力，總會造成企業不利影響，故須予以管理。

二、損失憂慮成本（Cost of Risk by Fear and Worry）

不論個人或企業，都希望渡過一個高枕無憂的一夜（A Quiet Night Sleep），但損失之發生是不論何時、何地、何人。換言之，雖然發生損失可能僅限於少數企業，但因每一企業均有遭受損失之可能，故有人人自危之憂慮，此種憂慮損失會發生而產生之成本，稱為損失憂慮成本。

此一損失成本又可分為兩類：

㈠肉體和精神之緊張損失

由於每一企業害怕損失發生，故負責人在心理上有不安全感，此種不安全感會變成憂慮及煩惱，造成心理上之不平和，有時會影響身體之健康。

㈡資源未充分使用之損失

由於企業對損失之發生產生憂慮，致使資源不能充分使用，此種情形有四：

第一、為避免損失發生，致無法從事某種活動。例如，為避免火災發生，而寧可不自購廠房；醫生為避免誤診責任，而改經營其他行業等。

第二、由於未來之不確定，企業只能從事短期計畫。例如，企業為怕受到損失之威脅，而將所有資金運用在利潤較低之短期投資上，或不敢從事中、長期投資而喪失遠景等。

第三、為填補意外損失之急需，企業必須將部分具有生產性之資產轉變為流動性之非生產資產。例如：企業將原可作為擴充設備之生產資金改存低利之準備存款。

第四、由於未來之不確定，與企業有關之顧客、貨品原料供給者、信用機構等，亦會裹足不前。

最近幾年我國因環保意識的抬頭及勞工運動的盛行，使國內經濟社會環境變遷太多，此意味企業的潛在經營風險將擴大，雖然這些風險可透過產物保險的功能轉嫁，但就國家整體資源有效運用的觀點，防止出險，才是因應之道，而加強風險管理，可降低出險機率。

或許有部分業者已感受到這項營運風險，並利用購買保單方式轉嫁該風險，其理念完全符合保險原則，對該企業而言，所發生的損失將可獲得合理的賠償。

但對國家整體資源的運用觀點，出險即是一項無可彌補的損失，這項損失將由全體國民來分擔，可見防阻災害的發生，遠比損害的補償，更有其正面的意義。其實，出險後因有保險獲得理賠，對企業有形的損失將大幅減少，但對企業形象的建立，則將是負面的影響。

若從當前環保意識抬頭及勞工運動盛行的原因進行探討，不難發現以往企業業主在災害防阻措施投入太少，應是主要原因之一；諸如防制汙染做得不夠，使居民受到長期的環境汙染，以及勞工的權益未受到應有的保障等。

此外，經濟發展步入工業國家的水準，有關專利權、產品責任等法律糾紛案件亦將增多，這些屬於經營潛在風險，若未事前評估及防患未然，其帶來的後遺症將危害企業的健全經營，企業加強風險管理，已不容再蹉跎了。

第四節　風險管理之意義及其重要性

「風險管理」（Risk Management）之原則適用於個人、家庭及企業單位或團體，惟一般乃企業單位對於各種潛在純損風險之認知、衡量，進而選擇適當處理方法加以控制、處理，期以最低之「風險成本」（Cost of Risk），達成保障企業經營安全之目標。換言之，即企業單位採取各種可行方法，以認知、發現各種可能存在之風險，並衡量其可能發生之損失頻率與幅度，而於事先採取適當的方法加以預防、控制，若已盡力預防控制仍難免發生損失時，則於事後採取財務填補措施來恢復原狀，以保持企業之生存與發展。

由於純損風險實際產生之各種意外損失，可能造成企業之虧損或業務之中斷，甚至威脅企業之生存；再加上不確定性之存在，對未來可能發生損失之憂慮，使企業單位畏縮不前，經營活動受到限制，而阻礙企業發展。風險管理之目的，即在排除此種憂慮、威脅與阻礙，使企業單位無後顧之憂，以積極從事有利之經營活動。因此，現代企業經營者甚為重視風險管理問題，使風險管理成為企業管理重要之一環。於是各大企業組織有專業性之風險管理部（Risk Management Dept.）之設置，或於一般管理部門之下設有風險管理單位，其主要職能，為對企業所面臨之各種純損風險作客觀與科學之衡量分析，並決定採取適當處理方法以獲得最大經濟效益。同時風險管理經理（Risk Manager）或管理人員之職責亦漸受重視，其在企業組織中之地位亦日益提高。至於中小企業無風險管理單位或管理人員編制者，則叫聘請專業風險管理顧問公司或保險公司、保險經紀公司之專業人員，以協助其風險管理工作。

第 五 節　風險管理的特質

近年來，國內企業對於風險管理開始產生興趣，各公民營企業的保險承辦人員，除了安排企業的各種保險外，也逐漸考慮在保險之外，如何為該企業建立一套完整可行的風險管理制度。

但是風險管理工作，所含括的範圍並非僅限於如何認知與分析風險、如何做好損害防阻的工作，以及如何購買適當的保險以保障企業的生存。風險管理應該是一個明確的公司政策，有系統地說明風險管理的決策程序、企業希望藉此明確的計畫達成何種目標、安排更完整的保險內容、更精簡的費用，且提供更完美無缺的產品，以提升企業的社會形象、履行企業的社會責任。同時企業對於各種有關損失的資訊，亦必須依一定的程序提報，並進而建立完整的記錄，對於企業的損失加以分析研究，隨時提出改進方案。

風險管理正如企業經營中的生產管理、財務管理、行銷管理等功能一樣，是一門獨立的學科，基本上，風險管理具備了下列特質：

一、風險管理本質上是事先的預測與展望，而非事後的反應

風險管理的基本工作是找出企業可能面臨的各種不同種類、不同性質的風險，並且分析各種風險可能造成企業損失的頻率及幅度，然後再尋找解決的方法。所以風險管理人必須防患損失於未然，預見將來可能發生的損失，而事先予以防止，或預期將來事故發生後可能造成的影響，而事先擬妥解決的方法。亦即對於未來不確定的損失，以過去的損失經驗為依據，利用機率統計方法，預測未來的情形，並且擬妥對策，一旦事故發生時，不致因措手不及而影響企業的運作，這便是風險管理工作的主要內容。因此，風險管理工作是一項事前準備的工作，而非事後彌補的工作。將未來不確定的損失合理地化為較明確的經營成本，使企業經營能夠依經營者所預期的方式穩定成長，這才是風險管理所追求的目標。

二、風險管理必須有一套完整的書面計畫作為執行的依據

企業從事風險管理工作，必須訂定一套風險管理政策（Risk Management Policy），以作為工作的指導原則。風險管理政策的內容，必須說明企業風險管理的主要目標為求生存、提高經營效率及促進企業成長、免除憂慮或履行社會責任。規定企業內部各部門於執行風險管理工作時的權利、責任、有關的協調事項、企業風險管理部門的組織、職責，以及執行的預算成本。

企業制定風險管理政策時，必須考慮的因素很多，基本上可歸納為：

㈠企業內部的條件，如財務狀況、經營者對風險的主觀心態，員工對安全問題的訓練及警覺性等。

㈡企業經營的外在環境，如政府的法令和政策、社會對企業的期望、國際經濟影響等。

㈢產業的結構，如顧客、競爭者、供應商等彼此間的關係等。

㈣保險市場的狀況，如保險業的承保能力、保險價格、保險公司的服務品質等。

企業如果沒有一套完整可行的風險管理政策，則管理的目標將不明確，將來無法客觀評估其執行的成效，而且容易造成各部門互相推諉責任。最後，更會形成政策失去連貫性與一致性，而達不到預期的目的。

三、風險管理本身便是一套風險資訊管理系統

任何決策者都不希望決策擬定錯誤，但是事實證明，造成許多決策錯誤或失敗，最主要的原因在於做決策當時，有關的資訊不足，而風險管理的決策程序與一般企業管理完全相同，資訊不足也必將造成決策失誤。所以風險管理本身必須建立一套完備的風險資訊管理系統。例如，在企業財產損失方面，風險管理人員必須隨時瞭解企業有哪些財產、放置於何處、何時購置、價值多少等資料。企業也必須蒐集財產的損失資料，並予以分類、儲存，與隨時更新。對於處理風險管理的費用多寡、如何分配等，亦應記錄分析，所有有關的資訊經過電腦處理後，可以協助風險管理人員隨時掌握企業的財產與活動情形，並且配合企業的活動，適時安排最妥善的損害防阻措施以及安全保障。

四、風險管理是以企業財務安全為重心

風險管理的主要目的是協助企業增加利潤及提升其經營效率。在消極方面，是減少企業因意外事故造成的財務損失；在積極方面，則是協助企業克服風險、開創新機會、增加收入。不論是節流或開源，均是以企業的財務能力為其最重要的考慮因素。同時，風險管理強調以最低的成本，使企業獲得最大的保障，亦即以最小的代價，減少企業發生意外事故的機會，而一旦意外事故發生，亦能夠將損失控制在最低的程度，並且能夠儘速取得企業的重建資金，使企業很快恢復原狀。因此風險管理是以財務安全為重心，著重於財務的管理，其決策的程序基本上亦是由財務主管負責。

五、風險管理是集中管理、分散執行的組織行為

企業風險管理的成敗責任，並非僅由少數從事風險管理的人員負責，而應由企業內部每一位成員共同承擔。因為從風險的認知分析開始，風險管理人員必須得到其他部門同仁的配合及提供資料，才能全盤瞭解企業所有的潛在風險。而企業決定採取風險控制及風險理財的方法時，則必須由風險管理人員依據企業的經營目的、內在因素、外在環境綜合考慮後做成決策，並由風險管理人員統一集中處理。企業風險管理決策完成後，各種方案的執行則有賴企業各部門分工合作、全力配合才能達到最佳的成效。例如，企業決定以降低員工在工作時間內所發生的意外傷害，作為其風險管理方案之一時，為了達成此項目標，風險管理人員首先必須蒐集、分析各種意外傷害發生的原因。除了淘汰老舊的機器外，並訂定加強維護保養的規定。而執行此項工作計畫者乃是全體實際操作機器的員工，風險管理人員僅能制定維護保養的方案，但這個方案的實際執行則有賴全體工作人員的配合。因此風險管理必須集中管理以發揮決策效率，而分散執行、分工合作才能使風險管理的工作獲得最佳成效。

六、風險管理人員必須熟悉保險市場

保險雖是風險管理的工具之一，但卻是最重要的一種方法。任何風險管理方案均無法僅藉風險控制的方式而達成其目標。因此保險市場的發展狀況，對

於風險管理工作有極大的影響。一個風險管理人員必須隨時掌握保險市場的情況，如保險公司的家數、各保險公司的承保能量及服務品質、市場的競爭情形、市場變動的趨勢等。唯有精通保險市場的發展，才能夠以最低的成本為企業安排最大的保障，並獲得最好的服務。

七、風險管理是以寬容有彈性的策略，容納各種對企業有利的服務管道

風險管理是以處理不確定發生的意外損失為其目的，故其所面對的是千變萬化的風險，企業經營中的任何變動都可能因此造成新的風險，進而需要新的處理方式。例如企業新購進一套機器、新增聘一些員工、跨入一個新的行業、保險市場發生變動、政府頒布新法令等。企業風險管理的環境是複雜而且多變的，因此任何新方法、新觀念，只要能夠改善風險、節省企業的成本、增加經營的效率，均是風險管理人員所歡迎的。同時風險管理人員也必須善於利用外在的服務資源，如顧問公司、管理專家、律師、會計師、公證人、保險經紀人等各種保險專業人才，均是風險管理人員諮詢的對象。由各種不同的專業領域獲得服務，以加強風險管理的功能，是風險管理另一個重要的特質。

八、風險管理需要由專門的管理人員擔任

風險管理是利用一般企業管理的計畫、組織、用人、指導及控制的方法，去管理企業的資源及活動，期以最低的成本使企業因意外損失所可能導致的財務影響減至最低的程度。風險管理人員本身不一定必須是個專門技術人員，但必須是善於溝通協調的管理人。風險管理人對於任何風險變動必須有敏銳的反應，能夠隨時掌握企業資源與活動的變動，同時亦必須瞭解其所負責的工作是企業的整體管理，而不僅是個別的部門管理工作。他必須是個喜歡到處走動、發掘問題，有寬闊的胸襟，隨時接受不同建議與批評的管理人員。

任何企業可以沒有風險管理人員，卻不能不從事風險管理工作。小企業也許僅是盡可能將各種可能意外損失，以購買保險的方式將風險轉嫁於保險公司；大企業也許有一個組織完整、功能複雜的風險管理部門，不斷地研究在各種可能的風險理財組合中，尋求該企業最大的利益與保障。不同的企業規模，有不

同的風險管理方案。而重要的是，企業從事風險管理之初，應對風險管理有正確的認識。未能深入瞭解風險管理的本質，僅是採行幾項風險管理的方法，雖然也可以達到部分效果，卻總是無法發揮風險管理對企業應有的最大貢獻。

第 六 節　風險管理的目標

　　風險管理就如同所有的管理機能（Management Functions）一樣，是一種達成目標的手段，風險管理所欲達成的目標是什麼呢？大多數人皆同意 Robert I. Mehr 與 Bob A. Hedges 二人在其《*Risk Management Concept and Application*》一書中所指出，風險管理的目標為「於損失前作經濟的保證，而於損失後有一令人滿意的復原」。

　　因此，風險管理的目標可分為：一、損失預防目標（Pre-Loss Objectives）；二、損失善後目標（Post-Loss Objectives）。

一、損失預防目標

　　由於損失事故可能會發生，企業通常有下列四個損失預防目標，以達成經濟性的保證並減少不安：

㈠經濟性保證（Economy）

　　係指企業如何以最經濟之成本，來準備應付損失之發生。換言之，為保證損失預防目標之迅速達成，企業願意支付某些費用，如安全措施、保險費等，以減少損失之危害。

㈡減少焦慮（Reduction in Anxiety）

　　此一目標又稱為「高枕無憂目標」（A Quiet Night's Sleep Goal）。如前所述，任何人面對不確定之未來，均會產生憂慮。故避免這些憂慮，乃企業甚為重要之損失預防目標之一。

㈢履行外在的強制性義務（Meeting Externally Imposed Obligations）

風險管理亦像企業其他管理功能一樣，必須符合外界環境之要求。例如，勞工法規定企業必須裝置安全設備，以保護員工安全。又環境保護法（Environmental Protection Law）規定，企業必須裝設廢水、廢氣、廢物處理設備，以避免造成環境汙染。

㈣履行社會責任（Social Responsibility）

以風險管理的立場而言，企業之安全與社會之安定密不可分，企業遭受損失，社會亦遭受損失，故企業經營人員及風險管理人員，應將減少社會損失之責任視為其經營目標之一。

二、損失善後目標

損失善後的目標包括五個目標，這五個目標主要是如何使企業在損失後，能完全地、迅速地復原：

㈠生存（Survival）

求生存目標是企業在損失發生後之最重要目標，如果此一目標未能達成，則奢談其他目標。至於企業怎樣才能達到求生存之目標，其決定因素甚為困難且複雜，端視個別企業情況而定，一般生存目標之共同要素包括：

1.法律義務之履行

企業欲求生存，第一個條件是：必須能夠支付法律或契約上之債務。蓋企業沒有能力清償負債，即可能走向倒閉之途。

2.足夠資產

企業欲求生存之第二個條件是：必須有足夠之資產可資運用，以繼續營運。惟該項資產非但必須考慮數量，亦須注重品質。換言之，此項資產之使用效率必須與損失發生前相同。尤其必須特別注意的是，很多資產並非能以現金購得。

3.健全之企業組織

除了上述兩種要素以外，企業要求生存之另一條件是：要有健全之企業組

織。該組織除上述之足夠資產以外，尚須有健全之制度及經驗之技術人員，尤其重要的是，企業內部全體人員必須同心協力，共同為企業效命。

4.公眾之接受性

企業於遭受損失以後，如何維持原有外界形象和信譽，使一般大眾願意接受，與內部之整頓同樣重要，但也至為困難。首先，顧客可能因無法繼續購得產品而轉向他人購買；再者，原料商或供應商可能無法取信而停止供應。最嚴重的要屬產品責任風險，一旦消費者遭受一次使用產品之損失以後，對該企業所提供之任何產品即不再有信心，此一影響甚深且遠，非經一段很長時間無法恢復。

(二)繼續營業 (Continuity of Operations)

繼續營業係企業求生存之必須要件，也是損失發生後所欲追求之第二個目標，蓋企業如無法繼續營業，即無法生存下去。同時，企業如能於損失發生後繼續營業，則可將過去之損失恢復過來。

(三)穩定利潤 (Earnings Stability)

企業之第三個損失善後目標係穩定利潤。穩定利潤之方法有二：(1) 避免或減少獲利能力之中斷；(2) 提存意外準備金以支應不可避免之利潤減少或中斷。此一目標或許有人會認為與繼續營業並無差別，實則企業只要繼續營業，其目標即已達成，而無視營業成本是否因之提高；而穩定利潤之目標則必須在營業收益隨營業成本同時增加時，才算達成。故穩定利潤之目標比繼續營業之目標較難以達成。尤其準備金之提存會有下列困擾：(1) 準備金之機會成本也許高於彌補損失；(2) 稅捐機關將會提出異議，而將之視為收益予以課稅。

(四)持續成長 (Continued Growth)

保持獲利且繼續成長，為企業在發生損失善後所追求之第四個目標，此一目標較前一目標執行起來更難。

保持成長之方法有二：(1) 透過收購其他企業或與其他企業合併；(2) 透過新產品或新市場之拓展。以第一種方法保持成長，企業須有很強之流動力，並維持很高之獲利力。以第二種方法保持成長，企業則須支付一筆龐大之研究發展

與拓銷費用,以使市場瞭解新產品。

此一目標受到繼續營業目標之影響甚大,蓋企業於損失發生後未能繼續維持營業,則企業喪失信譽,更奢談成長。

㈤履行社會責任 (Social Responsibility)

履行社會責任既是企業之損失預防目標,也是企業之損失善後目標。站在政府管理及維護一般社會大眾對企業形象之立場而言,企業必須時時刻刻成為一個好公民(Good Citizenship),企業履行社會責任之方法:在消極方面,應遵守法律秩序,作好損失預防及維護等安全措施,以保障員工、投資者以及一般大眾之安全;在積極方面,應抱著「取之於社會,用之於社會」之信念,參與社會建設之各種活動,以繁榮社會,造福社會。

以上各種風險管理目標,很難同時達成,蓋每一目標之間即有衝突之處。例如,損失善後目標之達成頗費成本,此即與損失預防之經濟目標背道而馳,即使在預防或善後目標之間,亦會有先後緩急之別。例如,企業在面臨存亡之際,自然以求生存為第一考慮要件,此時,即不可能同時達到成長之目標。

儘管如此,上述各種目標乃企業風險管理人必須追求之理想,至於如何選訂適當目標,端視風險管理之巧妙運用及學識經驗而定。圖 3-1 可說明風險管理目標與管理目標之相互關係。

第 七 節 風險管理的範圍

風險管理的範圍可分為最廣義、狹義及最狹義三種:

一、最廣義 (Broadest Sense) 的風險管理範圍

乃指企業所可能面臨的所有風險而言;換言之,它不但對企業之靜態(純損)風險予以管理,而且對企業之動態(投機)風險亦加以管理,其詳細之風險項目詳見圖 2-3 風險的分類中所列。最廣義的風險管理範圍,即為一般所稱「風險管理」的處理對象。

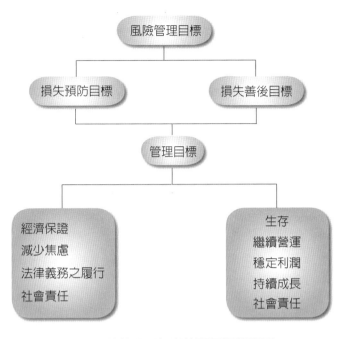

圖3-1　風險管理目標與管理目標關係圖

二、狹義（Narrower Sense）的風險管理範圍

乃指針對企業之靜態（純損）風險，藉著風險管理的方法，使企業的可能損失減少至最低的程度，其詳細之風險項目詳見圖 2-3 風險的分類中所列。狹義風險管理範圍，即為目前一般所稱「危險管理」的處理對象。

三、最狹義（Narrowest Sense）的風險管理範圍

乃指針對可保險之風險予以管理，而此種風險管理通常只是以保險的方式來管理風險，其詳細之風險項目詳見圖 2-3 風險的分類中所列。最狹義的風險管理範圍，即為目前一般所稱「保險管理」的處理對象。

迄目前為止，一般所稱之風險管理範圍，係指狹義的風險管理而言，即僅對企業的靜態（純損）風險加以管理。然而隨著管理科學及統計方法的發展與進步，再加上電子計算機和系統方法之應用，風險管理的範圍亦逐漸擴大到動態（投機）的風險。例如財務風險中之投資風險已發展出一些可靠的方法，能

事先予以預測而加以管理。

第 八 節　風險管理之原則

一、在管理上多加考慮損失的潛在性之大小——勿因小而失大。

二、多加考慮利益與損失之間的關係——勿冒企業本身能力所不能承擔的風險。

三、用於消除風險的費用,不能超過預期的真正損失。

四、多加考慮損失發生的機率——一個非專業的風險管理者,對於損失機率之估量常犯二種嚴重的錯誤,即:

㈠對於損失機率的長期預測,常偏離客觀的態度,而有低估的傾向。

㈡大多數的人們都願意以小額確定的損失,來評估未來不確定的大損失。

風險管理者如能固守上述原則,風險管理工作將會做得很好,亦可把企業帶進坦途。

第 九 節　風險管理與其他管理之比較

風險管理與其他管理有其差異,茲簡要比較如下:

一、風險管理與一般管理不同

二者主要不同點在於處理風險之範圍不同,前者處理純損風險,後者則處理所有風險,包括純損風險與投機性危險。又前者在使經濟單位之損失極小化,後者則在追求利潤極大化。

二、風險管理與保險管理不同

風險管理同時在管理可保之純損風險與不可保之純損風險,前者如天然的

災害（颱風 …… ），後者主要是指非意外性之風險。保險管理專注於可保之純損風險，因此，前者之範圍較後者為大。

三、風險管理與安全管理不同

安全管理之重點在於各種預防措施（Prevention）或防護措施（Protection）之使用，基本上該等措施必須運用專業知識為之，蓋專業人員分析損失發生之原因後，方可進一步規劃採用何種損失預防措施。惟由上亦可知，其範圍較風險管理為小，蓋風險管理包括風險控制與風險理財，所以安全管理可視為風險管理領域中的風險控制之技術層面，有別於風險控制在風險管理中同時考慮財務層面。

四、風險管理與財務管理不同

財務管理範圍較風險管理為小。一般之財務管理是在較確定之情況下，追求利潤最大化，風險管理所採用之財務管理觀念，是在不確定或未知之情況下，使企業之純損風險成本達到最小。

五、風險管理與危機管理不同

危機管理範圍較風險管理範圍為小，危機管理通常稱為緊急應變計畫，較偏向於損失預防。

茲就風險管理、一般管理、保險管理及其他管理等，比較如表 3-1。

表3-1　一般管理、風險管理、保險管理、安全管理、財務管理、危機管理比較表

類別 項目	一般管理	風險管理	保險管理	安全管理	財務管理	危機管理
處理風險範圍大小	最大	次之	獨特	獨特	獨特	獨特
處理風險種類	純損風險與投機性風險兼而有之	可保之純損風險與不可保之純損風險	可保之純損風險	純損風險	投機性風險	原則上為純損風險
目的	創造最大利潤	損失極小化	降低損失與補償	預防損失	創造最大利潤	化解危機
採用策略	所有的方法	風險控制與風險理財	保險組合	損失預防為主	各種金融工具	緊急應變計畫（尤其是損失控制）
所處環境	確定或不確定	不確定	不確定	不確定	較確定	不確定

資料來源：鄭鎮樑，保險學原理，五南圖書出版公司，2004年3月，增訂2版，p. 23。

第 十 節　風險管理之貢獻

一、風險管理對企業之貢獻

計有下列五點：

(一)維持企業生存

企業遭遇巨大意外損失時，可能瀕臨破產邊緣，此時如有適當之風險管理措施，則可自破產邊緣挽回而維持企業生存。

(二)直接增加企業利潤

企業利潤之增加可來自收益之增加或損失與費用之減少，風險管理既可經由預防、抑制或移轉而減少損失或費用，自可增加企業利潤。

㈢間接增加企業利潤

風險管理可經由下列六點而間接增加企業利潤：

1.對於純損風險加以成功有效之管理，可使企業經營者獲得心理上之安全，並增進拓展業務之信心。

2.企業經營者於決定從事拓展某種新業務時，如能對其伴隨而來之純損風險加以謹慎管理，當可改善決策之品質。

3.一旦決定從事某種新業務，如能對純損風險作適當之處理，自可使企業對於投機風險作明智而有效之處理。例如，若對產品缺陷可能引起之賠償責任已作適當之保障，則可積極拓銷該產品。

4.風險管理可維持每年利潤及現金流量之穩定，此項穩定可使投資者有穩定收入而樂於投資。

5.經由事先準備，不致因發生損失而使業務中斷，可保持原有顧客或供應商。

6.對純損風險有妥善管理而獲得安全保障，則債權人、顧客及供應商無不樂於往來，進行交易，員工亦樂於為此企業服務。

㈣對於純損風險有健全管理而獲致之心理平安，可促進管理當局及業主之身心健康，成為企業無價之非經濟資產。

㈤由於風險管理計畫對於員工及社會均有助益，因此風險管理可促進企業之社會責任感及良好之社會形象。

二、風險管理對家庭之貢獻

計有下列三點：

㈠可節省家庭之保險費支出，而其保障並未減少。

㈡家庭中負擔生計者因獲得保障，而可努力於創業或投資，使生活水準提升。

㈢可使家庭免於巨災損失之影響，使其家庭仍能維持一定之生活水準。

三、風險管理對社會之貢獻

計有下列二點：

㈠家庭或企業能從風險管理受益，當然也使社會中每一分子受益。

㈡家庭或企業於受損後能藉風險管理得以迅速恢復，亦使整個社會成本（Social Cost）支出降低因而增進經濟效益，提升整個社會之福利水準。

第 十 節　風險管理之實施步驟

風險管理過程計有四個實施步驟（The Processes of Risk Management），即⑴風險之辨認或認知；⑵風險之衡量；⑶風險管理策略之選擇；⑷策略之執行與評估。

茲分別說明如下：

一、風險之辨認（Risk Identification）或認知

風險辨認或認知係風險管理之第一步驟，亦為風險管理人員最困難之工作。因為要知如何對風險作適當之管理，首先必須認知企業潛在之各種純損風險。

二、風險之衡量（Risk Measurement）

風險認知以後，次一重要步驟即對於這些風險作適當衡量，衡量內容包括：

㈠損失發生之頻率。

㈡如果發生損失對企業財務之影響如何？

三、風險管理策略之選擇（Selection of Risk Management Strategies）

風險經辨認與衡量以後，即應選擇適當之策略，以達成風險管理之目標。

風險管理之策略可分為兩大類：一為控制策略（Control Strategies），另為理財策略（Financing Strategies）。每一策略又可細分為多種。在此一步驟中，

乃是就各種不同之策略依風險之大小，在成本和效益之比較分析下，選擇最佳之策略或組合。故此步驟可說是風險管理核心之所在。

四、策略之執行與評估（Implementation & Evaluation）

風險管理策略經選擇採行以後，風險管理人員必須切實執行決策，並須加以評估檢討，以瞭解原有決策是否明智可行，以及是否需對未來不同狀況加以修正改善。

茲以圖 3-2 與圖 3-3，說明風險管理之四項實施步驟之流程與完整風險管理程序之流程。

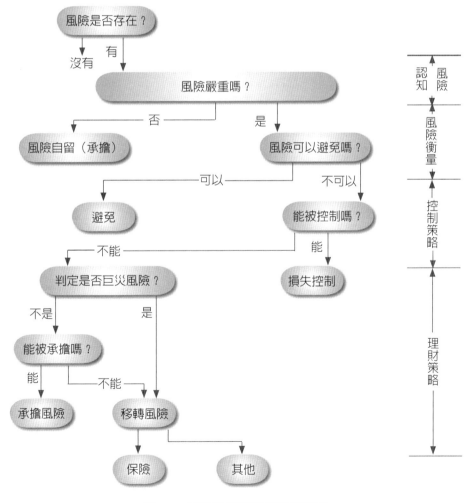

圖3-2　風險管理實施步驟流程圖

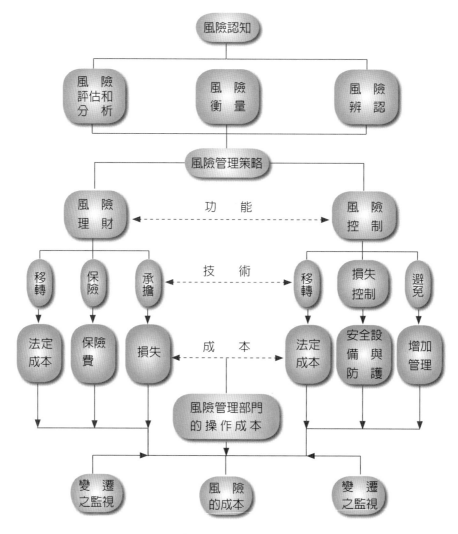

圖3-3 完整風險管理程序流程圖

資料來源：Joe. E. Bridges, *New Risk Manager Industry Session Presentation Risk Management Manuals*, 20th Annual Risk Management Conference, Washington, D. C., April 19, 1982.

自我評量

一、試說明風險管理的起源及發展？

二、試說明風險管理受重視之原因？

三、試說明風險管理之意義及重要性？

四、試簡述風險管理的特質？

五、試說明風險管理之損失預防目標（Pre-Loss Objectives）？

六、試說明風險管理之損失善後目標（Post-Loss Objectives）？

七、試說明風險管理之原則？

八、風險管理與其他管理有何差異？請說明之。

九、風險管理對企業有何貢獻？請說明之。

十、風險管理對家庭及社會有何貢獻？請說明之。

十一、試簡述風險管理之實施步驟（The Process Risk Management）？

第四章
風險管理實施之步驟㈠
——認知與分析損失風險

學習目標

本章讀完後,您應能夠:

1. 分辨風險管理之管理面與決策面。

2. 說出風險管理實施之步驟。

3. 明白認知與分析損失風險為風險管理第一實施步驟。

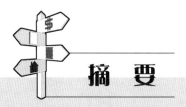
摘　要

　　風險管理乃一般管理範疇中的一個專業領域。誠如我們所知，管理的定義為策劃、組織、用人、指導及控制組織之資源與活動，以便有效達成目標的過程。

　　任何組織都有許多不同的目標，如利潤目標、成長目標及服務大眾的目標等。為了達成這些目標，組織必須先達成其最基本的目標，那就是，在面對潛在的意外損失時仍然能繼續生存下去。當然，若組織已能做到此點，則自會進一步防止或抑減任何會干擾其營運或阻礙其成長或減低其利潤的意外損失。

　　風險管理今天會在管理領域中有其「一席之地」，乃因其目的在於使事故損失的不利影響能減至最小。故就此而言，風險管理可從管理的角度定義為以合理的成本來策劃、組織、用人、指導及控制組織的活動，以便使意外損失的不利影響能減至最小的過程，此一定義強調的是風險管理的管理程序過程（Managerial or Adaministrative Process）。

　　風險管理也可以依決策程序過程（Decision-Making Process）來加以定義，因此，風險管理乃是如下的決策過程：(1)認知與分析會危及組織之基本目標的意外損失風險；(2)檢視可以處理這些風險的風險管理策略；(3)選定最好的風險管理策略；(4)將此一策略付諸執行；(5)監視執行的結果以確保風險管理計畫切實有效。

　　風險管理工作所含括之範圍除了認知與分析風險，做好損害防阻及購買適當之保險，以保障企業的生存外，應將風險管理制定成一明確之公司政策，以提升企業之社會形象並履行企業之社會責任。風險管理人應熟悉風險管理之特質並把握管理之原則，確實針對企業各種潛在純損風險先行認知、衡量，進而選擇適當之方法加以控制、處理。期能以最低之風險成本，達成風險管理之損失預防目標及損失善後目標，以保障企業經營之安全。

第 一 節　風險管理之管理面與決策面

　　風險管理乃一般管理範疇中的一個專業領域。誠如我們所知，管理的定義為策劃、組織、用人、指導及控制組織之資源與活動，以便有效達成目標的過程。

　　任何組織都有許多不同的目標，如利潤目標、成長目標及服務大眾的目標等。為了達成這些目標，則組織必須首先達成其最基本的目標，那就是，在面對潛在的意外損失時仍然能繼續生存下去。當然，若組織已能做到此點，則自會進一步防止或抑減任何會干擾其營運或阻礙其成長，或減低其利潤的意外損失。

　　風險管理今天會在管理領域中有其「一席之地」，乃因其目的在於使事故損失的不利影響能減至最小。故就此而言，風險管理可從管理的角度定義為以合理的成本，來策劃、組織、用人、指導及控制組織的活動，以便使意外損失的不利影響能減至最小的過程，此一定義強調的是，風險管理的管理程序過程（Managerial or Administrative Process）。

　　風險管理也可以依決策程序過程（Decision-Making Process）來加以定義，因此，風險管理乃是如下的決策過程：⑴認知與分析會危及組織之基本目標的意外損失風險；⑵檢視可以處理這些風險的風險管理策略；⑶選定最好的風險管理策略；⑷將此一策略付諸執行；⑸監視執行的結果以確保風險管理計畫切實有效。

　　顯然，此一定義所著重的是風險管理的決策面。是故，從管理的立場而言，完整的風險管理定義應是：「風險管理乃是制定及執行決策，能使意外損失之不利影響減至最小的過程。其中，制定決策需要採取五個決策程序，而執行決策則需要執行五個管理程序。」

表4-1　風險管理矩陣（管理面與決策面）

決策面 ＼ 管理面	(1) 策　劃	(2) 組　織	(3) 用　人	(4) 指　導	(5) 控　制
1.認知與分析風險					
2.檢視各可行策略					
3.選定最佳之策略					
4.執行選定之策略					
5.監視結果與改進					

　　表 4-1 的風險管理矩陣，乃是風險管理定義的具體表徵，由此表可看出，風險管理之決策面與管理面的關聯性。茲說明其實務運作如下：

　　1.(1)**認知與分析損失風險之策劃**

　　　　‧決定所需資訊的態樣與格式。

　　　　‧認知內部或外部資訊之來源。

　　　　‧決定資訊多久應被更新。

　　　　‧評估獲取資訊之成本及所需之預算。

　　(2)**認知與分析損失風險之組織**

　　　　‧獲得蒐集資訊的授權。

　　　　‧蒐集資訊的程序和指導。

　　(3)**認知與分析損失風險之用人**

　　　　‧訓練與教育蒐集資訊相關人員。

　　　　‧指定蒐集資訊之相關人員。

　　(4)**認知與分析損失風險之指導**

　　　　‧獲得部門經理的支持並提供資訊。

　　　　‧獲得提供資訊者之指導。

　　　　‧對已獲得之資訊予以追蹤。

　　(5)**認知與分析損失風險之控制**

　　　　‧建立獲取資訊之品質與時效的標準。

　　　　‧比較已獲得資訊與所建立之標準。

　　　　‧修正或改善不佳之資訊，獎勵已獲得之好的資訊。

2.(1)檢視各種可行策略之策劃
- 決定所考慮之各種可行策略之範圍與界限。
- 制定標準以檢視每一種可行策略。
- 決定誰將檢視各種可行策略。
- 決定多久檢視各種可行策略。

(2)檢視各種可行策略之組織
- 建立獲取和評估各種可行策略資訊之處理程序。
- 維持與提供各種可行策略者間之溝通。

(3)檢視各種可行策略之用人
- 指定檢視各種可行策略之人。
- 檢視各種可行策略之人之績效考核。

(4)檢視各種可行策略之指導
- 主持決策者間之會議。
- 提供決策者所需之額外資訊。

(5)檢視各種可行策略之控制
- 建立檢視各種可行策略處理程序之活動標準。
- 召開檢視各種可行策略之同仁間的溝通會議。

3.(1)選定最佳策略之策劃
- 決定可行策略的標準。
- 安排相關單位代表之溝通會議。
- 安排決策者之會議。

(2)選定最佳策略之組織
- 彙整決策者之資訊。
- 安排決策者間之溝通會議。
- 告知高階主管作抉擇。

(3)選定最佳策略之用人
- 指派負責提供必需資訊予決策者之同仁與負責人。
- 指派負責與決策者溝通之同仁與負責人。

(4)選定最佳策略之指導
- 主持決策者間之會議。

．準備提供決策者所需之額外資訊。

⑸選定最佳策略之控制

　．提供高階主管選擇可行策略的標準。

　．建立選擇程序之規範。

　．增進高階主管瞭解選擇特定可行策略之理由。

4.⑴執行選定策略之策劃

　．決定哪位經理人將被賦予策略之執行。

　．安排具有影響力的經理人召開會議說明所作之決策。

⑵執行選定策略之組織

　．安排相關部門人員之訓練或溝通會議。

　．決定執行所選擇可行策略所需之資源與時間表。

⑶執行選定策略之用人

　．指派執行選定策略之同仁與負責人。

　．指派負責與相關部門同仁溝通之同仁與負責人。

⑷執行選定策略之指導

　．執行與相關部門之訓練會議。

　．訓練相關部門之經理人。

　．確認所選擇之可行策略為相關人員所瞭解與接受。

⑸執行選定策略之控制

　．建立有效執行可行策略之標準時間表。

　．建立執行可行策略之作業表。

　．確信相關人員均能依要求執行其職責。

　．告知高階主管執行可行策略之進度。

5.⑴監視結果與改進之策劃

　．決定監視之頻率。

　．決定如何獲取監視所需之資訊。

　．告知相關經理人如何執行其監視工作。

⑵監視結果與改進之組織

　．選擇和訓練相關人員獲取監視之資訊。

　．告知高階主管如何從監視報告得知結果。

⑶監視結果與改進之用人

　　‧指派負責訓練相關同仁獲取監視資訊之同仁或負責人。

　　‧指派將監視結果告知高階主管之同仁或負責人。

⑷監視結果與改進指導

　　‧教育訓練相關人員。

　　‧召開已有監視結果之經理人之會議。

⑸監視結果與改進之控制

　　‧建立完整結果之標準作業程序。

　　‧比較確實監視程序與所建立之標準。

　　‧修正不佳之監視結果，獎勵優良之監視結果。

　　風險管理決策過程乃是一種重複且自我增強的過程，因過去所選用的風險管理策略，必須依照組織活動變遷而來的損失風險，不斷地加以重新評估，同時也必須參照各風險管理策略之相對成本的改善，以及法律要求的變更暨組織基本目標的改善，予以不斷的重新評估，再者，決策本身的功能，也會促使決策人員，為了因應情況的變化而修正決策。換句話說，若相對的風險管理成本，或法令的要求及組織的目標有所改變時，則整個決策過程必須重新調整。

第 二 節　風險管理實施之步驟

　　企業在面對風險、採取對策之前，必須對風險的性質有所認知與分析，始能瞭解可能發生的損失及採行有效的對策；因此企業若欲有完美的風險因應策略，就必須先對風險的性質有完全的認知，這一系列活動，我們稱之為風險管理實施之步驟（The Process of Risk Management）。

　　以下各節所欲探討的是，表 4-1 之風險管理矩陣左邊那五個風險管理決策過程實施步驟，但為了能更清楚地表達，特在圖 4-1 中列出此五個決策過程實施步驟之架構。

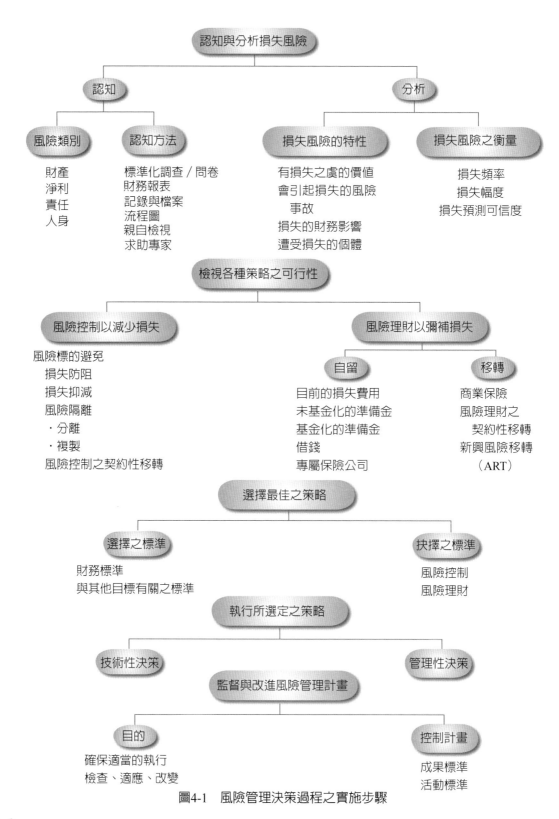

認知與分析損失風險

認知

分析

風險類別

財產
淨利
責任
人身

認知方法

標準化調查／問卷
財務報表
記錄與檔案
流程圖
親自檢視
求助專家

損失風險的特性

有損失之虞的價值
會引起損失的風險
事故
損失的財務影響
遭受損失的個體

損失風險之衡量

損失頻率
損失幅度
損失預測可信度

檢視各種策略之可行性

風險控制以減少損失

風險標的避免
損失防阻
損失抑減
風險隔離
‧分離
‧複製
風險控制之契約性移轉

風險理財以彌補損失

自留

目前的損失費用
未基金化的準備金
基金化的準備金
借錢
專屬保險公司

移轉

商業保險
風險理財之
契約性移轉
新興風險移轉
（ART）

選擇最佳之策略

選擇之標準

財務標準
與其他目標有關之標準

抉擇之標準

風險控制
風險理財

執行所選定之策略

技術性決策

管理性決策

監督與改進風險管理計畫

目的

確保適當的執行
檢查、適應、改變

控制計畫

成果標準
活動標準

圖4-1　風險管理決策過程之實施步驟

第 三 節　風險管理實施步驟1：認知與分析損失風險

一、認知損失風險

　　一般而言，對組織有嚴重影響的損失，是指那些會阻礙公司達成其目標者，風險管理人為了要認知這種損失風險，就必須能：⑴ 運用邏輯的分類方法，來認知所有各種可能的損失風險的類別；⑵ 使用適合認知損失風險的方法，來認知組織於特定時間所可能會遭遇的特定損失風險。圖 4-2 左邊即說明認知損失風險之兩大主軸：⑴ 認知風險類別；⑵ 認知損失風險之方法。茲說明如下：

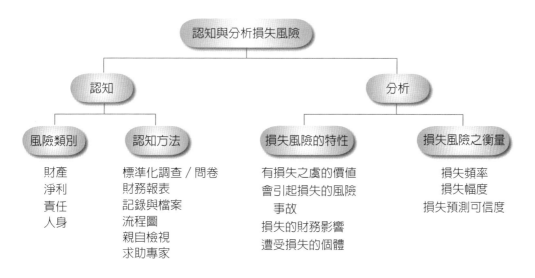

圖4-2　認知與分析損失風險

　　表 4-2 所闡述的例子正是如何認知損失風險，以及如何執行風險管理的其他步驟，雖然此係為示範性的例子，但凡是目睹過火車事故的人，以及必須設法處理此類事故的人，都會認為此一事例相當真實。

表4-2　致命的出軌

　　某日下午3點，一列ABC火車公司所擁有並經營的貨運火車駛經XYZ醫院之後山的途中，竟意外地出軌翻覆，結果，有三節車廂灑出其所裝載之有毒且具有腐蝕性與刺激性的化學液體，這些化學液體即順著山坡流下來，不但流過XYZ醫院的停車場，而且也腐蝕了不少輛的汽車及醫院的門牆。

　　ABC火車公司的救援工作小組花了兩天的時間，才把出事的現場清理完畢，但XYZ醫院的維修人員卻花了兩個禮拜的時間，才把其停車場與醫院的門牆清理及整建完畢，因此，儘管火車公司的救援工作小組很賣力地在進行善後的清理工作，但在XYZ醫院之維修人員把其停車場及醫院門牆給清理及整建完畢前，此一路線將一直封閉，該醫院的員工及其訪客每天都必須另找地方停車。

㈠損失風險類別

　　損失風險是指一個特定之組織或個人，因特定的風險事故損害特定之有價物而致有財務損失之可能性。就此定義而言，任何損失風險都必須具備如下四層面的特質：⑴損失的價值類型；⑵引起損失的風險事故；⑶遭受損失的個體；⑷潛在財務損失的程度。

　　因此，若欲詳細說明某一特定的損失風險，則這需要說明上述這四個層面，並且需「因事而制宜」的來變通其細節。

　　有關損失風險的四個層面，將在本章中予以詳細的分類與探討。在此，我們只要知道損失風險，一般均是以其第一個層面來分類就夠了，亦即，損失風險一般均是以損失之價值的本質（或會有損失之虞的價值的本質）來作為分類的依據，因此，除了純精神價值損失（或精神上的損害）外，所有與風險管理有關的財務損失都可以分成如下四大類：⑴財產損失；⑵淨利損失；⑶責任損失；⑷人身損失，像表 4-2 所述火車出軌例子所造成的損失就包含有這四類的損失，以下我們就來說明這四類的損失。

1.財產損失（Property Loss）

　　就前述火車出軌的例子來說，醫院在此事件中所遭受的財產損失，為其建築物及其停車場被化學藥劑所侵蝕及破壞，而火車公司所遭受的財產損失，則為列車出軌損壞。

2.淨利損失（Net Income Loss）

　　損失風險的第二個類型就是淨利損失風險，由於淨利係指在某一段會計期

間的收入減去費用後的餘額而言，因此，淨利損失就包括因事故而致的收入減少或費用的增加在內。

3.責任損失 (Liability Loss)

雖然前述火車出軌的例子可能錯不在火車公司及 XYZ 醫院，但兩者都得面對責任損失的風險。

4.人身損失 (Personnel Loss)

第四類的損失風險──人身損失係起因於死亡、殘障、退休、辭職或失業等。對個人或家庭而言，人身損失會使家庭的收入減少或使家庭的費用增加（因前者會使負擔家計生活者遭受收入減少損失的命運，而後者則因需要就醫或僱人來做家事而致費用增加）。

以上乃是簡要說明四種基本的損失風險──即財產損失、淨利損失、責任損失及人身損失。

㈡認知損失風險的方法

風險管理專家通常都是使用下列中的一種或數種方法，來認知組織所面臨的特定損失風險，這些方法是：

1.調查／問卷法。
2.財務報表分析法。
3.檢視組織的其他紀錄及文件法。
4.流程圖法。
5.親自檢視法。
6.請教專家法。

這些方法的目的均是在認知損失風險，亦即在分析未來損失的可能性，而不是在研究過去的損失，雖然過去的損失紀錄有時能有助於預測未來的損失，但分析的重點卻不在於過去而在未來。

1.調查／問卷法

調查／問卷通常為標準化的格式，而且適用於每一種組織，其所列的問題則涵蓋了所有的風險管理問題，如有關組織之不動產的風險問題、其設備的風險問題、其他動產的風險問題、其他財產的風險問題、產品的風險問題、重要客戶的風險問題、鄰近地區之財產的風險問題、營運的風險問題，以及其他可

能之損失的風險問題等。這種標準化的調查／問卷，不但可促使風險管理人去注意重大或顯著的損失風險，而且其問題的邏輯順序也有助於風險管理人去拓展與其組織有關的損失風險資訊。

2.財務報表分析法

認知損失風險的第二個方法就是分析該組織的財務報表（包括資產負債表、損益表及現金流量表等在內），因資產項目能指出發生損失時的財產價值或有損失之虞的財產價值，而負債項目則會顯示因故倒閉時所必須履行的義務；又從損益表可知，營運中斷後，不但收入會損失，而且費用卻會繼續發生；而現金流量表則能說明有多少現金數額會受損失所影響，或可用來履行持續的義務。因此，仔細分析這些報表上的項目，必能看出有哪些潛在的損失風險值得進一步予以分析。

3.檢視組織的其他紀錄及文件法

一組織的財務報表及其會計紀錄，乃是其活動及其損失風險資訊的唯一大來源，而且也是較大且較廣泛的來源。因其涵蓋了整個組織的所有紀錄與文件，而不僅是財務紀錄與文件而已。其實，任何組織的文件不但能告知我們有關該組織的某些重要訊息（如契約內容、往來信件的內容、會議的內容，以及內部備忘錄等），而且還能告知我們有關該組織之損失風險的一些蛛絲馬跡。例如，火車公司的承攬契約及其與工會的談判紀錄，就能告知我們一些其貨物及人員所可能碰到的風險。又 XYZ 醫院的病人醫療紀錄也能告知我們，該院所可能會碰到的醫療糾紛問題，及其所可能採取的預防之道。

4.流程圖法

理論上，以流程圖來分析損失風險，乃是把組織看作是一個價值流通的單位或機器，亦即，價值流入這個單位或機器，經過處理後會增值，然後再流出這個單位或機器；因此，就此看法來說，事故就是「阻流」或流量的「切斷物」，而且「阻流」的程度愈大且時間愈長，則因之所引起的損失就愈嚴重。準此，組織營運的流程圖可顯示其每一產品的製程細節，其人員及物料的搬運移轉細節，以及其原料及其製成品之流通細節，而由這些細節則可看出其整個產銷活動可能會發生「阻流」的地方，而且只要一有「阻流」發生，則不管其程度的輕重，都一定會阻礙組織營運的進行，從而會減少營運所能產生的價值。

5.親自檢視法

某些損失風險只有靠親自實際去檢視才能看得出來，此乃因其他的方法可能無法發掘潛在的損失風險之故。例如，就以前述的火車出軌為例，則上述這些發掘損失風險的方法，可能無法讓那些未實際看管醫院財產的人，瞭解其醫院後山之火車出軌的可能性；同理，除非火車公司的風險管理人，親自到醫院附近的支線去勘查過，否則絕不會想到「可能會有那麼一天」醫院的病患會向該公司請求責任賠償。對於這種風險，除了由心思敏銳且富有想像力的專業人士親自去查勘與評估外，是無法認知出其潛在的損失風險。

6.請教專家法

組織的風險管理人應努力使自己成為精通各種損失風險的通才。是故，其應不斷由組織內外的各專家身上，吸取各種專業的損失風險知識。

二、分析損失風險

圖 4-2 右邊即說明分析損失風險的兩大主軸：(1) 分析損失風險的特性；(2) 分析損失風險之衡量。茲說明如下：

㈠損失風險的特性

儘管企業過去的實際損失，係為未來損失風險的最佳指標，但損失風險係指未來的可能損失，而不是指已發生的損失。任何一個損失風險都具有四個要素：(1) 有損失之虞的價值；(2) 會引起損失的風險事故；(3) 損失的財務影響；(4) 遭受損失的個體。一般說來，只要這四個要素中的任一個發生變動，則整個損失風險也會跟著改變，以下分別說明這四個要素：

1.有損失之虞的價值

所有有損失之虞的經濟價值，可以分成如下的四大類：財產價值、淨利價值、免除法律責任的價值，以及重要人員的勞務價值。又本要素亦最常被用來作為企業損失風險分類的依據。

⑴財產價值

①財產的種類

一般而言，財產可以分成兩大類，即有形與無形的財產，其中，有形的財

產又分成兩類，即動產與不動產。其中，不動產係指土地及永久附著於土地的有價物（如建築物、植物）；而動產則是指不動產以外之所有有形的財產。

②財產價值遭受之損失

當財產毀損滅失或使用不當時，則其所有人或使用人所損失的，可能不只是該財產的價值而已，且使用此財產所能得到的收入或其他利益，也會跟著損失掉。而由於使用損失，是一種很重要的風險，因此，應將之當作是淨利損失風險的一部分，予以個別處理。不過，財產的損失風險，除了使用損失風險外，尚包括有其他損失價值須予以仔細深思與評估的損失風險，這些價值計有：(a)財產毀損滅失或使用不當的損失價值；(b)殘存之財產處置的損失價值；(c)處理毀損財產之費用的損失價值；(d)未受損財產處理的損失價值（因此項財產須與被毀損的那個財產連在一起才能使用——亦即少了其中的一個，則整組財產就不能使用，故若其中的一個被毀損後，另一個自然須予以拆掉）；(e)所增加之建築成本的損失價值；(f)成對或成套之財產的損失價值；(g)「繼續營運」的損失價值。

⑵淨利價值

企業在一既定期間內所賺得的淨利，係等於其在這段期間內的收入減去其費用，關於這一點，可以美帝禮品公司的損益表（請看表4-3）來說明一下。（又美帝禮品公司，乃是一家專賣禮品與鮮花的商店，該店就在 XYZ 醫院的裡面。）由該表可看出，該公司在 20×× 年度共賺進了 $924,000 的收入，而其在該年內的各項費用總額則為 $670,000，因此，其該年度的淨利就為 $254,000（＝收入總額 $924,000–費用總額 $670,000）。

然而為了在下一年度賺進可與今年相媲美的淨利，該公司就必須繼續租用該店面，並擁有可供出售的禮品與鮮花存貨，同時也必須有足夠的人手來管理店面。不過，卻也有不少事件可能會阻礙該公司達成其預期淨利的理想，例如，整棟醫院可能會因事故而受損，因此店面就不能再租用；或者是醫院的護士來一場罷工，而嚴禁探病的訪客進入醫院；或者是該公司的供應商，因失火或其他事故而導致關門歇業等，均會使該公司無法達成預期的淨利目標。

表4-3　美帝公司損益表　20××年12月31日

收入：		
銷貨收入	$900,000	
利息收入	24,000	
收入總額		$924,000
費用：		
商品成本	$450,000	
薪資	100,00	
租金	40,000	
其他費用	80,000	
費用總額		670,000
淨利：		$254,000

　　像這種淨利損失風險，若不是會使收入減少便是會使費用增加，其中收入的減少，可以分成五類：①營業中斷損失；②連帶的營業中斷損失；③完成品之預期利潤的損失；④應收帳款之收現的減少；⑤租金收入的減少。而費用的增加則可分成兩類：⑥營運費用的增加；⑦租金費用與拆建成本的增加。

　　2.會引起損失的風險事故

　　任何損失風險的第二個要素，就是有會引起損失的風險事故（Peril）。風險事故可以依據其來源，分成自然風險事故、人為風險事故及經濟風險事故。其中，自然風險事故包括暴風、暴雪（或暴冰雹）、洪水、蟲害、獸害、疾病及腐敗等，這些自然風險事故大體非人力所能控制（不過，人類卻可採取有效的損失減除措施，來控制自然風險事故所引起的損失幅度）。

　　而人為的風險事故，則包括集體或個人的偷竊、凶殺、無知或惡意的破壞行為、疏忽的行為、無能或蓄意不履行契約等。由這些人為風險事故所引起的損失，其頻率與幅度，在某一程度內可以以人為的力量（如小心行事或挑選謹慎的人來做事等）來予以控制。

　　至於經濟風險事故，則主要來自於大多數人的行為或政府的行為，如罷工、戒嚴、戰爭、技術的改變或消費品味的改變等。由於經濟風險事故通常會引發遠非風險管理計畫所能控制的損失，故常為風險管理人所忽視。不過，由經濟風險事故所引起的某些損失──如失業損失、激烈罷工所致的損害、機器因經濟衰退而致閒置過久所發生的損壞，以及戰爭對海外產業所造成的損壞等，都

是風險管理人必須予以處理與解決的事件。

儘管上述這種風險事故的分類，在分析潛在的損失原因時很有幫助，但這種分類，卻也有其不可避免的「重疊」或重複的缺陷。例如，火災可以是自然風險事故（如為閃電擊中所引起的），或是人為風險事故（如人為的疏忽所引起的）。又如，大多的凶殺案泰半係為個人的行為，但在戰爭中被殺死亡的士兵，則可說是死於戰爭之人為風險事故。然這種重疊，並不會損及上述風險事故分類在分析上的價值。

3.損失的財務影響

任何損失風險的第三個要素，就是實際發生之損失的財務影響。在此所謂的損失，係指實際損失而言，而不像前兩個要素中的損失，係指可能會發生的事件（或事故）而言。

然應注意的是，損失的財務影響與實際損失的大小，係為截然不同的兩回事，儘管會造成重大人員傷亡與財產損失的事故，在財務上的影響，遠比事故對實體之影響嚴重多了，但損失的財務影響與損失之實際程度間，卻無必然的關係存在著。例如，即使電腦磁碟的最輕微裂痕，或磁性干擾沒超過半英寸，也會使整座電腦化的煉油設備「當機」好幾個禮拜或好幾個月，並使業主及員工損失利潤與薪資，同時也會使該煉油商之客戶的汽油供應整個中斷。而另一種極端例子則是，一場大火燒毀了幾條街上無人居住的建築物，然這幾條街道已劃定為都市更新區，則這場大火，不但不會帶給這些建築物的所有權人損失，反而帶來好處——可以省下拆除成本。是故，風險管理人應著重損失的財務影響，而不是實際損失的程度。

4.遭受損失的個體

任何風險的第四個要素，就是有遭受損失之虞的人、組織或其他個體。此一要素儘管很重要，但卻常被忽視。例如，設若 XYZ 醫院的一側，被閃電擊中而起火燒毀（這是一個沒人會有法律責任的事件），則此一事件可能計有如下的損失：

⑴建築物的毀損——此為XYZ醫院的財產損失。

⑵一些病患之動產的毀損——此為這些病人的財產損失。

⑶以前在此側進行的一些醫療活動，此時必須停止（或無法繼續）——此為XYZ醫院的淨利損失。

⑷XYZ醫院的最高主管受傷殘廢——此為XYZ醫院的人身損失，同時也是該主管之家庭的人身損失。

⑸該院內之美帝禮品公司的顧客人潮減少——此為該店的淨利損失。

⑹在該側工作的員工，此時因無工作可做而失業——此為這些員工之家庭的人身損失。

⑺市政府之消防人員受傷——此為市政府的責任損失。

上述這些損失，均只落在幾個個體的身上，即 XYZ 醫院、其病患、其員工、設於該院內的美帝禮品公司及市政府。此一事實對風險管理人有一個重要的意義，那就是，風險管理人為處理每一個損失風險，而在事前與事後所採取的行動，須視其所服務的個體而定。

㈡損失風險之衡量

1.風險衡量之意義及其原則

風險管理人在認知企業所面臨之各種「潛在損失風險標的」（Exposure to Potential Loss）以後，應即對各種風險標的可能引起之損失加以衡量。以決定其「相對重要性」（Relative Importance），始可進而選擇適當之風險管理工具，作有效之處理。因此，風險衡量之目的，主要乃在測定各種潛在損失風險標的，在一定期間內可能發生之機率及其可能導致之損失幅度，以及此類損失對企業財務之影響。

2.風險衡量之基本事項

風險衡量之基本事項有三，茲分述如下：

⑴損失頻率（Loss Frequency）之衡量

損失頻率係指在特定期間內，特定數量之風險單位，遭受特定損失之次數，一般皆以機率表示。例如在一年內，廠內員工遭受體傷之機率，或某一產品因製造疏忽所致第三人損害賠償責任之機率。風險管理人可依過去經驗資料，或透過機率分配模式，推測未來可預期之損失機率，惟風險管理人亦可憑其經驗，將損失頻率大致區分為：①不會發生（Almost Nil）；②可能發生，但機率很小（Slight）；③偶爾發生（Moderate）；④經常發生（Definite），此種估計方法雖不如數字計算精確，但亦可使風險管理人就其過去經驗，對損失作一有系統之

分析研究。

(2)損失幅度（Loss Severity）之衡量

損失幅度係指特定期間內，特定數量之風險單位遭受特定損失之嚴重程度。就風險衡量之重點而言，損失嚴重性之評估，遠比損失次數之預測來得重要，例如，超級市場可能常常發生顧客順手牽羊之失竊事件，但其遠不如一次大火所致損失對該超級市場財務影響來得大。因此，風險之衡量應較重視對損失程度之分析，且風險管理人於衡量損失程度時，尚必須就某一事故發生所可能引起之直接、間接損失，及其對企業財務之影響，加以全盤考慮。

對於損失程度之分析，風險管理人最常採用之方法為：最大可能損失（Maximum Possible Loss, MPL）及年度最大可能總損失（Maximum Probable Yearly Aggregate Loss, MPY）。所謂最大可能損失，係指在不甚有利之情況下（Unfavorable Conditions），一次意外事故之發生可能造成之最大損失程度；而年度最大可能總損失，則係指風險單位於一年期間所可能遭受之最大總損失金額。風險管理人可就其選定之各種機率水準，透過統計分析之方法，估計企業某一年度之最大可能總損失，或某單一事故發生所致之最大損失，以作為採行何種風險管理方法之參考。

(3)損失預測可信度（Credibility of Loss Predictions）之衡量

雖然風險管理人可依據所分析之各種損失型態，決定採用何種管理方法，但是各種損失頻率與損失幅度，因係根據以往之損失經驗估計而得，加上風險本質之差異、估計時所可獲得資料之多寡及其正確性、所採用估計方法之不同，皆會影響所衡量風險之準確度。因此風險管理人於決定採用何種管理方法時，除應分別就其所衡量之損失頻率、損失幅度予以考慮外，對於該損失型態可預測性之高低，更應予以注意。

三、風險衡量、風險評估與風險策略之組合

企業所面臨之各種損失風險經過衡量後，依其造成損失之情況，可分為四大類，並經風險評估結果，產生四種主要與次要風險策略，請詳見表4-4。

表4-4　風險衡量、風險評估與風險策略之組合表

損失幅度	損失頻率	風險評估	主要風險策略	次要風險策略
高	高	不可忍受	避　　免	預防和抑制
低	高	可以忍受	預　　防	抑制和承擔
低	低	不很重要	承　　擔	預防和抑制
高	低	不可忍受	保　　險	移轉和抑制

＊各風險策略之詳細內容，請參閱本書第五章。

自我評量

一、試申述風險管理之管理面與決策面的程序過程？

二、試申述風險管理實施之步驟（The Process of Risk Management）？

三、試說明認知損失風險的兩大主軸？

四、試說明損失風險的類別？

五、試申述認知損失風險的方法？

六、試說明損失風險的特性？

七、試說明有損失之虞的經濟價值？

八、試說明會遭受損失的財產價值？

九、試說明會造成淨利損失風險中，收入減少之損失？

十、試說明會造成淨利損失風險中，費用增加之損失？

第五章
風險管理實施之步驟㈡
──檢視、選擇、執行，以及監督與改進風險管理策略

學習目標

本章讀完後，您應能夠：

1. 瞭解檢視各種風險管理策略的可行性為風險管理第二實施步驟。
2. 清楚選定最佳風險管理策略為風險管理第三實施步驟。
3. 明瞭執行所選定的風險管理策略為風險管理第四實施步驟。
4. 認清監督與改進風險管理計畫為風險管理第五實施步驟。
5. 敘述風險管理的成本與效益。

摘　要

隨著社會對企業品質的要求提高，企業界也順應潮流開始重視員工及資產之安全活動。而由於科學的管理觀念之應用於安全活動管理，遂而發展成風險管理。就其定義而言，為經認知與分析風險、檢視各種可行策略、選定最佳之策略、執行選定之策略及監視結果與改進等五個程序以制定決策，並在合理成本之考量下，經策劃、組織、用人、指導及控制等五個管理程序以執行決策，使意外損失之不利影響能減低至最小之過程。

風險管理人要能認知與分析組織所面臨包括財產、淨利、責任及人身之損失風險，就必須運用如問卷調查、財務報表、檔案記錄、流程圖及求助專家等方法，並視企業之經營目標以認知組織於特定時間所可能會遭遇到的特定損失風險。風險管理之目的在於運用風險控制方法以防止損失的發生，並藉著風險理財方法以彌補不可避免的損失。風險控制策略包括風險標的避免、損失防阻、損失抑減、風險標的分隔與複製，以及契約移轉等方法。風險理財策略則主要可分成自留，即用以償付損失之資金是源自組織內部；以及移轉，即用以償付損失之資金是源自組織外部。

執行所選定之風險管理策略著重的是風險控制，風險管理人應運用其技術面之權威，建議直接執行風險管理決策者，使風險管理能確實執行。至於監視執行的結果，則著重於風險理財，以抑減風險管理成本並提高風險管理效益。

第 一 節　風險管理實施步驟2：

　　　　檢視各種風險管理策略之可行性

　　風險管理的目的乃在於阻止損失的發生──風險控制（Risk Control）或彌補不可避免的損失──風險理財（Risk Financing）。因此，本節即在於扼要陳述基本的風險管理策略，並將之區分為風險控制策略（Risk Control Strategies）及風險理財策略（Risk Financing Strategies），同時，並以前述的火車出軌例子來說明這些策略。圖 5-1 即說明檢視風險管理策略之兩大主軸：⑴風險控制以減少損失；⑵風險理財以彌補損失，茲說明如下：

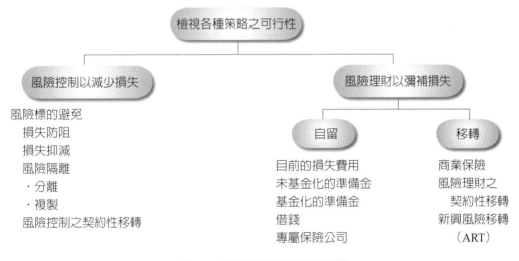

圖5-1　檢視各種策略之可行性

一、風險控制以減少損失

　　風險控制策略係指專門設計用來使事故之損失頻率或幅度趨小的風險管理策略，以及使損失更可預測的風險管理策略。易言之，風險控制策略包括風險標的避免、損失防阻、損失抑減、損失風險標的隔離，以及設計用以保護組織免於向他人支付損失賠償的契約性移轉。

㈠風險標的避免（Exposure Avoidance）

風險標的避免可以完全消除任何損失的可能性，其作法為放棄任何會遭致損失風險的活動或資產。例如，火車公司可以不把貨物運經 XYZ 醫院後山的那條支線，這樣其就可以完全避免火車出軌時對 XYZ 醫院的責任風險。同理，XYZ 醫院若能搬移至遠離鐵路線的地方，亦可避免其財產毀損的風險。

㈡損失預防（Loss Prevention）

損失預防的目的是要減少一特定損失的頻率（Frequency）。例如，火車公司可以採取改進或加強其軌道的保養，或於行經 XYZ 醫院後山時，放慢其列車的速度等方式，來防止列車在 XYZ 醫院後山出軌翻覆的可能性；而 XYZ 醫院亦可以在其醫院與鐵軌之間，增建一道防護牆的方式，來減低被出軌貨物侵害的可能性。

㈢損失抑減（Loss Reduction）

損失抑減的目的，是要降低一特定損失的幅度（Severity）。例加，XYZ 醫院在出軌事故發生後，可以透過加速善後工作，及向社會大眾宣告其迅速且盡力因應此一事故，並傾全力保護病患等方式，來減低其醫療收入的損失；同理，火車公司也可以藉由迅速清理出事現場，及協助託運業主清理其受損的財物等方式，使其營運損失及對他人財物損害之賠償責任能減少至最小。

又火車公司也可在出軌前採取必要的防範或應變措施，來使其不幸損失的額度能儘量減小，例如，可限制任一列車所能載運之有毒化學劑槽須至少還能被控制住。

㈣損失風險標的之隔離（Segregation of Loss Exposures）

此一策略乃是一種不會使事故波及全體的策略，易言之，預先把組織的活動與資源予以有計畫的安排好，以使單一事件不會同時波及整個全體或同時造成整體的損失。例如，一組織可能會在數個地點設置其營運大樓，且同時使用數條路線來運貨，並且把備用的機器零件或檔案副本存藏在遠離營運大樓的地方，並同時向數個供應商採購原料；由於有了這種風險標的隔離措施，因此，沒有一個可預見的事件或事故會同時毀損其所有的營運大樓，或阻斷其所有的

運輸路線，或毀損其所有的檔案或備用的機器零件，或阻礙其所有的原料採購。

損失風險標的之隔離有兩種策略型態：一為分隔（Separation），一為複製（Duplication）。分隔乃是指把一特定的活動或資產予以分散至數個地方而言，例如，企業在其正常的營運過程中，可把其存貨分別儲存在數個不同的地點，並同時向數個不同的供應商採購存貨。是故，凡日常用得到的必要資產或活動，均須採取風險標的分隔措施，這樣才能保護營運資源免於遭受連帶的損失。

複製乃是指把基本或重要的資產活動，予以複製或另行儲備一份或一件而言。

損失風險標的隔離與損失抑減策略，均是要使一事故對組織的影響減至最小程度，然所不同的是，後者係以把實際的損害程度予以減低的方式，來達到損失抑減的目的；而前者則是以備用或代用的資源，來取代已損害的資源，而達到損失風險標的隔離的目的。此外，風險標的隔離也可提高組織之損失的可預測性，因有損失之虞的單位分隔得愈多，則所做的長期平均損失預測也就愈可靠。

㈤風險控制之契約性移轉（Contractual Transfer for Risk Control）

風險控制的最後一個策略就是以契約方式，將資產或活動的風險予以移轉給他人來承擔，是故，凡被移轉風險的組織就必須承擔風險移轉組織之任何事故所致的財務與法律責任損失；反之，若沒移轉風險的組織，則必須自行承擔任何事故所致的財務與法律責任損失。最常見的此種風險契約移轉則為財產租賃與業務轉包，至於移轉者與被移轉者間的損失風險分配，則須依契約的條款而定。

非保險之風險控制的契約性移轉種類甚多，較重要者有出售契約（Sales Contract）、租賃契約（Lease）、轉包（Subcontract）、免責協議（或稱辯護協定，Hold-harmless Agreement or Exculpatory）、套購（中和）、放棄追償權條款（Disclaimer Clause）、保證等。

1.出售

經濟單位以買賣協定將其風險暴露單位之全部或一部分移轉於他人。不過，出售亦帶有風險避免中之「放棄風險暴露單位」之性質在內。

2.轉包

轉包常用於建造工程中，蓋經濟單位得標工程之同時，亦承擔相關風險。故經濟單位因其得標工程風險性高，經由轉包契約，將全部或部分工程給其他包商，共同承擔風險，實為非保險風險轉嫁之一種。

3.租賃契約

經濟單位（財產所有人）將財產所生之風險於租賃契約中設定協議項目，將其財產風險或法律責任風險轉由承租人承擔。

4.免責協議

通常用於賣方市場之情況。在買賣契約中簽訂此協議，最主要可免除經濟單位過失行為的法律責任，例如，產品製造商處於較強勢地位時，與百貨商於買賣契約中簽訂免責協議，其產品責任在脫離其控制之後即轉由零售商承擔。不過，許多責任保險契約中常規定被保險人以契約承受之責任不在承保範圍之內。

5.放棄追償權條款

在買方市場中，買方於買賣協議中訂定條款，由其所致之責任，例如，修改產品出售產生之產品責任，受害者向賣方索賠後，要求賣方不得向其追償。惟產品責任保險中，亦規定「凡以契約拋棄追償權所致之損失」不在承保範圍之內。

6.套購（中和）

指現買先賣、現賣先買之措施。

7.保證

經濟單位以保證契約將其債權無法回收之風險移轉由保證人承擔。例如，債權人為確保自己的債權，要求債務人提供保證人，如債務人無法履行債務，則保證人必須負責清償。亦即債權人藉保證契約，將債務人不履行債務的損失風險轉嫁於保證人。

關於風險理財的契約移轉——即以契約的方式來移轉損失的財務負擔——乃是另一種截然不同的風險管理策略，關於此一策略將在下面予以討論。然應注意的是，風險理財的契約移轉，其所移轉的只是損失的財務負擔而已；而風險控制的契約移轉，其所移轉的不只是損失的財務負擔，並且還包括損失的最終法律責任。

二、風險理財以彌補損失

　　凡風險控制策略無法完全防止的損失，就須採用風險理財策略予以配合。風險理財策略主要可以分成兩類：一為自留（Retention），即用以償付損失的資金係源自組織的內部；一為移轉（Transfer），即用以償付損失的資金係源自組織的外部。雖然在分析及規劃組織之風險理財需求時，上述這兩種分類的區分頗有用處，但有些風險理財的安排卻可能同時涉及此兩種資金來源。再者，某種損失可能有一部分須以「自留」的策略來融通，而其餘的部分則須以「移轉」的策略予以融通。例如，若醫院之財產保險契約中有規定：「凡整棟大樓所受的損害未及 10,000 元者，則概由該院自行負責（即保險的自負額為 10,000 元）」，則該院在此次化學品傾洩所受的損害中將須自行「自留」（或自己承擔）10,000元的損失，而至於其餘的損失部分（即較大的損失部分）才「轉移」給保險人來承擔。

㈠自留（Retention）

　　對任何組織而言，風險中的「自留」有下列五種方式可資選擇，而且每一種方式的理財策略均比前一種方式較複雜，這五種方式依次是：⑴ 使用當期的收入償付損失；⑵ 使用未基金化的損失準備金償付損失（即以或有負債或臨時負債償付損失）；⑶ 使用基金化的損失準備金償付損失（即以提撥意外事故準備金的方式償付損失）；⑷ 使用借錢（或籌資）償付損失；⑸ 使用「專屬保險公司」的保險人償付損失。

　　以當期的收入來償付損失的處理方式，雖然是一種最不正式的自留策略，但也是一種最經濟的自留策略，卻也是最不保險的策略，因為收入不夠償付損失的可能性總是會存在的，更何況，收入本身亦有某種不穩定的風險存在。一般說來，組織所欲自留的潛在損失愈大，則其所應考慮的自留處理方式就愈正式。是故，XYZ 醫院於意外事故後，清理其停車場所花的成本與費用，以及火車公司整修其出軌火車所花的成本，均很適合以其當期的收入來支付，亦即，以當期的收入償付損失很適合上述這兩種情況。

　　至於未基金化的準備金（Unfunded Reserve），大都係來自於為無法收取的應收帳款（Uncollectible Accounts）而所設立的基金（亦即，為會計上所謂的壞

帳準備或備抵壞帳），此種未基金化的準備金，乃預先承認公司的應收帳款有一部分，會因無法收現而變成壞帳或損失。是故，未基金化的準備金，並沒有任何明定或指定資產做後盾；而基金化的準備金則有現金、有價證券與其他流動資產做後盾，以便履行準備金所須應付的義務，例如，每季結束時的應付所得稅準備金，通常係以現金做後盾，以便稅負到期時得以支付。

關於其餘的兩個風險理財「自留」策略——即借錢來償付損失，及利用專屬保險公司來償付損失——可能乍聞之下，一點都不像是「自留」策略，因此兩策略均涉及以外界的資金來償付損失。其實，這種「只聞表面而不明究理」的看法實有待商榷，因就大多數的情況來說，有從屬關係的保險公司（專屬保險與被其承保的「母公司」兩者間，事實上係為一個經濟整體），因此，兩者間的任何風險移轉根本就不是真正的風險移轉。同理，當一組織借錢來償付損失時，則因之而致的信用額度縮減，或借款能力的縮減，就等於是耗費其自己的資金資源，亦即，這等於先間接使用自己的資金資源來償付損失，然後再用其自己的盈餘來償還貸款。

上述五種風險理財「自留」策略中，第一種至第四種之「自留」策略係屬「自己保險」之範疇，而「專屬保險」則為另一種特殊的風險理財策略，茲說明如下：

1.自己保險

⑴定義

企業利用保險技術，諸如擁有之風險暴露單位量多、自身過去之損失經驗，而釐定之風險財務計畫，企業須按期撥款建立專屬的準備金，在特定風險發生時，以該準備金彌補。

⑵成立要件

嚴格言之，自己保險成立之要件應包括保險基本技術要件與企業經濟要件二種，茲分述如下。

①保險基本技術要件

大量之風險單位、確實之損失資料、良好之管理制度。大量之風險單位，主要是利用大數法則之原理，預估損失次數；確實之損失資料，配合大量之風險單位，主要是要評估每年應提撥多少自保基金；至於良好之管理制度，主要是須有專責人員負責自保制度，蓋自己保險應用到保險之專業技術，採用此種風險理財制度至少應能對保險概念有所理解。

②企業經濟要件

專撥之自保基金、健全之財務狀況。專撥之自保基金應專款專用，以備將來損失彌補之用；至於健全之財務狀況屬於企業調度資金之層面，如果企業在資金調度方面捉襟見肘，難有餘力考慮自己保險。

(3)優點

自己保險主要之優點，有下列幾點：

①節省保險費

有理性之自我保險計畫應配合商業保險逐步進行，隨著自保基金之累積，商業保險所需之保險額度理應降低，經濟單位之保險費支出自然減少。

②可提升損失控制之層次

自我保險為一種風險理財計畫，其目的非在不理會損失，經濟單位不可有恃無恐，更應提升損失控制之層次，期使損失降至最低，故理性之自保計畫應配合損失控制措施。

③處理損失速度較快

經濟單位累積之自保基金，其性質類似準備金，並界定為專款專用，企業如不幸發生損失，無須如保險般須經必要之理賠手續，故在處理損失之速度較快。

④處理非可保風險

無法取得商業保險保障之風險暴露單位，採用自己保險可紓減一部分求助無門之窘境。此種情況下有時為不得已之作法。

(4)缺點

自己保險主要之缺點，有下列幾點：

①影響資金之靈活應用

由於累積之自保基金屬於專款專用性質，基金較無法靈活調度，故影響資金之靈活應用。企業考慮採用此種風險理財方式時，亟須考慮其機會成本大小之問題。

②增加管理費用

設立自己保險需有人管理該種制度，多少會有費用產生，加上應配合損失控制，管理費用增加難以避免。

③有時無法如期獲得彌補

　　由於自保基金建立費時，如未達相當額度即發生損失，企業即無法獲得彌補，又因無商業保險之補救，致兩頭落空。

④風險單位不足

　　此為企業在成立自己保險即應考慮的因素，嚴格言之，無足夠之風險單位即不應採行，蓋企業難以估算按期應提撥的自保基金額度，勉力為之，亦僅落入無計畫之提存意外事故準備金範圍，與自己保險須要保險技術配合之本意完全相左。

⑤管理人才缺乏

　　前已言之，自己保險須有專業人員參與始盡其功，無適當管理人才，其缺點與前述風險單位不足產生之缺點相同，喪失須保險技術配合之本意。

⑸成功的自己保險計畫應考慮之其他因素

　　成功的自己保險計畫應考慮之其他因素，為自保基金累積具有時間問題，應如前述，配合商業保險逐期調整保險金額，以免基金累積未達一定規模時發生損失，求助無門，喪失自己保險之本意。

　2.專屬保險

⑴定義

　　專屬保險是指大型企業集團設立自己的保險公司，以承保自己企業集團所需的各種保險。在法律上，企業本身與其成立之保險公司均為獨立之法人，繳付保費與理賠和一般保險無異。惟因在作業過程中，母公司繳付之保險費與子公司理賠之保險金均在企業集團內流動，原則上，風險並無轉嫁他人，故歸屬於自留範疇。不過，假使專屬保險人另有承作其所屬企業集團以外之保險業務，擴大其經營基礎，或安排相當程度之再保險轉嫁其風險，此時即可超脫風險自留之範疇。

⑵優點

設立專屬保險優點，茲說明如下：

①節稅與延緩稅負支出

　　此為企業集團設立專屬保險公司最重要之理由，就企業集團言之，支付於其專屬保險公司之保險費可列為營業費用，而專屬保險公司收到之保

險費依會計應計基礎，有些必須提存為未滿期保費準備，屬負債性質，因此，一筆資金可有節稅與延緩稅負支出之效果。

②母公司可減輕保費支出

在商業保險之保費結構中，除純保費之外，尚有附加保險費，其中包括有保險中介人之佣金、營業費用、賠款特別準備、預期利潤等，就專屬保險人言之，同一企業集團無須支付佣金，營業費用亦可較少，所以母公司所支付之保險費可以降低甚多。

③專屬保險公司可拓展再保交易

設立專屬保險公司，本應有分散風險之機制，即應有再保險配套措施，此時專屬保險公司即可藉業務交換之便而拓展再保交易，企業集團之業務領域因而更為寬廣。

④加強損失控制

設立專屬保險公司之目的雖在為企業集團尋找保險出路，但須注意其目的非在救急，以標的不出險為主要目的，因此應配合加強損失控制措施，一來可以有較佳之再保險出路，二來可使專屬保險公司擴大其規模，成為一個利潤中心。

⑤商業保險保費太高

此理由與減輕保費支出之理由類似，惟須注意，保險費過高也代表企業體之風險暴露單位之風險性較高，就此點而言，設立專屬保險之理由似過於牽強。

⑥一般保險市場無意願承保

一般保險市場無意願承保，改由自己之專屬保險公司承保，除非能有良好之再保險出路分散風險，否則其理由亦嫌牽強。

(3)缺點

剛開辦之專屬保險，必然有下列幾個缺點：

①業務品質較差

由於專屬保險所承保者為自家企業集團內之業務，有許多可能是商業保險中，保費過高之業務，或是商業保險無意願承保之業務，二者均代表風險性過高，亦即業務品質較差。

②危險暴露量有限

　　企業集團內之業務量基本上有其限制，亦即較難達到大數法則之適用，如不接受其他業務或利用再保險，基本上其經營之客觀風險甚高。

③組織規模簡陋

　　由於專屬保險公司原則上為其所屬企業服務，人力配備不多，因此，組織規模簡陋。

④財務基礎脆弱

　　專屬保險公司組織規模簡陋，資本額有限，累積之準備金亦有限，故財務基礎脆弱。

㈡風險理財之契約性移轉（Contractual Transfer for Risk Financing）

　　組織可以用兩種風險理財策略，來移轉其損失的財務負擔（但其卻不一定須對這些損失負起最後的法律責任），這兩種策略分別是：⑴購買商業保險（Commercial Insurance），即向外界之無從屬關係的保險公司購買一般通稱的商業保險；⑵非保險移轉（Noninsurance Transfers），即以一個免責合約（Hold Harmless）移轉給非保險公司的被移轉人。

　　風險理財的契約移轉通常有三種重要的特性：⑴被移轉人（Transferee）雖不像移轉人（Transferor）會有立即還款的承諾，但卻會承諾或保證提供資金（這種作法乃是真正的財務損失風險之移轉）；⑵可動用的資金只能用來償付移轉協議範圍內的損失；⑶移轉人的財務保障，須視被移轉人履行移轉協議的意願與能力而定。

　　上述這三種特性中的每一種，對決定特定風險損失的財務移轉之可行性來說都很重要，因移轉人所賴以立足的法律基礎，就是被移轉人的承諾或保證，而且移轉協議的範圍，也不可能把所有的損失要素予以全部納入。

　　是故，凡一特定的損失全然無法予以商業保險，或無法以合理的成本來予以保險，或無法立即找到一家非保險公司來予以移轉或承擔其損失時，則此時唯一所能選擇的風險理財策略就是「自留」（Retention）。

　　風險理財之契約移轉的第三個特性，就是不管被移轉人是保險公司或第三方團體，其法律上的效力須視被移轉人的「誠信」與財力而定，而這也是移轉

協議是否可靠的最重要因素。然不論風險理財是移轉給保險公司或第三方團體，移轉人都應謹記被移轉人的唯一義務，就是對指定的損失提供彌補的資金，或者是提供責任理賠的法律辯護勞務與費用。但應注意的是，風險理財移轉與風險控制移轉並不一樣，因為假使被移轉人無法償付損失，則風險理財之移轉人並不能免除其對損失所應負的最後法律責任，而且若被移轉人因缺乏資金而致無法償付損失，則此時雙方就會爭議此一損失是否在協議的範圍內，或者甚至是要「對簿公堂」以解決爭議，而透過保險的風險移轉比透過「免責合約」的風險移轉要可靠多了。

三、新興的風險移轉（ART）

　　新興的風險移轉方法，又稱為風險管理新途徑或新興風險移轉工具（Alternative Risk Transfer，簡稱 ART）。最原始之意義為企業透過專屬保險或是自留集團為風險管理工具，企圖以最低成本達成風險降至最低。

　　由於企業對於財務安全之需求殷切，傳統再保險公司所提供的資本防護（Capital Protected）已不再足夠，且從傳統再保險市場所存在的諸多問題來看，結合資本市場與保險市場所創造的新興商品，似乎是解決再保市場諸多問題與國際再保能量普遍不足的另一條出路。

　　近年來，企業風險管理技術日益提升，在企業處理風險的能力大幅成長下，對於各種風險管理工具的需求較以往殷切。此外，在企業以追求股東價值最大化作為經營目的之情況下，以及在掌握現金流量與獲取財務投資利益的目的驅使下，市場開始吹起整合性的風險理財計畫（Integration Financing Plan）。於傳統再保險範圍之外，提供企業或保險公司各種新興風險移轉工具，市場常見的工具從自己保險計畫（Self-insurance Plan）、風險自留集團（Risk Retention Group）、專屬保險（Captive Insurance）、限額再保（Finite Reinsurance）、風險證券化〔如巨災債券、或有資本票據、巨災選擇權、巨災交換（CAT Swaps）、CATEX〕等，以滿足企業各種風險管理目的上的需求。

　　基本上，這些新興風險工具不論在性質、商品內容與期間上，皆與傳統保險市場上的商品有著相當程度的不同。因此，為了要與傳統風險移轉市場有所區別，多數的市場人士統稱這類風險移轉工具為新興風險移轉工具。

與傳統保險市場相較,新興風險移轉工具在風險移轉上,享有相對的成本優勢與處理效率,能以最小的成本支出,一方面滿足企業風險移轉的需求外,另一方面亦尋求公司價值的最大化。在最近幾年間,已成為傳統保險市場之外,另一種重要的風險移轉工具。

第 二 節　風險管理實施步驟3:
選擇最佳之風險管理策略

在有系統的探討過如何使用各種風險控制策略及風險理財策略,來處理或因應特定的損失風險後,下一步驟就是建立一準則,以決定什麼樣的風險控制暨風險理財策略組合,「最能」符合組織的需要並最能配合組織的目標。因為不同的組織會有不同的目標,為了處理或因應相同的損失風險,其所選擇的風險管理策略也就不同。圖 5-2 即說明選擇最佳策略的兩大主軸:(1) 選擇之標準;(2) 抉擇之標準,茲說明如下:

圖5-2　選擇最佳之風險管理策略

為因應或處理損失風險,組織需要做如下的三種預測:(1) 預期損失頻率與幅度之預測;(2) 各種風險控制暨風險理財策略對這些預期損失頻率、幅度及其可預測性之影響的預測;(3) 這些風險管理策略之成本的預測。易言之,欲選擇最佳的風險管理策略需要先對所欲管理的損失,及各種管理方法的成本與效益有透徹的瞭解才行。

是故,上述這些預測均應與設立選擇風險管理策略的標準有關才行。因對

任何組織而言，風險管理成本──包括完全不予以處理的潛在損失的成本以及可能之風險管理策略的成本──實在很重大，因此，不管是追求利潤或想維持不超過預算，其均應注意風險管理成本的問題，當然，有些組織可能會為了額外或新增的目標而調整其風險管理計畫。

例如，XYZ 醫院可能會把使未來中斷之營運能持續下去，列為最優先的目標，而因此會去評估損失風險的重要性，以便瞭解這些損失風險，對其維持繼續營運的能力有多大的影響。同理，火車公司可能忍受其鄰近營運路線的暫時關閉或歇業，而因此把遵守所有的管制規章或法令，列為最優先的目標──蓋若違反管制規章或法令，則可能會導致被迫全面歇業的命運。是故，每一組織均應仔細定出，能決定什麼樣的風險管理策略，才最適合其自己需要的標準。

一、選擇之標準

風險管理策略的選擇不外乎效果與經濟。其中，「效果」係指能達成所設定之目標而言──如達成生存或最起碼的利潤水準或預定的成長率等，而「經濟」則是指以最小的成本來達成目標，或指最便宜的有效方法而言。

大多數的組織都是以財務標準來選擇風險管理策略，亦即，其所選擇的是對報酬率具有最大正面作用，或最小負面作用的風險管理策略。然有些組織則除了財務標準的考慮外，尚考慮到其他的因素，如成長、盈餘的穩定、營運的繼續、法律上及企業形象上的考慮等。

㈠財務標準

現代的財務管理理論告訴我們，組織應以其營運所產生之現金流量的淨現值極大的方式，使其長期的利潤及其股東或所有權人的財富極大。當然，財務管理的理論向來並沒有考慮到意外事故的損失，或風險管理策略對這些損失的影響，但我們在探討財務標準時，卻有必要把這些因素予以加進去考慮。

一般說來，來自於任何資產或活動的淨現金流入，乃是由其所產生的現金流入減去其必要之現金流出後的餘額。是故，若資產或活動發生意外事故損失，則我們就需要考慮其對現金流量的影響。

就風險控制策略而言，若欲抑減損失，則不但須抑減預定的現金流出償付

損失，即須減除為償付損失而所準備的現金；而且也須增加現金流出以設置或保有安全設施及計畫，即須增加為設置安全設施計畫而所準備的現金。是故，風險理財策略通常需要先來個現金流出如支付保險費，然後才能抑減其他的現金流出，如償付一部分須自行負擔的損失而不必全部由自己償付，並且還可能會產生現金流入，如基金化的準備金會有投資收益或孳息收益。因此，在評估任何資產或活動的投資報酬率時，這些現金流量都必須予以考慮才行。

㈡與其他目標有關之標準

雖然組織的財務目標常是選擇風險管理策略的準繩，但有時其他目標的考慮反倒會左右選擇的方向或標準，從而所選擇的風險管理策略雖很切合該組織的需要，但卻與其報酬率的目標無法相配合，甚至是背道而馳。

例如，若前述火車出軌例子中的 XYZ 醫院是一家家族型的醫院，則其所著重的將是長期營運的穩定性，而不是任一年或好幾年的盈餘極大。是故，此一目標很可能會使其在風險管理計畫中，強加進一些「過慮」或過於保守或過於防衛的細節，例如，它會對損失預防工具或安全措施投資過當，而不是僅限於正常必要的預防損失之投資而已，因在其心目中沒有比防止任何會損及其所有權人之收入穩定性的損失還重要的事。同理，其基於報酬率的考慮，可能會去投保其較能承擔的損失。

法律及人道關懷方面的考慮，也會限制風險管理人對風險管理策略之選擇，因任一套風險管理計畫都必須符合組織所適用之法令的要求，同時也必須顧及是否照顧到整體員工，乃至整體社會的企業形象及要求。是故，若光只以財務目標為標準，而並沒有考慮到這些法律及形象的要求，則所挑選出來的風險管理計畫將可能無法實現或達到預期的效果。

二、抉擇之標準

在檢視過各種可能的風險管理策略及選定策略的基礎後，接下來的風險管理步驟就是，風險管理人應認清風險控制與風險理財策略區分的重要性，以作為抉擇的標準。蓋這種區分至少有如下的三個重要意義：

㈠除非風險避免是一個實際可行的方法且能提供明確保障的策略，否則組

織至少應使用一種風險控制策略，及至少一種風險理財策略來處理或因應其每
一個重要的損失風險。

㈡任何一種風險控制策略，通常可以另一種風險控制策略來予以取代；而
任何一種風險理財策略，通常也可以另一種風險理財策略來予以取代。

㈢除風險避免外，任何一種風險控制策略，一般都可以和任一種風險理財
策略或其他的風險控制策略一起使用；而任何一種風險理財策略，則通常也可
以和任一種風險控制策略或其他的風險理財策略一起使用。

是故，在這些規範性的原則下，組織需要以較明確的準則來決定，應怎樣
才能把這些風險管理策略作最佳的組合，以便抑制或消除可以預防的損失，以
及彌補那些將無可避免的損失。

第三節　風險管理實施步驟4：
　　　　執行所選定之風險管理策略

風險管理過程第四步驟及第五步驟，就是執行所選定的風險管理策略及監
視執行的結果；第四步驟所著重的是風險控制策略，而第五步驟所著重的則是
風險理財策略。組織的任何一套風險管理計畫或方案，一開始就必須依據其所
選用之每一個風險管理策略，並且必須是在其能順利予以執行與監督的策略之
原則下予以規劃與組織。是故，凡不能付諸實施且不能評估其效果的策略，就
不能成為一套經營得法之計畫的一部分。圖 5-3 即說明執行所選定風險管理策略
之兩大主軸：(1) 技術性決策；(2) 管理性決策，茲說明如下：

圖5-3．執行所選定之風險管理策略

在執行所選定的風險管理策略時，風險管理人必須特別予以注意：(1) 其必

須親自做一些技術性的風險管理決策,並把所選定的風險管理策略付諸實行;(2)其必須決定應怎樣配合整個組織的其他經理人,或決定應怎樣與其他的經理人合作以執行所選定的策略。這兩種執行決策與其所需的行動值得特別予以注意,因風險管理人雖對技術性的決策擁有發布命令的權力,即可以自行決定並命令他人去做,但其對管理性的決策,即決定應怎樣配合其他經理人,卻只有幕僚權,即作建議或進言的權力,而並無發布命令權力。

一、風險管理人的技術性決策

一旦選定一項活動,則風險管理人就必須使用其技術權威,來運用其發布命令的權力以決定應做些什麼。例如,若組織決定對某一損失風險投保有合理保額與自負額的保險,則風險管理人此時就必須作技術性的決策來挑選合適的保險人,並設定合理的保額與自負額,以及協商投保事宜。因此,在明定的大範圍內,對這些決策,風險管理人有全權作主與處理的權力。

又如化學藥劑傾洩在 XYZ 醫院之後,火車公司的風險管理人可能會向該公司進言應建立合適的防護設施,來防止其列車及貨物滑落市郊坡地。為此,其可能會向火車公司內的其他經理人或外界專家請教防護設施的細節,以及防護設施應建在哪些支線上或支線上的哪個地方,以便作技術性的決策。此外,他也應決定這些防護設施應多久檢查一次,以確保其安全無虞。這些決策通常都是風險管理人可以直接作主與負責的,但其卻必須隨時向其他經理人解釋及論證這些技術性的決策,以便取得他們的合作與配合。

二、風險管理人的管理性決策

凡直接執行風險管理決策的人通常並不受風險管理人所管轄,即風險管理人無權對他們發布命令,因對這些人來說,風險管理人只有建議權或進言權,而並無直接的命令權。例如,對在市郊山坡之鐵軌建築防護設施的火車公司員工來說,火車公司的風險管理人對他們只有進言權或建議權,因這些人並不在風險管理人的管轄之下,而是受別的經理人所管轄。因此,風險管理人自無權命令這些人應怎麼建築防護設施,以及應於什麼時候及什麼地點進行此項工程,因這些都是屬於負責此項工程之經理人的權責。

對與風險管理人合作的經理人，或風險管理人對其只擁有進言權的人而言，風險管理人的影響力及說服力實不容忽視，因其可透過權力邏輯或私下交誼來發揮其進言的影響力。例如，火車公司的風險管理人可透過權力管道或私人交情，來說服工程部經理暫緩其他維修或建築的工作，而全力趕建防護設施工程。是故，在與其他經理人合作行事時，風險管理人應隨時注意組織的需要，及其每一部門的需要暨該部門員工的需要。

第 四 節　風險管理實施步驟5：
　　　　監督與改進風險管理計畫

在作成風險管理決策，選定可行的風險管理策略後，應有效執行，檢討執行成果，隨時監督與改進風險管理計畫，以達成風險管理的效能。圖 5-4 即說明監督與改進風險管理計畫之兩大主軸：(1) 目的；(2) 控制計畫，茲說明如下：

圖5-4　監督與改進風險管理計畫

一、目的

一旦風險計畫付諸執行，就需要予以密切監視管制，以確保其達成預期的成果，而若損失風險有變化，或風險管理策略或成本有異動時，則應調整計畫以便因應這些變化。

二、控制計畫

一般而言，監視與調整過程需要動用到一般管理中之「控制」功能的每個要素，亦即：

1. 設定可接受之績效標準。
2. 比較實際之成果與標準。
3. 採取糾正行動或修改不切實際之標準。

㈠設定可接受之績效標準

風險管理人長久以來就有一個共識，那就是因風險管理績效的好壞並無一致的標準，以致使其功能及地位一直沒有受人肯定與認同。所以難怪幾乎沒有一位風險管理人或學者，會對一位風險管理人在某一年的表現打出相同的評語，因績效的評定總會涉及很多隨機事故的突然湧現；而若以風險管理人如何執行各項特殊的活動來評定其績效，則又失之「見樹不見林」的偏頗。而正由於績效評估的這種兩難局面一直無法完全解決，故評定風險管理之好壞的最佳標準，就是同時注重成果與所做的活動，亦即，評定的標準最好是綜合成果的評定標準與活動的評定標準。易言之，考評時不只是要看成果，而且也要看活動的內容與過程。

1.成果的標準

風險管理人常喜歡指出其工作很有成果，例如，火車公司的風險管理人會樂於報告在其努力下，其公司之火車出軌的頻率與幅度已顯然下降，且載貨的責任損失也已降低，同時其部門的行政預算也已縮減。但這些成果在單獨予以考慮時，卻須視不可預測的事故而定；易言之，風險管理人的績效，應以其所做之工作的品質予以評估，而不必去管其公司某年或某幾年的損失紀錄為何。

是故，當風險管理人被稱賀已為公司減低了意外事故的頻率與幅度，或已為公司降低責任保險之費率，或提高公司的自留額之額度，而節省了財產保險的成本時，其就有「啼笑皆非」的感覺，因其深知「好運」不會年年有。是故，若今年因碰上好年頭而被賀喜，萬一來年碰上壞年頭，則儘管其所做的努力與去年完全一樣，亦將會被批評的「體無完膚」，因「壞年頭」是很容易出現一些無法預測且無法掌握的重大意外事故。

2.活動的標準

風險管理人都很明白其在「壞年頭」與在「好年頭」，均同樣對其組織貢獻其最大的心力與努力，然其更明白，其對組織的功用在損失嚴重時會顯得更有價值；因此，風險管理人就一直在找尋與不可控制之損失紀錄無關的績效評估標準，這些獨立的標準主要著重於風險管理部門之工作的質與量。

不過，這種凸顯風險管理人能直接控制事物的活動標準，卻有一個大弊端，那就是它們與用以評估其他部門之工作績效的財務標準，或其他標準，並無直接的關係存在著。準此，凡追求以其活動而非追求以其對組織之最終結果的影響為績效之判斷的風險管理人，可能會在組織之高級主管的心中產生一種錯誤的信念，那就是風險管理活動不但不適用於同一標準來評價，而且也不會像其他經理人的活動那樣會對組織有所貢獻，而像這種錯誤的認知差異，當然會損及任何組織的風險管理計畫。

㈡比較實際之成果與標準

評估績效的合適標準必須載有預定的活動水準或成果，或者至少須載有所要的變動方向。例如，就防止火車出軌次數來表示，或者至少須以第一年與第二年間的出軌次數減少數來表示。同理，有關防止出軌的「活動」標準，亦可以每年每行駛多少公里就須檢查與修理一次來表示，或以每隔多少公里就須檢查與修理鐵軌來表示。

㈢採取糾正行動或修改不切實際之標準

凡表達得很合適的風險管理績效標準，也都同時在暗示不合標準的績效應如何改進。是故，一位能幹的風險管理人會知道，若安全檢查的次數低於標準的次數，則檢查的次數須予以增加。同理，若所自留的損失愈來愈增加，則自留的額度及風險控制的程序，就須予以重新檢討。因此，若績效的標準選得很合適且表達得很好，則不合標準的績效自會糾正得很迅速。

不過，若標準定得不好或不合適，則此時風險管理計畫就必須針對損失風險的改變而修改，同時，標準也必須予以重新檢討，而若整個風險管理計畫的大環境也發生改變，則此時績效的評估標準就可能有修改或改變的必要。例如，通貨膨脹、業務之量或質的劇變、保險市場景氣循環或長期波動及貨幣市場的

循環大波動等，都會促使績效評估標準須予調整以便因應這些變動。

　　雖然風險管理的績效標準，絕不能因暫時或過渡性的原因而來修改，但其修改的必要性與連續性卻是不容忽視的。因此，最好或最合適的風險管理績效標準應予以明示的界定，且應不時地配合實際的情況予以檢討評估，以便適應新的情況，而不是一成不變的死守「金科玉律」。

第 五 節　風險管理之成本與效益

　　意外事故損失的風險——不論是實質的損失風險，還是潛在的損失風險，都會增加組織及整體經濟社會的成本負擔。這些成本可以分成三大類：(1)財產、收入、生命及其他有價值之財物的毀損滅失；(2)潛在之意外事故損失的經濟損失（即本來可賺得的淨利，但因被認為風險過大而致不能賺得的損失）；(3)為因應意外事故損失而所投入的資源（這是一種機會成本，因若沒有意外事故損失的可能性及損失風險，則資源就可用於其他用途上）。

　　對個別組織及整體經濟社會而言，上述的第三類成本就構成了所謂的「風險管理成本」（Cost of Risk Management），而前兩類成本的減除就構成了所謂的「風險管理效益」（Benefits of Risk Management）。是故，對組織及整體經濟社會而言，適當之風險管理計畫的目的乃是在使這三類的成本極小。而若把風險管理的成本與效益予以個別的考量，則更能看出其對組織及整體經濟社會的重要性。

一、風險管理成本與效益對組織的重要性

　　凡面臨損失風險或有損失風險之虞的組織，都必須：(1)承擔實際意外事故與潛在意外事故損失的「風險成本」（Cost of Risk）；(2)會被阻斷獲利的機會——因由這些機會所獲得的利潤，還不夠支付為賺取這些利潤所承擔的「風險成本」。是故，一套好的風險管理計畫，不但應能使組織之目前活動的「風險成本」極小，而且還應促使組織不會去從事不經濟的「風險成本」活動。

㈠抑減目前活動的風險成本

對任何組織而言，其既定資產或活動的風險成本乃是其若沒有意外事故損失風險時，就不必承擔的會計成本總額。易言之，其既定資產或活動的風險成本，乃是其有意外事故損失之虞時所必須承擔的會計成本總額。此一風險成本係由前述第一類與第三類的成本所構成的，亦即其係包括因實質意外事故所致損失的價值總額，以及用以處理該資產之風險，所投入資源的成本。

詳言之，與一特定資產或活動有關的風險成本，包括如下的成本或費用：

1.保險公司或第三方團體未予以賠償的意外事故損失成本。

2.保費或付給第三方團體的類似支出。

3.為預防或抑減意外事故損失而所採取之因應措施的成本。

4.風險管理的行政成本。

由於風險管理的目的乃是在抑減組織整體的風險成本，故其必然會增加組織的利潤或減低組織的預算。茲舉前述的火車公司為例予以說明，該火車公司所載運的是有危險性的化學品，而此一活動的風險成本則包括：(1) 未投保之財產損失及責任理賠的成本，因火車公司既然載運這些化學品且未投保，則這些成本理所當然由其來承擔；(2) 其為這次運輸而所投保之財產及責任險所支付的保險費；(3) 為防止與化學品有關之意外事故而為的防護措施之費用；(4) 風險管理部門的部分營運費用。

卓越的風險管理人所想努力抑減的，正是上述這種長期的整體風險成本。因安全與生產力乃是完備之風險管理的主要目標，而這實有賴於影響組織的活動愈少愈好，而且用以處理損失風險所需投入的資源也愈少愈好。

㈡抑減經濟損失的影響

害怕未來會有損失之虞，常會減弱主管人員的銳氣，從而使他們不願意去從事在其心目中具有「高風險」（Risky）的活動或業務，結果使組織「坐失」彼等敢於冒險時所能賺得的利益。而這些「坐失」的淨利益（即敢於冒險所能賺得的利益減去成本後的餘額）係為一種損失，此一損失亦即為前述第二類的成本（即風險管理之成本與效益中的第二類成本）。

卓越的風險管理人應能抑減這種有未來損失之虞的經濟損失影響，亦即應

能使這些損失：(1)變得較不可能發生；(2)變得較不嚴重；(3)變得較可預測。而這種抑減至少會給組織帶來兩個具體的利益：

　　1.緩和或減輕經理人對潛在損失的恐懼心理，從而增進其敢於冒險的精神，而不畏懼不明朗的事物。

　　2.使組織成為一個較為安全的投資機構，從而能吸引較多的資金來擴充。

　　事實上，只有在較佳的意外事故損失防止方法及彌補方法已能抑減不確定性時，新產品與新製程才會具有吸引力。因此，除非藥劑公司或彈藥公司的主管已能確定其新產品可以安全的生產與上市，否則其公司是不會生產並上市新藥劑或新化學品的。

　　然就像公司之握股主管尋求安全保障一樣，股東或其他所有權人，也會尋求其投資的安全保障及其未來收益的安全保障，同理，債權人也一樣會尋求其出借之資金及其利息收入的安全保障。然這些人所尋求的保障多少都是依靠他們對公司將會繁榮的信心，而不大會去考慮到公司會遭逢什麼不測的意外事故，因此，公司吸引資金的能力就端視其風險管理計畫是否具有如下的效果而定：(1)能保護投資人的資金免於受公司財產之意外事故損失之害；(2)不會受未來收入中斷之害；(3)不會受民事責任判訴之害；(4)不會受重要人員損失之害。

二、風險管理成本與效益對整體經濟社會的重要性

　　整體經濟社會，也會有風險成本及未來損失之虞，前者係包括因意外事故損失或為防止意外事故損失而所耗費的資源。而後者則會引起資源的分配不當，從而使一般的生活水準下降。

㈠抑減資源的耗費

　　就一既定的時點而言，一國的經濟必然擁有一定量的資源可以生產財貨與勞務，以滿足其國內每一個人的需求。然而若發生意外事故，如發生一場大火或地震，並摧毀一座工廠或一條高速公路，則該國的整體生產資源根本就是一種耗費，因沒有人因此資源的耗費而得到好處或利益。而更糟的是，在發生意外事故後，該國必須把一部分的生產資源用來從事重建及預防與補償的工作，結果，一般人的生活水準會再次往下降，甚至資源又會被耗費掉。

　　因此，只要意外事故損失有可能會發生，則該國的資源就必須投入一部分為整個經濟社會做預防意外事故的工作——即風險管理的工作。其中，風險控制乃是在防止意外事故所造成的損害。是故，使一國之風險管理計畫所耗用的資源能極小，就類似於使一公司之風險管理部門所耗用的營運成本極小一樣。不過，儘管負責處理意外事故風險的人實在值得予以重視，但在經營風險管理系統時——不論是全國性的風險管理系統或個別公司的風險管理系統——其資源應妥善分配，而不容許浪費。

㈡改進生產資源的分配

　　一般而言，只要個別組織的不確定性能抑減，則整體經濟社會的生產資源分配就能獲得改進。申言之，卓越的風險管理人會促使那些擁有或經營組織的人，較願意去從事有風險的活動或業務，因此時他們有較佳的因應策略，來保護其對抗這些活動或業務所可能產生的意外事故損失。也因此，主管、工人及資金供應人，均可更自由的去追求最大的利潤報酬、最高的工資以及最大的投資報酬，亦即整個經濟社會往較有獎賞報酬的方向前進，而這種移轉將會提高整體經濟社會的生產力，從而提升每個人的生活水準。

自我評量

一、試說明風險管理策略之兩大主軸？

二、試說明風險控制策略之意義及相關策略？

三、試說明風險理財策略之意義及相關策略？

四、試說明損失預防（Loss Prevention）與損失抑減（Loss Reduction）之意義與內容？

五、試說明非保險之風險控制之契約性移轉之種類與內容。

六、試說明自己保險之定義與成立要件？

七、試說明專屬保險之定義與優缺點？

八、何謂新興的風險移轉（ART），請說明有哪些市場常見的新興風險移轉工具？

九、試說明選擇最佳的風險管理策略之標準？

十、試說明執行所選定風險管理策略之兩大主軸？

第六章

風險管理計畫之建立

學習目標

本章讀完後，您應能夠：

1. 設定風險管理計畫的目標。
2. 界定風險管理人之基本職責。
3. 清楚風險長所面臨的職責與挑戰。
4. 分辨風險管理計畫之組織。
5. 瞭解風險管理資訊系統的重要性。
6. 說明風險管理計畫之管制。
7. 明白風險管理政策說明書與風險管理年度報告的重要性。

摘　要

　　風險管理計畫要能發揮功效有賴於高階決策主管之支持，因此風險管理人應設計出一套能幫助組織達成整體目標之風險管理計畫，以獲得領導階層之重視。

　　風險管理計畫之目標可分為損失預防目標如營運之經濟性、可忍受之不確定性、合法性、人性管理等，以及損失善後目標如生存、繼續營運、獲利、盈餘穩定、成長及企業形象等之營運目標。風險管理人對組織之風險管理計畫負有基本責任，其工作重點為處理整體之風險管理計畫，運用風險控制策略及運用風險理財策略。風險管理人雖身負組織安危之重任，然其在組織內之角色及在職務上定位，則視高階主管對潛在風險標的損失之重視程度而定。

　　風險管理部門之內部組織視實際需要及領導階層重視之程度而有小型、中型及大型部門之結構，然部門無論大小，風險管理計畫如要能順利地推動，則除了須與組織內之全體員工行一般性之配合外，也需與其他部門如會計、資料處理、人事生產及行銷等單位，依其特有之損失風險而行特殊性之配合。除了部門間之配合溝通外，所有資訊之出入風險管理部門，也是部門間合作推動管理計畫所不可或缺之重要因素。

　　企業所面臨之風險和各種不確定性，隨著經營活動大幅成長而增加，因此風險管理人之功能與高階主管之經營管理政策息息相關。風險管理人應配合組織之經營哲學、目標與政策訂立「風險管理政策說明書」，並每年製作「風險管理年度報告」，以利風險管理之推行。

第 一 節　風險管理計畫之目標

有效的風險管理計畫必須有高階主管及所有權人的支持才行，而為了取得這些人的支持，則風險管理人就應設計出一套能助長組織之整體目標或使命的風險管理計畫。而有了這種認知之後，則風險管理人就能擬出風險管理計畫的詳細目標，來因應其損失善後目標（Post-Loss Objectives）及損失預防目標（Pre-Loss Objectives）。

一般說來，可能的損失善後目標──如生存、繼續營運、獲利力、盈餘的穩定及成長等──係指在發生可預見之最嚴重的損失後，上述這些目標情況仍為高級主管或所有權人認為可接受而言。而可能的損失預防目標，如經濟、可容忍的不確定性、合法性及企業形象等，則在說明一套完備之風險管理計畫所應具有的效果。而至於組織的實際損失經歷則有所不同。因此，損失善後目標可稱為「或有損失的目標」（Objectives in the Event of Loss），而損失預防目標則可稱為「或無損失的目標」（Objectives Even if No Losses Occur）。

一、損失善後目標

風險管理計畫的損失善後目標大多具有相互取代的連續性，亦即，從最基本的善後生存，一直到最雄心壯志的成長等，可說是應有盡有，而由以下對各目標的說明再配上圖 6-1，則不難看出凡善後目標愈雄心壯志，則愈難達成，且欲達成所致的成本也愈大。

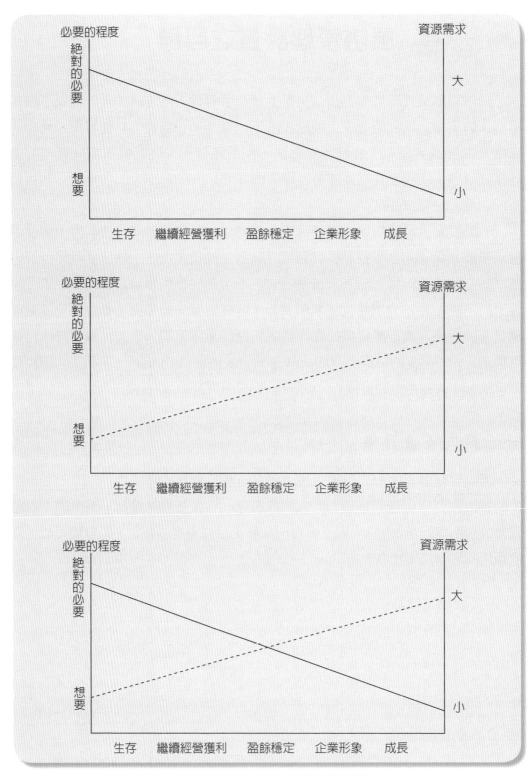

圖6-1　風險管理之損失善後目標的連續性

㈠生存

在發生重大的意外事故損失後（如發生火災、洪水、颱風、飛機墜毀及盜用鉅額公款），組織的首要目標就是生存下去。一般說來，在意外事故發生後，組織可能須歇業一陣子，然後再重新開幕營業。

就風險管理的目的來說，組織可視為是一個有組織的資源系統，是由機器、原料、人員及管理，所組合而成的有機系統，且此一系統是以生產能滿足人們需要的財貨與勞務，來為其員工及所有權人賺進所得。故就此意義而言，若損失並不會造成組織永久性的停止生產並賺進所得，則組織當能度過意外事故損失。一般說來，生產乃意指組織即使在發生重大的損失而致須暫時歇業後，其生產要素依然完整無缺而言，不過，其需要新的領導人，且可能需要重整或與人合併才能繼續生存下去；然就風險管理而言，「生存」並不是一個法律觀念，而是一個營運觀念，亦即，儘管組織因被合併或購買而喪失法人資格，但卻依然以一個生產單位的身分來繼續生存下去。

組織生存的必要條件可以分成四大類，而其中的三大類則相當於任何組織所不可或缺的那三個企業機能：即生產、行銷及財務，至於第四類必要條件，則是使此三個機能能發揮作用的管理機能，是故，只要意外事故損失嚴重到會使組織的領導才能無法發揮其生產、行銷及財務之機能時，則其必會威脅到整個組織的生存。

又第四章中所提到的四種損失——即財產損失、淨利損失、責任損失及人身損失，在某些情況下也會使組織無法生存下去。例如，整棟辦公大樓或工廠的毀損，就會使公司關門倒閉。而就算其在長期歇業後「能」重新開幕營業，然其顧客也早已被競爭對手搶走，從而其所能擁有的市場根本就無法支撐其生存。又不利的法律判決也會迫使組織關門倒閉，蓋不論是支付判決的損害賠償或庭外的和解賠償，都可能會耗竭公司的現金與信用資源，從而公司就不能繼續產銷財貨與勞務。此外，若管制機構以立法來禁止公司生產產品，或強制公司必須改變生產方式與製程，則這都會有迫使公司關門的可能；又重要主管或技術人員的死亡或殘障，也會使公司喪失重要的領導才能及專精的專業知識，從而會危及公司的生存。

(二)繼續營運

儘管生存的必要條件是，不管損失多嚴重都不能造成組織永久性的關門歇業，但對繼續營運而言，則此一必要條件更是絕對必要。易言之，若想繼續營運，則在任何可見的時間內都絕不容許損失來中斷公司的營運（所謂「可見的時間」，乃是一個相對而非絕對的觀念，這完全要看所生產之財貨與勞務性質而定，因此，有些公司甚至連一天的歇業都無法容忍，而有些公司則可以忍受一、兩個月的歇業）。是故，當公司的高級主管把繼續營運定為公司的目標之一時，則風險管理人就必須清楚且透澈的去瞭解，有哪些營運作業的繼續性是絕對必要的，以及其所能容忍之最長的中斷時間為多長。

例如，以 XYZ 醫院為例，其開刀房或心肺機在使用時的電力供應絕不允許中斷（即這些設施在使用中，絕對不能容忍任何電力供應的中斷，但啟動備用之自動發電機所需的那數秒鐘則例外）。因此，為了預防病人受傷或死亡，這些設施的電力供應必須以備用連線的發電機予以確保持續不斷，這樣在電力公司停電時，這些設施仍舊可以繼續使用。

然該院對病床床單之清潔服務的中斷，則可以容忍較長的時間。申言之，若該院之病床床單的清洗均由一家洗衣店來承包，然該洗衣店之唯一的蒸氣鍋爐卻發生爆炸，而因此不得不暫停營業以便修護蒸氣鍋爐，則此時該院可能會容忍此段時間內之該店的暫停服務。而若該店與另一家洗衣店定有互惠使用設施的協議，則在修理其蒸氣鍋爐的這段時間，就可使用另一家洗衣店的蒸氣設施繼續清洗該院的病床床單，從而其對該院的清潔服務也就不會中斷。

是故，對任何組織來說，若繼續營運對其係屬絕對必要，則其就必須做特殊的計畫，並承擔額外的費用，來預先防範無法忍受的關門歇業。至於特殊的計畫應如何做，其步驟如下：

1. 先辨認無法忍受的中斷活動。
2. 其次辨認會使這些活動發生中斷的意外事故。
3. 接著決定可立即用來因應這些意外事故影響的備用資源。
4. 安排備用資源以便情況發生時可馬上派上用場。

其中，步驟 4，即安排備用資源，可能會增加組織的費用負擔。也因此，維持繼續營運比維持生存的目標要更花錢。不過，對重視繼續營業的組織來說，

為維持繼續營運而多增加一點成本，總比中斷歇業「所省的成本」要划算多了。

　　除了生存與繼續營運外，組織至少還有三個與其財務狀況有關的損失善後目標，那就是獲利力、盈餘的穩定及繼續成長。這三個目標一個比一個更需要一套周密的風險管理計畫。

(三)獲利力

　　公司的經理人除了會關心意外事故對公司之營運的實體影響外，也同時會關心其對公司獲利力的影響。一般說來，公司所有權人或經理人都會定出一個最低的利潤水準，以作為當年的營運目標，且此一利潤水準的訂定並沒有考慮可能的意外事故損失，亦即，此一利潤水準絕不容許任何意外事故損失造成其減低。因此，為了達成此一最低利潤水準，風險管理人就必須訴諸保險，以及其他損失風險暨財務損失的移轉方法，以便使實際的財務成果，能在事先所訂的利潤範圍內或符合其他的財務標準。是故，這種公司常會比能容忍一時之會計損失的公司，更能花較多的錢，來做風險控制與風險理財的工作。

(四)盈餘的穩定

　　雖然大多數的公司都是奮力在追求最大的盈餘，但有些公司卻極重視其長期成果的穩定。因此，對後者而言，其不但極注重可預測的風險管理成本（主要為保險及損失預防成本），而且也較偏愛成本能在長期中穩定的風險理財策略，又就此公司對重大之損失所能自留的程度來說，其泰半會著重損失準備，以便把所自留的損失分散在數個會計期間予以承擔。

(五)成長

　　注重成長，如擴大市場占有率、擴大業務或產品的規模與範圍，以及擴張資產，會對風險管理計畫有兩個截然不同的影響。至於影響的大小或程度，則端視經理人與所有權人對意外事故損失之不確定性的容忍程度而定。例如，若追求擴充會使所有權人及經理人願意接受較大的不確定性，來交換極小的風險管理成本，則公司的外在風險管理成本就可能相當的低。然其風險管理人可能會覺得難以取得足夠的預算，來保護其公司對抗擴充的損失風險。再者，若此公司萬一遭受其尚未做好「準備」的嚴重損失，則其真正的風險成本──更精

確的說，應是沒把風險管理好的實際成本——可能會很大。

反之，若成長公司的風險管理目標是保護其擴充的資源，好使其擴充路線不會被重大的意外事故損失所阻撓或扭轉，則其風險管理成本也泰半會很高，蓋其所追求的是盈餘的增加，而不僅是生存或最低的盈餘，或盈餘的穩定而已。是故，其對無法預期的自留損失較無法容忍，而因此會訴諸風險控制與風險移轉策略。

㈥企業形象

意外事故損失甚少，只影響所有權人與經理人而已，因任何意外事故損失的影響多少都會波及到員工、顧客、供應商及一般民眾。是故，有社會良心或道德責任感的所有權人及經理人，均會設法使意外事故損失對他人的影響能減至最小。又凡是想維持良好之企業形象的公司也會這麼做，易言之，上述這種企業形象目標會受到此種公司強力的支持。

事實上，公司可以用一套風險管理計畫，以實現其社會責任目標及有利的企業形象，而這種實現當然是靠其風險管理計畫，來保護其顧客、供應商、員工及一般民眾，免於因其發生意外事故而遭受池魚之殃。

㈦損失善後目標的連續性

上述這些損失善後目標，不管是營運的或財務的，都可以兩種標準予以排列（詳圖 6-1）。若就第一種標準，即必要的程度來看，則生存的排名當屬第一，蓋無法生存則其餘的目標也就不可能實現或存在，「皮之不存，毛將焉附」；而排名殿後的則為成長，因此一目標只是理想而非絕對必要。而若以第二種標準，即風險管理所需投入的資源來看，則生存所需的資源最小，而成長或盈餘穩定所需要的資源則最多。

上述這兩種標準分別繪在圖 6-1 中的左右兩直軸上，其中，必要程度的標準從「絕對必要」逐次降至「想要」，而風險管理所需的資源準則從「大」逐次降至「小」。至於前述之各損失善後目標，則依此兩種標準的排列順序予以繪在圖 6-1 中的橫軸上。

由圖 6-1 中的實線與虛線可看出，愈絕對必要的風險管理目標，其所需投入的資源就愈少。然應注意的是，圖 6-1 所展示的只是一般關係，而不是精確的數

量，同時各座標軸所標示的只是相對的金額意義，而不是正確的金額。然更應注意的是，本圖中之實線與虛線的斜率並無任何意義，且兩線的交點也沒有什麼意義可言，因公司不同，則這些線的位置與斜度也會不同。此外，本圖只適用於損失善後目標。至於損失預防目標，則因其重要性不僅各公司不同，而且變化的差異也很大，因此無法以繪出如圖 6-1 這樣的圖形予以表達。

二、損失預防目標

每一個組織不管其損失經歷為何，都會有其自己的營運目標，因此，其風險管理活動自應以助長這些目標為目的。然大體而言，其風險管理活動都具有如下的四個目的或目標：營運的經濟性（Economy of Operations）、可忍受的不確定性（Tolerable Uncertainty）、合法性（Legality），以及人性管理（Humanitarian Conduct）。

㈠營運的經濟性

有一個大家所共同認同的組織目標，那就是營運的經濟性。因此，風險管理應有效率的經營，即為所取得的利益不應承擔不必要的成本。有不少方法可用來衡量風險管理計畫的效率，其中最普遍常用的方法，就是把一組織的風險管理成本與類似組織的風險管理成本做一比較，這樣就可看出其風險管理有無效率。不過，此一方法也會有行不通的時候，因有些組織會把全部或部分的風險管理成本看作是製造費用，而另有些組織則會把這些成本予以分配給利潤中心來承擔。因此，只有在兩家組織的費用或成本分配制度相類似時，則上述這種成本比較法才會有效。

㈡可忍受的不確定性

另一個常見的損失預防目標，就是使高階主管及經理人對意外事故損失的不確定性，其看法能保持在可忍受的水準，亦即，使意外事故損失的不確定性能保持在可接受的水準或程度上。是故，經理人應有效地制定及執行決策，而不應因擔心害怕意外事故損失而「裹足不前」。這樣一來，員工在看到經理人已注意到工業安全、防火及工作安全等問題後，自會更有效率地來執行其工作。

因此，一套好的風險管理計畫，不但應能促使有關的人員去注意潛在的損失風險，而且也應能保證這些風險，會被有效地予以處理，亦即以風險控制防範措施及風險理財計畫予以處理。

㈢合法性

幾乎所有的組織都必須在法定範圍內來營運，為此，風險管理人必須注意與其組織有關的法令，並應與他人密切合作以確保不違法。一般而言，與組織有關的法令實在很多，如職業安全法、產品標示法、有害廢棄物處置法及勞動基準法等。

若違法或不遵守法令則自然是一種損失風險，因違反法令被罰款、判刑或勒令停業，所造成的損失也就相當嚴重。又忽視個人的安全及對他人造成傷害等，都有可能使組織必須承擔民事責任。是故，不僅是風險管理人應關心合法的問題，就連為組織工作的每一個人都應去關心其行為是否合法。

㈣人性管理

此一損失預防目標與前述之損失後目標中的人性管理目標一樣，均是要組織去善盡其社會公民的義務。因整個社會不僅會受已發生損失之影響，而且還會受可能發生損失的威脅及影響。因此，組織在意外事故沒發生前就應採取防範措施來預防，這樣才會對社會的安全有所助益與貢獻，又可維持良好的企業形象。

三、目標間的衝突

損失預防目標與損失善後目標是彼此互有關聯的，是故，組織可能會發現它不可能同時達成所有的這些目標。因有時候損失善後目標彼此間並不一致，況且，損失之善後目標常會與損失預防目標相衝突，同樣，損失預防目標彼此間也常會相爭不下。

例如，欲達成任一個損失善後目標都需要花錢，這自會與損失預防目標中的經濟目標相衝突，而且損失善後目標愈雄心壯志則花錢愈多，因此這種衝突就愈大。又損失預防的經濟目標，也會與可忍受之不確定性的目標相衝突，申

言之，為了「高枕無憂」，風險管理人必須相信，某些損失善後目標將會被達成，而這種相信是需要花錢的，即花錢來購買保險、花錢來裝設機器的防護設備以防止意外事故，以及花錢來保存備份以防原檔案毀損等，而這自會與損失預防的經濟目標相衝突。

　　又合法目標與人性管理目標也會與經濟目標相衝突。因某些外界所加諸的義務，如建築法規所規定的安全標準，是不可協商而必須去做的，而這自會與經濟的目標相衝突。畢竟，法律義務是必須授受的。又講求人道在短期內會增加成本的負擔，但長期間來看，卻會帶來一些好處或利益。因此，在與他人合作解決這些目標衝突的問題時，風險管理人不僅須注意各風險管理策略的可能影響，而且也須顧及到組織的風險管理計畫對各團體之利益的影響。

第 二 節　風險管理人之基本職責

一、風險管理人的基本責任

　　「風險管理人」係包括任何對組織之風險管理計畫負有基本責任的人，就較大的組織而言，凡擁有「風險管理」頭銜或「損失控制」頭銜的主管，以及其他主管（如副總裁、財務長、主計長、祕書及其他重要主管等）均是須對風險管理計畫負起責任的人。然就較小的組織而言，則其風險管理功能是由高階主管來執行，或委由外界人士如保險經紀人或風險管理顧問來執行。

　　由於風險管理人必須對組織的風險管理負起責任，故其在風險管理決策過程中的每一步驟就被賦予明確的職責與義務，即其必須運用管理的功能——策劃、組織、用人、指導與控制——來作如下的決策工作：認知及分析損失風險、檢視各風險管理策略、挑選最佳的策略、執行所選定的策略，以及監視執行成果。（關於這些請看表 4-1 的風險管理溝通矩陣。）

　　除了很小的組織外，沒有一個風險管理人，能獨自執行上述這些職責所要求的全部工作，是故，有一部分的工作必須分配給其屬下來做。準此，有許多管理損失風險的工作，才會成為經理人及其他員工的日常工作，而這也難怪安全專家會在以前就一再呼籲「安全是每個人的事」，而這種呼籲對風險管理更有

其必要，因風險管理豈止於安全而已，因此，風險管理人的日常努力大多著重於取得其他經理人及員工的自願合作與配合。

不過，事情雖可由別人來代勞，但責任卻仍然要由風險管理人來承擔，因此，風險管理人必須親自決定，或與其他高階主管共同決定應如何處理損失風險；而承擔此種決策的重擔，乃是風險管理人從事風險管理計畫的基本職責。這種明確且不可分授的風險管理職責，雖然各公司不盡相同，但其大體上都離不開如下的工作重點：(1) 處理整體的風險管理計畫；(2) 運用風險控制策略；(3) 運用風險理財策略。

(一)整體風險管理計畫之處理

組織的風險管理人應比其他主管、員工或外界的顧問更瞭解其組織的風險管理計畫，因此，整個計畫的結構及其執行的成果，自然就須由風險管理人直接負責與照料。風險管理人理當為組織內的其他人做好風險管理方面的服務，亦即，他必須處理如下的工作：

1.指導高階主管訂定組織的風險管理政策。

2.規劃、組織及指揮風險管理部門的資源。

3.協助高階主管建立整個組織的風險管理溝通管道及責任範圍。

4.與其他經理人共同界定每個人在風險管理計畫中的職責與行動，並激勵每個人的行動士氣。

5.把風險管理計畫的成本分配給各個部門，然分配的方式必須能公正反映損失風險的差異，以及提供最適當的風險管理誘因才行。

6.使風險管理計畫能因應情況的改變，並調整風險控制暨風險理財策略的成本變動。

(二)風險控制策略之運用

組織所可採用的風險控制策略計有風險標的避免、損失防阻、損失抑減、風險標的隔離，以及風險控制的契約性移轉等。雖然各公司之風險管理人的工作不盡相同，其運用的風險控制策略也並不一致，但其運用這些風險控制策略的目的則大致如下：

1.向高階主管進言應怎樣鼓勵及獎賞員工的安全績效，以及應如何糾正風

險控制的缺點。

2.統籌每個人的力量或提供財貨與勞務，來認知災源並採取適當的控制措施。

3.告知每一位直線經理人應怎樣執行預防意外事故之基本職責。

4.協調解決各直線經理人在執行有效風險控制措施時的衝突，並促請最高主管訂定因地因時制宜的風險管理政策。

5.採用風險管理計畫所賦予的任何權力控制風險，特別是在發生緊急意外事故時更應如此。

6.衡量與控制各風險控制策略的成本與效益，以便擬出最具成本效益的風險控制計畫。

由於風險管理人對風險控制活動有發布命令的權力，即不但可對風險管理部門內的人員發令，而且也可對非該部門的人發令，並可於必要時對抗令者加以制裁，故有些組織就將風險控制工作全權交給風險管理人來做，並賦予全權決定最適當之風險控制措施的權力。然有些組織則是把風險控制的職責予以分散給數個部門的人員來做，例如，生產與人事部門的主管直接負責員工安全的工作，而生產人員則專責品質控制的工作，至於法務部門則專司法律事件的工作。

由於有不少的組織一直很注意員工的安全問題，且其各部門的風險控制工作，也一直走在風險管理統籌工作之前，因此，其風險管理人泰半會覺得，其他的經理人已擁有很大的風險控制權力與職掌，且他們都不願意放棄這些權力與職掌，既然這些經理人均很專精其範圍內的風險控制工作，所以風險管理計畫唯有獲得經理人及全體人員的支持才能有成效，因此，凡「識時務」的風險管理人都會去配合與協調這些經理人推動風險管理計畫，而不會「自討沒趣」的去強攬整個風險控制的工作。

㈢風險理財策略之運用

風險管理人所可採用的風險理財策略可以分成兩大類，即風險自留（Risk Retention）與風險移轉（Risk Transfer）策略，其中，風險自留策略係包括以當期的收入償付損失、以未基金化的準備金償付損失、以基金化的準備金償付損失、以借錢償付損失，以及以專屬保險公司承擔損失等；而風險移轉策略，則

包括商業保險及風險理財的契約移轉。在選擇風險自留策略時，風險管理人所著重的是組織本身的資源，亦即其必須確保在可預見的時限內，當組織需要償付其所自留的損失時，則其所需的資金能從計畫好的內部來源處及時取得；而在選擇風險移轉策略時，風險管理人也是著重上述資金之及時性，亦即，其必須確保當組織需要償付損失時，則所需的資金能從安排好的外界來源處及時取得。然不論上述哪一種情況，其所需的策劃、協商、紀錄及行政技巧完全一樣。

然風險管理人採用風險理財策略的目的總不外乎：

1.與財務主管及其他高級主管，共同決定應自留與移轉多少的潛在風險標的之損失幅度。

2.一旦合適的自留／移轉「幅度」已確立，則接著決定，應以何種的自留策略及移轉策略來融通潛在風險標的之損失。

3.與組織內外的合適人員或公司，協商如何執行所選定的風險自留策略及風險移轉策略。

4.當損失發生時，馬上執行已決定的自留計畫或移轉計畫。

5.衡量與控制各風險理財策略的成本與效益，以便擬出最具成本效益的風險理財計畫。

儘管所有的風險管理人幾乎都有上述的這些職責，但其為執行這些職責，所需做的日常工作，則會隨組織的不同而不同，而且也還會隨風險的不同而不同，同時更會隨風險管理策略的不同而不同。是故，欲把每位風險管理人所應做的各個工作，予以詳細地列出乃為不可能之事，就算能列出一張「具有代表性」的職責工作表，也不能保證其不會產生誤導作用。不過，在檢討其日常的工作時，每位風險管理人還是能清楚知道，其每項工作均與其風險控制活動或風險理財活動有關。

二、風險管理人的提報層次

雖然風險管理近年來普遍受到重視與肯定，但其重要性卻因組織而異，且須視各種不同因素而定。因此，風險管理人往上報告的層次及其所能擁有的頭銜，泰半須視高階主管是否關心潛在的風險標的之損失而定。

一般來說，風險管理人往上報告的層次，大抵須視組織的基本使命而定。

例如，以醫院為例，因醫院的基本使命就是醫治疾病，故其風險管理人須向醫院的最高行政主管報告其工作與成果；若是市政府則其風險管理人須向市長報告其工作與成果；若是銀行，則其風險管理人須向副總裁報告其工作與成果。然在中大型的公司裡，風險管理常被視為是一個風險理財機能，因此，其風險管理人就須向財務長、主計長或財務副總裁報告其工作與成果。

風險管理人往上報告的層次，也須視高階主管對潛在風險標的之損失的重視程度而定。例如，組織的領導階層對責任賠償的風險很重視，則其風險管理人就須向風險長（CRO）報告其工作與成果；又如，組織的領導階層很關心工程的失火風險，則其風險管理人就須向工程副總裁或首席工程師報告其工作與成果。此外，有些組織的風險管理人，可能須同時向數位重要的主管（生產、行銷及財務主管）報告其工作與成果。

第 三 節　風險長的職責與挑戰

當風險態樣愈來愈複雜，所造成的損失對企業的傷害不容忽視時，企業開始尋思如何以更嚴密與周全的方式控制風險，風險長於是應勢而起。

風險長（Chief Risk Officer, CRO）一詞始於 1993 年 8 月，由當時任職於奇異公司（GE Capital）的 James Lam 提出，當時對風險長的職能定位，為管理信用風險、市場風險與作業風險，同時將風險管理的任務提升到高階執行管理者階層（Executive Level），讓組織中的成員對風險達到共識。

Lam 所希望的，現在似乎已逐漸成形。根據 Deloitte 在 2004 年所公布的 Global Risk Management Survey 調查結果，風險管理最高責任單位 38% 為董事會，21% 是與董事會同等級之風險委員會，16% 是風險長，5% 是執行長。此份調查對象為北美、南美、歐洲與亞太地區等國的國際性銀行。2002 年時，這些受訪的銀行當中有 65% 設立風險長；2004 年的調查結果顯示，81% 的受訪銀行已設置風險長一職。

其中調查結果亦提及，30% 的風險長須對董事會負責，12% 的風險長須對與董事會同等級之風險委員會負責，33% 須對執行長負責，三者總和為 75%，與 2002 年的調查結果三者總和為 66% 相較，高階管理階層對風險管理的重要性

日益重視，設立專責的風險管理部門，並委任風險長已是常態。

　　上述的調查結果，僅為金融機構的部分；根據 Economist Intelligent Unit 於 2005 年 5 月，針對 137 位跨國企業的風險管理部門主管，所進行調查結果顯示，45% 的受訪企業已經設立風險長或類似職能的管理者，其中這些已設立者大部分都是集中在金融產業；不過，在非金融產業的部分，風險長的設立對他們來說是極有可能的，全數受訪企業中有 24% 表示，在未來兩年內將計畫設立風險長，而這些受訪者有半數是來自金融產業，另外半數來自 16 個非金融產業。

　　大部分的美國企業表示，他們設立風險長的首因，是為了因應日益趨嚴的法令，他們需要設立一個跨部門的專職風險管理的單位，來確保組織的活動符合法令規範。僅次於法規遵循的風險，Economist Intelligent Unit 的調查結果指出，風險長的主要目標還包含聲譽風險、監控新風險的發生，同時也必須將管理風險的工作納入企業的整體策略考量。

一、風險長——風險管理的舵手

　　組織內的不同事業單位，面臨不同的風險，用各自的方式來因應。但當風險態樣愈來愈複雜，所造成的損失對企業的傷害愈不容忽視時，企業開始尋思如何以更嚴密與周全的方式控制風險。風險長的任務，就包含如何建立完整的風險管理架構，以辨識、衡量、監控風險，追蹤與檢討風險管理的執行情形，以及如何推動企業的風險管理文化，讓不同的風險觀點，用相同的語言溝通。

二、風險長——風險政策的溝通者

　　風險長在組織的風險管理流程中，扮演著承上啟下的溝通者角色，對上包含協助董事會與執行長的風險目標與策略的擬定，以及執行成果的回報；對下包含將風險管理的目標與執行方式，落實至各事業單位。

　　企業的風險管理政策，與該企業所能接受的風險胃納有絕對的關係，所以，風險長必須確定企業的風險政策。因此，風險長需與董事會或執行長溝通，讓董事們瞭解企業面臨哪些風險？決定企業能夠承受的風險程度有多少，是否要冒險？萬一風險造成損失後，又該如何承擔？風險長的職能不單只是在管理風險，而是要將點、線連成面，將散落在企業各層面的風險整合起來，用更系統

化的方式呈現風險的訊息，以作為決策參考。

　　各事業單位是日常面對風險的人員，必須對其所應管控的風險負責，風險長並非為企業所有風險的責任者，而是溝通與協調者。

　　因此，風險長可視為企業風險的溝通平臺，風險長須協助各事業單位導入風險管理機制，不同的事業單位，例如資訊部門、銷售部門、財務部門等，都分別面對不同的風險，各部門對其所存在的風險也是最為瞭解，因此風險長須擔任風險溝通平臺的角色，將所有風險共同比較，進而才可進行資源分配等問題。

三、風險長──風險制度的推行者

　　風險管理的推行，首要為風險管理文化的塑造。組織成員可能尚未具有風險管理的意識，或是仍待喚醒，風險長必須讓組織成員瞭解，每一個人都是風險管理者。

　　風險長須建立組織的風險管理架構，以監測風險的發生、建立風險衡量與計算的模型，確保風險管理的分工與風險資訊的傳遞能暢通無阻，並且還須視外在與內在風險環境的變化，調整風險管理的架構。在與董事會確定風險管理的目標與政策後，風險長必須依據企業所能承受的風險胃納，分配各事業單位所能接受的風險限額，同時也必須協助各事業單位風險管理的推行。

　　風險管理的主要目的不在於辨認風險，與找出企業可能遇到的風險有哪些，前述僅是風險管理的過程；風險管理的目的，應是在透過各種風險控制活動後，尋思如何處理與改善管控活動後仍存在的剩餘風險。

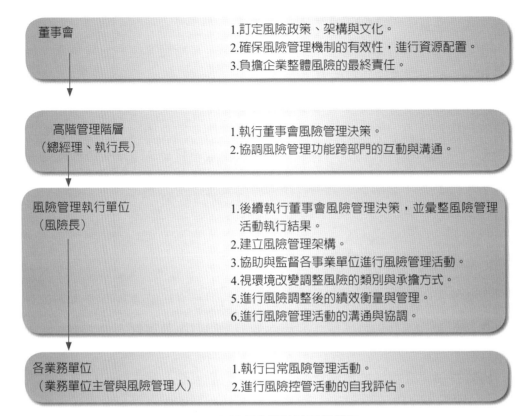

董事會	1.訂定風險政策、架構與文化。 2.確保風險管理機制的有效性,進行資源配置。 3.負擔企業整體風險的最終責任。
高階管理階層 (總經理、執行長)	1.執行董事會風險管理決策。 2.協調風險管理功能跨部門的互動與溝通。
風險管理執行單位 (風險長)	1.後續執行董事會風險管理決策,並彙整風險管理 活動執行結果。 2.建立風險管理架構。 3.協助與監督各事業單位進行風險管理活動。 4.視環境改變調整風險的類別與承擔方式。 5.進行風險調整後的績效衡量與管理。 6.進行風險管理活動的溝通與協調。
各業務單位 (業務單位主管與風險管理人)	1.執行日常風險管理活動。 2.進行風險控管活動的自我評估。

圖6-2 風險長與風險管理組織圖

資料來源:莊蕎安編輯,風險長——企業風險管理的舵手,《會計研究月刊》,239期,2005年10月1日,p. 32。

四、風險長——執行成果的監督者

對於風險管理的實行成果,可以透過自我評估制度的方式來衡量。組織中的每一成員必須自行評量其負責的業務,其風險程度為何?風險管控的活動是否發揮功能?透過風險的管控,剩餘的風險程度為何?風險長除了須彙整各事業單位風險管控的結果,判斷是否達到風險管理的目標,並分析導致與目標間差距之原因,最後呈報董事會作為決策參考。

風險長還須進行風險調整後的績效衡量與管理(Risk Adjusted Performance Measurement/Management, RAPM)。風險管理的積極功能,就是在風險最高的容忍程度內,追求企業最大的獲利可能,透過 RAPM 的方式,將績效的評估放進風險的考量,使企業的資源可以更有效率的分配。

五、風險長──風險資訊的揭露者

在財務報表的表達中，風險長必須協助風險資訊的揭露。國外企業的財務報表附註中，風險資訊的揭露是非常詳細的，長達數十頁；而國內企業對風險資訊的揭露，卻是常常付之闕如。完整的風險資訊可以使財務報表的閱讀者更清楚企業可能存在的風險，便於預估企業未來的價值；況且風險並不等於損失，一項重大投資固然存在許多風險，但也可帶來可觀的獲利。

目前國內一般企業，如製造業，其風險管理部門的任務範圍，多僅限於環境安全、環境保護、生產流程設計等，到近年來的產品品質、資訊安全等；抑或是較偏向內部稽核的功能；以企業整體風險為任務範疇，而有設置風險長之企業，目前國內只在金控公司或保險業。

企業在到處充滿風險的經營活動中，必須透過風險的預防與控管，減少任何可能侵蝕利潤的危機所帶來的影響。以金融業為例，其本身就是追逐風險的行業，高報酬往往伴隨著高風險，銀行總不能為了絕對安全，將所有的錢全部投資政府債券或存入定存。金融機構必須將風險管理盡力發揮到極致，風險管理愈好者，獲利的可能就愈大。因此，風險管理可說是協助企業價值最大化的基礎。

因此，微利時代的當下，隨著商業環境的變化莫測、法令規定日趨嚴謹，身為企業掌控風險的舵手──風險長將面臨更多挑戰，其職能發揮也將日益受到重視，以期能透過持續不斷地偵測與預防可能的風險，建立周全的風險管理機制，並將風險管理與企業的策略、營運、財務規劃結合，持續保持組織對風險的應變能力，積極協助企業創造短期績效並維持長期競爭優勢。

第 四 節　風險管理計畫之組織

欲把能適用於所有情況的風險管理計畫予以組織起來，並無一「放諸四海而皆準」的方法。當然，若有現成且能適用的方法，則風險管理人自會予以採用，然可惜的是，大部分的情況是，現成的方法只能適用一部分，而其餘的部分則須靠其自己去發展。因此，在其發展前，應對組織的營運作業、目前的活動及

業務，以及現有風險管理人員的能力須有透澈的瞭解，這樣他才能採取行動把風險管理計畫的組織方法予以因事、因時、因人、因物而制宜。

一、風險管理部門的內部組織

在小組織裡，其風險管理部門通常只有一個人（即是一人部門），而當組織日漸成長且所需管理的損失風險日益增多時，則該部門就需要增加人手。而至於人手增加的順序與速度，則須視組織業務的性質與其領導階層對「擴編」所持的態度而定，為此，有些組織喜歡以精簡的總部人員，來為各分權部門服務；而有些組織偏愛較龐大的人手，並予以集中起來執行各部門的工作。然擴增人手，應以實際的情況來判斷有無必要，而非以建立「理想」的組織結構予以判斷。

(一)小部門

當風險管理部門脫離一人部門時，其通常從設置安全暨損失預防主管及理賠事務主管來開始增加人手（圖6-3），然應注意的是，人手的增加是要給該部門帶來新的專業人才，而不是「新人只會做或接替做舊人的工作」。

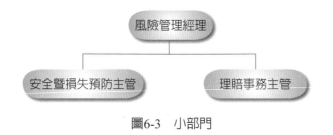

圖6-3　小部門

(二)中型部門

當風險管理部門再往前成長或當其重要性日益受到重視時，則此時就應考慮再增添人手。然一般來說，此時將需要較多的保險人才、安全暨損失預防人才，以及理賠人才，是故，在增加這些人手後，整個風險管理部門的組織結構會像圖6-4所顯示的。

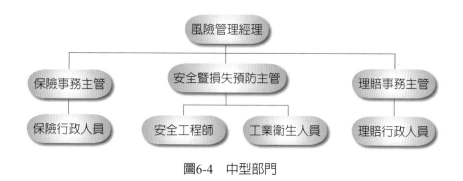

圖6-4 中型部門

(三)大型部門

負責大部門的風險管理人較少去做風險管理的技術面工作，蓋其此時的工作重點乃在於規劃活動、指揮手下、預算收入與費用，以及與其他部門的主管溝通等管理工作，而此時為協助其管理工作的順利推行，必須在其下面設置一個風險管理分析員，且此一人員係直接向其報告。

又此時，必須要更多的人手來做安全暨損失預防、保健衛生及理賠等行政工作，因此，整個風險管理部門的組織結構會像圖 6-5 所顯示的。

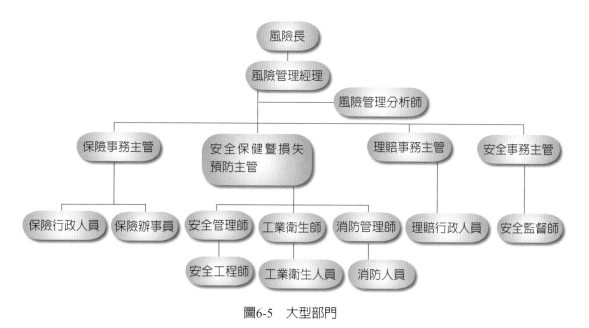

圖6-5 大型部門

㈣另一種可行的部門結構

風險管理部門沒有包含安全、保健及監督等職掌時，則其通常係按照風險或保險的類別來予以組織，像圖 6-6 就是最佳的例子。

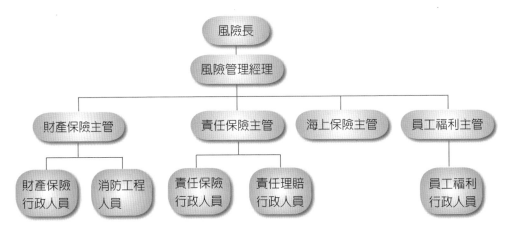

圖6-6 沒有安全、保健及監督單位而加進員工福利單位時的部門

二、與其他部門合作

㈠一般性的合作

風險管理計畫如欲順利推行，則需要全體員工予以配合，並處理其活動中所產生的損失風險，因這些風險不僅會危及其自身的工作而且也會波及別人。由於許多風險管理部門並無預算可用來做實體的風險改良，或採購風險管理所需的防護設備，因此，風險管理人需要有特殊的才能，向組織的其他人員推銷其建議，以便獲得他們的自願合作與預算的支援。

然需要合作與支援的例子實在不勝枚舉，例如，產險公司通常需要被保險標的有關的資料，則此時其風險管理人，唯有借助各部門的合作與協助才能取得這些資料。又如，若風險管理人確定複製乃是合適的風險控制措施，則財產或活動須被複製的部門，必須願意合作才能使此措施得以順利實行。是故，為了取得合作，風險管理人應盡力與其他經理人及主管做直接的接觸與溝通；因若無他們的積極支持，則任何風險管理的建議將沒有付諸實施的機會。

㈡與特殊部門的合作

上述之取得合作的一般性原則乃在暗示，風險管理人在與特殊的部門溝通時，必須採取特殊的行動，才能獲得最有效果的合作與支持。而這些行動的真正目的，則在於使每個部門成為風險管理人的資源，並且使風險管理部門，在其他部門有意外事故損失之虞的情況下，依然能協助它們達成彼等的目標。

詳言之，此種合作應著重於：(1) 管理各部門的獨特損失風險，期使損失不會阻礙或干擾其目標的達成；(2) 從各部門汲取資訊與其他資源，期使風險管理人更能處理整個組織的風險。以下茲說明一般組織各部門的特殊風險或獨特風險，以及這些部門所能協助推動風險管理計畫的方法。

1.會計部門

會計紀錄除了可用來處理來自於會計作業的損失風險外，尚載有關係著組織生存的資訊。此外，其也能提供有用的資料以評估財產與淨利損失的潛在嚴重性。當然，為保護這些資料，必須複製一份儲存在另一個隔離的地方。又會計部門另一個不容忽視的風險，就是盜用公款或其他有價值的財產，而其預防與控制之道，則在於確實做好實物與會計的控制工作，關於此點應由風險管理人員與會計人員共同研擬控制的方法與策略。

會計紀錄是以歷史成本為基礎，因此在估計損失的現值時必須予以調整，但以這些紀錄為依據的眾多基本資料，卻是確立風險管理價值所不可或缺的資料。例如，不動產及動產的評價紀錄，乃是風險自留計畫中之財產價值的決定基礎。又如，若營運因故中斷而須估計中斷的損失，則財務紀錄能提供必要的數據。

此外，會計紀錄也能提供決定保費所需的數據——如員工的薪酬、產品責任險暨營業中斷險之保費，以及額外費用險的保費等。

當有損失發生時，則收付金錢融通損失的復原，自會透過會計功能予以完成，因此，大多數的風險管理部門，都是直接與會計人員共同處理財產、責任及員工福利的理賠問題。又凡依靠「準備金」來融通損失的企業，其會計部門通常會建立並保存這些準備金。

2.資訊部門

現代的企業營運愈來愈依賴高價值的電腦與龐大的資料庫，以及複雜的管

理資訊系統，因此經理人不論是執行業務或作決策，都須仰賴能快速處理大量資訊的可靠工具。是故，資訊部門能增強及協助風險管理人解決問題的能力。

資訊部門的損失風險是個重要的問題，因不論硬體或軟體其價值不但昂貴，一旦有所損失就很難重建，就算能重建則必花費很多的時間與金錢。因此，電腦中心的受損，不可避免地會造成重大的財產損失與淨利的遽減，同時還會引發對第三人的責任問題（假如硬體或軟體是向別人租用或者是與他人共用）。這些潛在的損失風險，正是風險管理人與資訊人員必須共謀使之極小化，甚或消除的風險。像這種合作當然是借助資訊人員對軟硬體的專業知識（如「當機」或「易於受潮短路」等），而風險管理人對上述損失風險所引發之問題應予進行瞭解。

電腦也能協助風險管理人處理非資訊部門的損失風險，其之所以有此能力，乃因其能迅速編纂及分析組織之營運及損失風險的資料，且能模擬各種損失的影響並作趨勢延伸預測，同時也能把各風險控制暨風險理財策略的成本與效益加以比較，並蒐集能展示整個風險管理計畫之成果。是故，電腦成為現代的管理工具，它不但能使風險管理人跟上時代，而且還能使其更有效地執行其職責，同時更能增強風險管理人的能力。

3.人事部門

人事紀錄乃是風險管理人在處理重要人員的損失風險時，所不可或缺的資料。申言之，在辨認「身懷絕技」且「失而不可復得」的重要員工時，則人事部門所建立並保存的職位說明書，就是最好的辨認工具。然更重要的是，人事部門應能從人事檔案及職位說明書辨認可能的人事更替，並挑出適當的人選且預先施以訓練，以便萬一重要的人員殘障或離職時，可以作為臨時或永久的替補人選，這正是風險控制的措施之一。

員工及其家人也會因負擔家計者的死亡、殘障或失業，而面臨重大的損失風險，故大多數的雇主有鑑於此均會提供員工福利計畫，而此種計畫通常係由人事部門策劃執行，風險管理人則只從旁協助其策劃與執行。

此外，人事部門也會有自己的風險問題，如檔案紀錄受損、機密資料或文件被竄改或偷竊；又不當的使用人事資料可能會使公司招致「侵犯員工隱私」的官司。面對這些風險，風險管理人與人事部門人員應共同研商解決或防範之策。

4.生產部門

生產部門是整個組織中最常且最易出事的地方，這句話雖有點誇大，但卻凸顯了生產部門的損失風險就比其他部門多的事實。例如，生產工人會有遭受職業傷害之虞，生產作業可能會因部分生產措施的受損而有作業中斷之虞，整批產品可能會有因品管人員或生產人員之疏忽而有「整個泡湯」之虞，甚至會使公司捲入「產品責任」的官司。因此，風險管理人應與生產人員密切合作，來辨認會造成上述這些損失的風險因素，並設法予以抑減或消除，同時並透過成本會計、產品定價暨風險管理成本分攤，適當地承擔這些損失的成本與原因。

5.行銷／銷售部門

行銷部門的主要風險問題就是產品責任問題，亦即，誇大產品或勞務的用途與利益（或產品與勞務的效用與事實不符合，即被推銷人「言過其實」），都可能會使公司捲入「產品責任」的官司。因此，銷售程序與產品文案（如使用說明書等），應由行銷人員及法務人員共同予以檢討與修訂。

行銷活動能提供有關產品風險的資料，並暗示處理這些風險的方法。例如，消費者的抱怨，儘管不見得會導致法律訴訟與理賠，但其卻說明了有應予調查及糾正之必要的風險存在。事實上，勤於提供安全之產品與勞務的有力紀錄，乃是「產品責任」訴訟辯護時最具說服力的證據。為此，當產品或勞務的使用者，因使用產品或勞務而受傷害時，則風險管理人與法務人員就應共同指導行銷（銷售）人員（包括獨立的經銷人員）如何為自己及公司辯護。

三、風險管理部門的資訊流程

溝通，包括所有資訊的「進出」風險管理部門，乃是部門間合作推動風險管理計畫所不可或缺的要素。此種溝通不僅應達於組織的每個角落，而且從圖6-7 也可看出，此種溝通不論是「進出」風險管理部門或是「進出」整個組織，都會涉及風險管理決策過程之五個步驟中的任何一個。同時，圖 6-7 也讓我們有一個基礎，可依據以下標準而將資訊流程予以分類。

	組織內部	組織外部
流進風險管理部門	I	III
來自風險管理部門	II	IV

步驟： 1.認知與分析損失風險
2.檢視各風險管理策略
3.挑選最佳的策略
4.執行所選定的策略
5.監視執行的成果
　　・其範圍是否只及於整個組織或還及於組織的外部。
　　・其方向是流進風險管理部門還是流出風險管理部門。
　　・其最直接推動的是風險管理過程中的哪一個步驟。

圖6-7　風險管理溝通矩陣

　　例如，就認知與分析損失風險來說，型 I 的資訊——即從組織內部流進風險管理部門的資訊——通常係包括各部門對其損失風險所做的定期報告，至於報告的時間與格式則由風險管理部門訂定。型 II 的資訊——即由風險管理部門流進組織之其他部門之資訊——通常係包括新損失風險或已加劇之損失風險的情況報告，再加上提醒注意這些風險的指示或命令。

　　至於型 III 的資訊——即從組織外部流進風險管理部門的資訊——則包括有關學會與政府機構所發表的報告文件，以及從研討會與其他教育活動所蒐集到的資訊，風險管理人則可由這些報告及資訊，汲取一些可用來找尋及評估損失風險的事實或方法。而型 IV 的資訊——即由風險管理部門流到組織外部的風險

資訊——則包括該部門向有關學會或政府機構所呈遞的報告資料，或是該部門人員在專業會議中所發表的報告與資料，以及其在風險管理刊物所發表的有關文章。

除了認知與分析損失風險外，其餘的四個風險管理過程的每一個步驟都會涉及圖 6-7 的四個資訊流程中的一個或數個。例如，就以風險管理過程的最後一個步驟——監視執行的成果——來說，其所涉及的資料流程型態計有型Ⅰ、型Ⅱ、型Ⅲ及型Ⅳ，其中，型Ⅰ係包括各部門的事故與意外報告，以及各部門之事故率及風險管理成本的定期摘要表；型Ⅱ則包括風險管理部門對其他部門應如何報告與分析事故，以及應如何編纂風險管理成本資料等所作的指示；型Ⅲ則包括政府對安全、消防或工業衛生等標準所定的法規；至於型Ⅳ則包括組織向管制機構所呈遞之「已依法行事」的證明書或其他證明文件。

然儘管圖 6-7 的格式很能用來分析及改進風險管理的資訊流程，但溝通所涉及的資訊可能橫跨好幾型，而不是只有一型而已。例如，事故報告（主要的目的是在監視成果）可能也會促使風險管理人去注意新的損失風險，又如，政府的管制可能會要求這些事故報告，也應成為呈遞給管制機構之定期報告的一部分，而若是如此，那此資訊流程就為Ⅳ型。然應注意的是，有一個重要的風險管理文件，那就是風險管理年度報告書，此一報告書通常載有推動五個風險管理步驟所需要的資訊，由於此一報告書是如此重要，因此，有愈來愈多的風險管理部門均主動編製此一報告書，或是應其上司的要求而編製此一報告書。不過，大多數的風險管理人均認為，有必要編製一種能詳載目前之風險管理計畫，以及提出其修改之道的風險管理年度報告書。

第 五 節　風險管理資訊系統

風險管理最主要的功能是在作決策，而資訊是作決策時重要的依據，風險管理人最關心的是精確和及時之風險管理數據。風險管理資訊系統（Risk Management Information System，簡稱 RMIS）是一個存在資料庫中的數據資料。風險管理人可利用這些資訊與資料來分析與認知損失風險，並可預測未來的損失情況，以便選擇最佳的風險管理策略。

　　RMIS的功用很多，對分析與認知財產損失而言，企業資料庫中的財產數量，以及這些財產的性質（建築等級、年限、折舊）明細表、財產保險明細表、損失和索賠紀錄表，對風險管理人在作財產風險管理決策時是很重要的資訊。

　　風險管理部門怎樣彰顯其在企業內的重要性？風險管理部門是成本中心，而非利潤中心，因此風險管理部門遠比其他部門更加難以表現其存在的價值。風險管理部門推算出風險數據必須轉化為有意義的資訊，建置為風險管理資訊系統，提供給相關部門使用，才能彰顯出在企業內存在的功能。

　　風險管理資訊系統的架構，通常包括四種功能：

一、風險管理資料庫

　　風險管理資訊系統必須具有一完善的資料庫，包含企業內、外部與風險有關的可供分析的量化數據，可有效反映企業的實際運作，隨時提供管理者督導整體風險的功能。

二、風險分析工具

　　風險分析工具能將大量的抽象數據，轉化為較簡單且容易應用的資訊，加深使用者對風險的瞭解。

三、風險決策支援系統

　　將專家的知識和經驗融合在決策的過程中，使管理者在企業風險的運作中，能作出最優質化的決策。

四、訊息溝通與傳遞

　　風險管理資訊系統所產生的資訊，要能有效地傳遞給有需要的部門，並且迅速處理來自其他部門的回饋，以達到雙向的有效溝通。

第 六 節　風險管理計畫之管制

　　風險管理計畫之管制其所著重的是：設立績效標準、比較實際績效與標準，以及採取糾正行動。

一、設立績效標準

　　任何活動的管理都有兩種管制標準，一為成果標準（如100萬元的銷售額），一為活動標準（如每天做五趟有意義的推銷訪問）。其中，成果標準所著重的是成就，而不管其努力為何；而活動標準所著重的則是所投入的努力，即為產出所欲之成果而須投入的努力。一般說來，風險管理人及其幕僚均應會使用這兩種標準。

㈠成果標準

　　風險管理的成果一般可以金額、百分比、比率或損失與理賠的次數予以衡量，這些衡量工具均可以絕對的數字表示，或以占銷貨的百分比、占薪資（總額）的百分比等予以表示，或以其他的衡量尺度予以表示。例如，若組織的風險成本目前為銷貨的 0.65%，則此一成本的明年標準可定為占銷貨的 0.64%。

㈡活動標準

　　有不少風險管理部門的績效係以其活動予以衡量，即以其為達成所定之目標而所投入的努力予以衡量。例如，組織的領導階層可能會要求一些風險管理人員，每年至少應親自檢查所有的設施一次；而有些組織則可能會要求至少應親自檢查三次，並於每次檢查後應與所有有關的人員開安全檢討會。

二、比較實際績效與標準

　　不論是成果標準或活動標準，均應以可衡量的尺度予以表示，這樣實際的績效，才能與標準作有意義的比較。而這種比較會產生以下的任何一種結果：(1)實際績效符合所定的標準；(2)實際績效低於所定的標準；(3)實際績效超過所定

的標準。然更重要的是，比較的結果都可能會導致要求改變績效或改變標準。不論做任何的改變，都應由高階主管、風險管理人，以及績效被評估者共同決定。

若績效符合所定的標準，則我們自然會認為績效與標準均很妥當而無須改變的必要，然儘管一般情況常是如此，但精明的風險管理人卻可能會覺得，一個不能「激出」最佳績效的標準，並不能促使組織再進步。

若實際績效低於所定的標準，則此時就須採取糾正行動。糾正的行動有兩種，第一為落後的績效必須予以提升到既定的標準，第二為若未達標準顯然是要求過高所致，則應降低標準或定出較切合實際的標準。事實上，降低標準會激勵員工更努力去達成這個新標準。

若實際績效遠超過所定的標準，則這表示標準定得太低或太鬆。但也有可能是標準的確很妥當，只不過該績效是個例外的績效，結果就造成了績效遠超過標準的局面，因此，若欲這種超績效能繼續下去，則就必須給予額外的獎賞。不過，只重視員工的績效面而忽略其工作面，終究是不完整的控制管理。

三、採取糾正行動

採取糾正行動的目的乃是要改進未來的績效，而不是在批評或挖苦那些過去績效不好的人。然採取適當的糾正行動已儼然成為一種藝術，因其必須能切合實際的情況，否則，會被視為是在「找麻煩」、「挑毛病」。此時需要考慮的因素有：未被達成之標準的種類與其重要性、績效不佳人員的職責與個性，以及達到可接受之標準的可用方法。例如，若產品的責任損失驟然增加，且此一增加可追溯至某一個產品、某一個產品線，或某一個有瑕疵的製程，則此時糾正的行動，就應列出有關的產品設計與製造人員，並徵得他們的合作才能進行。又如，若績效不佳是出自於積壓過多的訂單，且這些訂單拖得愈久就愈沒有利潤，則此時可採取以下兩種的糾正行動：一為增加人手處理；一為予以轉包出去。

若日益嚴重的竊盜損失可追溯至幾個所屬的零售店，則此時的糾正行動如下：由風險管理人與這些零售商店的經理及有關人員，共同設法減低店裡的現款，如申請加入聯合簽帳卡商店組織，或貨款一到手便馬上轉存銀行等，這樣

就可使這些零售店不致成為犯罪的目標。

第七節 風險管理政策說明書與風險管理年度報告

　　當企業知覺所面臨之風險與不確定性愈來愈大，決定加強風險管理時，企業風險管理政策之釐訂愈顯重要，企業風險管理之績效與高階主管之管理政策息息相關，所以風險管理政策之釐訂，需與公司經營者之經營哲學、目標與政策相配合。

一、風險管理政策說明書之意義

　　當企業的高階主管與風險管理人共同探討內部條件、外部環境、產業結構和保險市場，從而決定其風險管理政策之後，下一步便應該將風險管理政策連同風險管理人員的職責明確地寫下來，成為一份「風險管理政策說明書」（Risk Management Policy Statement）。「風險管理政策說明書」，主要在規範風險管理人員之授權與職責的書面文件，以便將來執行任務時有所遵循。其主要係依據經營者的經營哲學與目標，來規範風險管理人員的授權範圍，以設定整個風險管理績效、衡量與控制之標準。在年度結束後，風險管理部門應該就過去一年的執行狀況向上級報告，提出一份「風險管理年度報告」。

二、風險管理政策說明書之優點

　　成長是現代企業管理最明顯的激勵因素，然而企業所面臨的風險和各項不確定性（Risk & Uncertainty），卻是阻撓成長的主要障礙；換言之，愈是期望大幅成長者，其所面臨之風險與不確定性就愈大。因此，風險管理的功能與高階主管之管理政策息息相關，所以風險管理政策之釐訂，須與公司經營者之經營哲學、目標與政策相配合。茲分別說明設定風險管理政策說明書之優點如下：

　　㈠可改善高階主管對風險管理功能的瞭解與支持。

㈡可強化風險管理部門與其他機能部門間協調或洽談業務時之地位。

㈢可明確劃定風險管理人員之職掌與權限，以避免推卸責任。

㈣高階主管無需時時監督風險管理部門之工作，可節省高階主管之時間與精力去從事例外管理之工作。

㈤可強迫風險管理部門與企業體其他部門作密切的配合，共同努力防止風險的發生。

㈥可使風險管理計畫及方案的執行，不致因風險管理人員的變遷而前後失調。

三、風險管理政策說明書之功能

風險管理政策說明書，也是風險管理人員的永久指導說明書，並且有了風險管理政策說明書，能使新進人員很快瞭解公司之情況。對風險管理人員而言，風險管理政策說明書之功能如次：

㈠提供評估風險控制與風險理財職責的架構。

㈡凸顯風險管理功能的重要性。

㈢闡明風險管理部門在組織中的地位。

四、風險管理政策說明書之基本內容

風險管理政策說明書之釐訂，其內容可繁可簡，有些只列明大綱，有些則規定得十分詳盡，然各有其利弊。

由於每個組織的情況並不相同，因此，風險管理政策說明書之內容，應予個別調整以配合其實際情況與需要。

五、風險管理政策說明書的撰寫原則

風險管理政策說明書一開始，就必須先概述該組織的風險管理概況及其重要性。此種概述應包括說明風險管理部門在組織的地位、其報告的關係或層次，以及其與其他部門溝通時的權力與義務之範圍。至於風險管理部門的內部結構則可不予概述。接著，應說明其管理階層使用風險控制與風險理財策略的目標。

再接著，說明各風險管理策略使用的決策準則，亦即，說明在什麼情況或標準下將使用什麼樣的風險管理策略，而至於應說明到什麼程度則須視該組織的習慣而定。

六、風險管理年度報告之意義

企業的風險管理部門，根據風險管理的政策目標，從事各項風險管理活動，到了年度結束時，應該將過去一年所作的成果，向企業高階主管報告。風險管理年度報告的撰寫，除了說明事實之外，還可幫助風險管理人檢討過去，策劃未來。高階主管亦可根據此一年度報告，考核風險管理人的工作績效。

七、風險管理年度報告之基本內容

風險管理年度報告的結構和內容，視企業的性質和經營目標而有所不同。報告中先說明企業年度的風險控制和風險理財的策略，其次報導過去一年發生損失之紀錄，和損失的處理情形。鑑於最近的勞工工會興起與社會大眾對環保的重視，以及全球暖化所引起之關注，風險管理部門特別將工會的活動和重大環保事件及全球暖化之危機，列為危機處理的項目，並在報告中說明。最後，報告中也分析過去一年該公司花在各種風險管理活動上的費用，並且檢討過去，策劃未來。

自我評量

一、試說明風險管理計畫中損失善後目標（Objective in the Event of Loss）的主要內容？

二、試說明風險管理計畫中損失預防目標（Objective Even if No Losses Occur）的主要內容？

三、試說明風險管理人的基本責任及提報層次？

四、試說明企業風險長之職責及所應扮演的角色？

五、試說明風險管理部門內部組織的類型？

六、試說明風險管理資訊系統的架構之功能？

七、試說明風險管理計畫之管制,應設何種績效評估標準?

八、試說明風險管理政策說明書之意義與優點?

九、試說明風險管理政策說明書之功能及應有之基本內容?

十、試說明風險管理政策說明書的撰寫原則?

第七章

人身損失風險
之評估

學習目標

本章讀完後，您應能夠：

1. 熟悉個人風險態度的分類。

2. 掌握個人理性思考的侷限性。

3. 瞭解影響個人風險承受能力的因素。

4. 發現個人風險承受能力的一般評估。

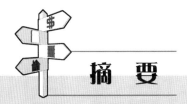

摘 要

　　人身損失風險具有不確定性，人身損失風險之不確定性之評估，不論家庭（個人）或企業，端賴個人的知識、能力、經驗、偏好因素，而個人的知識、能力、經驗、偏好又與個人風險態度和風險承受能力密切相關。因此，在評估和處理個人風險、保險規劃之前，風險管理師或理財專業人員必須明確瞭解個人的風險態度和風險承受能力。

　　由於風險不確定性的存在，人們對人類自身經濟行為的理性程度存在很多不同的觀點。有些人認為，人們的經濟行為是完全理性的，有些人則否認這一觀點，認為人類經濟行為並非完全理性的，而是有限理性的。在財務決策中，人們的選擇不但取決於自身的知識和理性的思考，還取決於價值取向和情感，這些都是風險管理師或專業理財人員在為客戶服務時不能忽略的因素。

　　心理學家對個人如何認知和處理有關不確定事件的資訊進行了深入的研究。多數研究顯示，個人在一定程度上表現了非理性的判斷或行為；這些判斷失誤或非理性行為，均源於個人處理資訊的能力有限以及情感方面的干擾。

　　適當地評估客戶的風險承擔能力，不僅有助於改善客戶關係，還能降低因實際利益低於預期水準而被客戶控訴的可能性。但是，僅僅知道準確評估客戶風險承受能力的重要性還是不夠，關鍵還在於如科學、合理地評估。

　　風險承受能力分析評估是一項複雜而艱鉅的任務。它涉及到經濟學、心理學、金融保險學和管理學等多種學科領域，而每一項領域都有不同的特色，應從不同的角度分析個人風險態度與風險承受能力。

　　本章闡述了風險承受能力的各種影響因素及其影響方式，這將有助於風險管理師或專業理財人員評估客戶風險承受能力，從而能夠運用各種資訊更有效地作好人身風險管理與保險規劃。

　　人身損失風險具有不確定性，人身損失風險不確定性的評估不論是家庭（個人）或企業，端賴個人的知識、能力、經驗、偏好因素而定，而個人的知識、能力、偏好又與個人的風險態度和風險承受能力密切相關，因此，要做好人身風險管理與保險規劃，必須評估個人風險態度和風險承受能力。個人風險態度與承受能力分析、評估，是一項複雜而艱鉅的任務。它涉及到數學、經濟學、心理學、金融保險學和管理學等多種學科領域，而每一項領域都有不同的特色，應從不同的角度評估與分析個人風險態度與風險承受能力。

第 一 節 個人風險態度的種類

　　根據對風險的偏好或厭惡程度，我們可以將所有人區分成風險厭惡型、風險中庸型和風險偏好型三大類。我們可以借助效用理論（Utility Theory），用圖示來區分這三類型的人。

▶ 效用理論常被用來解釋個人在風險情況下的決策行為。

▶ 以縱軸表效用，橫軸表個人財富。凹型效用曲線表示個人有風險厭惡傾向，直線的效用線表個人是風險中庸者，凸型效用曲線表示個人偏好冒險。

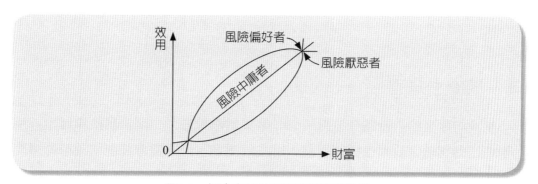

圖7-1　個人在風險情況下的決策行為

　　效用是指人們從商品中獲得的滿足程度，效用函數描述了不同財富水準與滿足程度之間的關係，通常表現為財富的增函數（用數學語言表達就是一階導

數大於零），則財富愈多，個人所獲得的效用就愈大，反之則愈小，這一假設對所有人都是合理的。但對於個人風險偏好不同程度的人在於財富的邊際效用，可能會產生不同的效用結果，即個人財富每增加一個經濟單位所能獲得的新增效用，在數學上可以用二階導數來表示。

表7-1　不同風險偏好型態的效用滿足分析表

類型	一階導數	二階導數
風險厭惡型		小於零，邊際效用遞減
風險中庸型	大於零，財富愈多，效用愈大	等於零，邊際效用不變
風險偏好型		大於零，邊際效用遞增

一、風險偏好型

　　風險偏好型的人通常比較冒險，喜歡或願意承擔風險。風險偏好型的人二階導數大於零，即隨著個人財富的增加，因財富增加所獲得的邊際效用逐漸上升。

二、風險厭惡型

　　風險厭惡型的人通常比較保守，不願意承擔風險。風險厭惡型效用函數的二階導數小於零，即隨著個人財富的增加，因財富增加所能獲得的邊際效用逐漸下降。

三、風險中庸型

　　風險中庸型的人特點介於風險偏好型與風險厭惡型中間。風險中庸型效用函數的二階導數等於零，即隨著個人財富的增加，因財富增加所能獲得的邊際效用保持不變。

　　上述財富與效用函數關係，可以用圖 7-2 來說明。

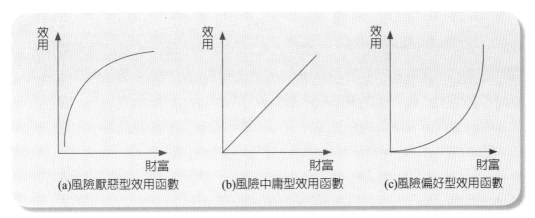

圖7-2　風險態度與效用函數曲線

　　依據有關調查研究結果，多數人屬於風險厭惡型。例如，在美國人壽保險行銷和研究協會（Life Insurance Marketing and Research Association, LIMRA）所做的一項研究中，有一個關於「被調查者是否願意為了高收益而承擔風險」的問卷，要求用 1～10 這十個數字來回答，其中 1 表示不願意， 10 表示非常願意。結果是，45% 的人回答 1、2 或 3，只有 11% 的人回答是 8、9 或 10，剩下 44% 的人回答在 4～7 之間。這與許多其他調查研究結果是吻合的，安全性確實是人類最基本的需要。基於這一認知，我們不難理解，消費者為什麼對企業所做的產品保退、保換、保修等承諾，具有這麼大的興趣。

　　人們對待風險的態度中，最核心的部分是不願意承擔損失。如前所述，大多數人是風險厭惡型，但更確切地說，他們是損失厭惡者。研究表示，人們在確定與不確定的收益之間進行選擇時，通常選擇金額確定但相對較小的收益。而在金額確定但相對較小的損失與金額較大但可能發生與可能不發生的損失之間進行選擇時，大多數人的表現為願意承擔風險，即願意承擔較大的損失風險而不是較小的、確定的損失風險。我們可以用 2002 年諾貝爾經濟學獎得主、著名心理學家克赫曼（Kahneman）的心理試驗加以說明。

　　試驗包括兩個問題，每一個問題均有兩個選項。

問題一：

　　A. 確定的 3,000 美元收入

　　B. 80% 的可能獲得 5,000 美元，20% 的可能獲得 0 美元

　　大部分人會選擇 A，也就是在一個金額確定但相對較小的收益和一個相對較大但沒有保證的收益之間，大多數人會選擇前者。選項 A 被認為是風險厭惡型的選擇，而選項 B 被認為是風險偏好型的選擇。個人職業選擇就是一個很好的現實例子，一般人通常偏向收入相對較低但預期比較穩定的單位，如國營企業、政府部門、有發展的高科技企業等；對收入較高但發展前景不太明朗的企業、風險投資公司等通常會慎重考慮，甚至不予以考慮。

問題二：

　　C. 確定的 3,000 美元損失

　　D. 80% 的可能損失 4,000 美元，20% 的可能無損失

　　上述兩個問題涉及相同的金額和機率，唯一的區別是，問題一涉及收入，問題二涉及損失。但在問題二中，C 是確定的、風險厭惡型的選項，D 則是不確定的、風險偏好型的選項。在面臨損失的可能性時，大多數人改變了他們的偏好而選擇 D。兩害相權取其輕，當所有備選答案都有害時，多數人會偏好只有 20% 可能不發生損失的選項，而不願選擇 80% 可能發生較大損失的選項，表現為風險偏好型。在這方面，投保決策就是個很好的現實例子，很多人在確定的保費損失（投保）和可能發生的意外損失（不投保）之間，往往對可能不會發生意外的損失存有僥倖的心理，而不主張購買保險。

　　事實上，選項 A 和 D 的偏好都說明了不願意承擔損失的心理現象，即損失的不確定性使一個人在面對問題一的表現為風險厭惡型，面對問題二的表現為風險偏好型。在這兩種情況下，人們都不願意放棄已有的或肯定會有的金錢或財富，而且多數人面臨損失選項時的風險承受能力，往往會高於面臨收益時的選項。

　　在日常生活中不難發現，風險厭惡型和風險偏好型在許多方面存有明顯的差異，如表 7-2 所示。

表7-2 風險厭惡型與風險偏好型的差異分析表

風險厭惡型	風險偏好型
視風險為危險	視風險為機會或轉機
高估風險	低估風險
喜歡低波動性	喜歡高波動性
假設最差的情境	假設最好的情境
強調損失的可能性	強調收益的可能性
悲觀主義者	樂觀主義者
喜歡清晰	喜歡模糊
不喜歡變化	喜歡變化
偏好確定性	偏好不確定性

第 二 節 個人理性思考的限制性

由於風險不確定性的存在,人們對人類自身經濟行為的理性程度存在很多不同的觀點。有些人認為,人們的經濟行為是完全理性的,有些人則否認這一觀點,認為人類經濟行為並非完全理性的,而是有限理性的。在風險管理決策中,人們的選擇不但取決於自身的知識和理性的思考,還取決於價值取向和情感,這些都是風險管理師或專業理財人員在為客戶服務時,不能忽略的因素。

心理學家對個人如何認知和處理有關不確定事件的資訊,進行了深入的研究。多數研究顯示,個人在一定程度上表現了非理性的判斷或行為,這些判斷失誤或非理性行為,源於個人處理資訊能力的有限性以及情感方面的干擾性,具體表現為以下幾個方面:

一、過度自信和過度樂觀的直覺判斷

在實際中,大多數人(包括專業人員和門外漢)對自己所做的判斷盲目自信。某項研究讓人們做一個選擇,然後自己估計該選擇正確的概率。結果表示,如果人們相信,自己有80%的正確機率,實際正確的機率只有70%。當一個人完全確信某一事物時,尤其容易發生這種誤差。另一項研究顯示,當人們認為

某事件一定會發生時，它的發生機率其實只有 80%；而當人們認為某事件一定
不會發生時，它仍然有 20% 的發生機率。這些研究的具體數值或比例未必是精
確的，但人們對直覺判斷過於自信是一個不爭的事實。

　　通常，人們掌握相關資訊愈多，對所作的決策就顯得愈自信，而在決策時
實際使用資訊或線索，往往不像自己聲稱的那樣多。在大多數情況下，次要資
訊或線索的重要性容易被高估。

二、忽視大數法則的代表性

　　由於多數人忽視了大數法則，經常依據沒有代表性的或偏小的樣本進行風
險評估，卻沒有意識到長期規律未必會在短期內表現出來的客觀事實。例如，
人們通常過於看重短期的經濟發展趨勢，使得近期發生的事件對投資等各項決
策產生了不對稱的影響。

　　以下實驗說明，人們在看待小樣本和大樣本的重要性時所犯的錯誤。該試
驗要求人們根據投擲 A、B 兩枚硬幣，來判斷哪一枚硬幣正反兩面出現的機率是
平均的或是有差異的，即每投擲一枚硬幣，正面朝上或朝下的概率應該是相等
的，均為 50%。

硬幣 A：投擲 10 次，8 次正面朝上
硬幣 B：投擲 100 次，70 次正面朝上

　　大多數人認為硬幣 B 正面朝上的平均機率可能性最大，理由是硬幣 B 正面
朝上的機率（70%）更接近於平均分布要求的 50%。事實上，這種邏輯判斷是
有疑問的，因為他們沒有認知到硬幣 A 的投擲次數遠少於硬幣 B 的投擲次數，
而短期結果往往不符合人們對長期結果的預測。

　　同樣地，人們認為完全隨機的事件比較可能發生。若將一枚硬幣連續投擲 6
次，以下哪一種情況更可能發生（「正」表示正面朝上，「反」表示正面朝下）？
情境 1：正正正反反反
情境 2：正反正反正反
　　大多數人認為，情境 2 的順序更可能發生，因為它看起來比較隨機，而情
境 1 的順序看起來比較規則，可能性比較小，這種想法也是錯誤的。實際上，

兩種順序發生的概率是相同的,均為六十四分之一。在現實的投資領域就可能發生或存在這類錯誤認知,某些基金管理人因短期獲利而被投資者看好,實際上他們並沒有過人的技能,只是運氣比較好而已。

三、忽視風險存在的意義

承受高風險可能是因為對風險大小的錯誤評估,也可能僅僅是因為個人喜歡或願意參與某項活動而忽視風險。在實際中,當人們自願參與某項有風險的活動時,往往不能客觀評估風險的實際大小。他們也許知道統計機率應該是多少,但總是不願意相信這些機率會發生在自己身上,從而主觀上否認風險的存在。例如,美國保險資訊研究所的一項研究顯示,在床上吸菸的人,只有 58% 的人認為這是有風險的行為;而不在床上吸菸的人,卻有 92% 的人認為這是有風險的,差異顯著。

通常人們認為,自身熟練的技能可以降低自己所從事活動的風險。例如,很多滑雪運動愛好者不認為滑雪運動是有風險的,而認為只有「不知道自己在做什麼」的人才是有風險的。從事股市和房地產投機活動的人,也往往因過於自信而持有類似的觀點。還有一些人否認風險的存在是因為他們把自己想得過於幸運,即使只有 10% 的可能性,也總認為自己肯定會成為幸運兒。當某個事件的機率未知時,人們總是傾向於高估期望收益的機率,低估不利結果的機率。相信獲利的機率總會出現的人,就像開著一輛價值 1 萬美元的小車,前往世界最著名的賭城拉斯維加斯,確信「幸運女神」能讓他乘坐價值 10 萬美元的車回家一樣。不幸的是,多數人乘坐回家的價值 10 萬美元的車,並不是一輛新的小車,而是一輛公共汽車。

生活中很多人往往不願意購買保險,部分原因就是盲目樂觀。一些保險代理人向具有購買力的客戶介紹死亡率、傷殘率和住院率等經驗數據時,多數人不以為然,認為這種統計機率不會發生在自己身上,或者至少認為自己早逝、住院、傷殘的機率低於平均水準。依據一項研究顯示,首先告訴被調查者,每年每 1,000 人中約有 19 人會遭受持續三個月以上的傷殘,即 19‰。然後讓他們估計自己遭受類似傷殘的機率,結果,被調查者自我估計的平均機率僅為 6%,遠低於 19‰ 的經驗水準。

在實際生活中，人們很容易忽視小機率事件，而且經常錯誤地將小機率事件等同於不可能事件。這種錯誤使得很多人在處理風險時，即使面臨巨災風險且存在定價偏低的保險商品，也不願意投保。例如，如果沒有政府的推動，各國的地震保險是很難銷售的。一旦有地震發生，該種保險的銷售量就會急劇上升，但通常只能持續幾個月。事實上，人們總是過分依賴個人經驗形成自己的主觀意見，基於自己從未遭受過某一事件而推斷其永遠不會發生。

四、不易評估完全消除風險與降低風險的不同反應

考察人們對降低風險與完全消除風險的不同反應，可以發現大多數人不成比例地高估完全消除風險的價值。

在某調查研究中，假設可能的收益金額為 20,000 元，獲得該收益的機率不知道，考慮獲得該收益的三種機率情境如下：

情境 1：從 0 增加到 1%
情境 2：從 41% 增加至 42%
情境 3：從 99% 增加到 100%

三種情境都是增加一個百分點的獲益機率，但被調查者願意支付的額外代價並非相等的，願意為情境 1 和情境 3 支付的代價均高於情境 2。情境 2 從 41% 的機率增加一個百分點，只是可以獲益的量化過程，純粹從數量上降低了不能獲益的可能性或風險，而情境 1 是從「完全不可能獲益」到「有可能獲益」的量化過程，情境 3 是從「不肯定獲益」到「肯定獲益」的量化過程，這種量化的價值被高估了。

這一調查結果對銷售保險商品有一定的啟發。對「完全消除風險」的價值高估在某種程度上，可以解釋為什麼很多人在購買財產與意外保險時，願意購買自負額較低、保費較高的保險單。由於人們偏愛風險的完全消除，而不是風險的降低，可以看到高額保險在行銷時處於較有利的地位。國人習慣將錢存在銀行的一個重要原因，是過分看重本金的安全性，即使徵收利息稅，也不會產生預期的儲蓄流失效果，因為利息稅不會危及本金的安全。

五、對熟知性事務的認知偏差

大多數人懼怕未知或不熟悉的事物，因此，人們對未知風險的恐懼程度遠高於對熟知風險的恐懼程度。一般投資者認為，國外資產的風險高於國內資產的風險，大多數是因為他們對其他國家的資訊知之甚少，一個人對國家、公司、產品情況瞭解愈多，他所感受到的風險就愈小；資深投資者的風險承受能力總是高於剛開始的投資者。因此，風險管理師或專業理財人員幫助客戶熟悉新的投資項目、金融商品、保險商品，有助於降低他們內心的恐懼感。

關於對未知事物恐懼心理的最好例子，莫過於 2003 年上半年爆發的嚴重急性呼吸道症候群（Severe aute respiratory syndrome），簡稱 SARS。SARS 是一種新的傳染病，對人的生命威脅是巨大的、客觀存在的。疫情發生初期，只有發現病例或疑似病例地區的敏感人群開始害怕，戴上口罩，搶購各種聽說有預防功能的藥品、食物，如維他命 C、口罩、大蒜、醋、某些特別的中藥等；隨著疫情的加重和小道消息的擴散，人們對 SARS 的恐懼與日俱增，某些疫情嚴重的區域出現該區人們慌亂局面，當臺北市和平醫院發生全臺第一宗集體感染 SARS 事件後，政府相關部門決定將整間醫院關閉，是臺灣第一家因集體感染而關閉的醫院。當時 SARS 造成全國性的緊張和恐懼，包括根本就沒有發生疫情的地區。人人開始自危，百貨公司、電影院、遊樂區等公共場所門可羅雀，從疫區回國者或有發燒者均被強迫隔離檢查，SARS 迅速在世界各地傳播。

電視、報紙等媒體都採用聳動的、鋪天蓋地的情境，播報 SARS 的傳染性、致命性等特點，尤其是對沒有專門的治療藥物、疫苗的培養至少需要 1～2 年的時間，對人們的恐懼心理起了推波助瀾的作用，使得大多數人有意、無意地高估了 SARS 的風險，反應過度。事實上，在臺灣地區 30 多人死於 SARS 的六個月期間，全球已有不下 10 萬人死於交通事故，由於熟悉程度有別，人們對交通事故的死亡案例早已習以為常，已經不產生恐懼感。

最近幾年，我國部分地區偶而會發現少數幾例 SARS 病例和疑似病例，但沒有對社會相關活動產生實質性的影響。主要原因是，一方面政府已有應對 SARS 的經驗和方法，並制定了各種處理方案；另一方面，人民經歷了 2003 年的嚴重疫情後，已經對 SARS 的危害性有所熟悉，面對已有疫苗及控制方法的病例自然不會太恐懼。

　　人們對自身經歷的事物感覺特別熟悉、印象特別深刻，而這將對相關的風險評估產生影響。在生活中，如果我們所熟知的某人死於某種疾病，我們就很可能會高估該疾病所導致的死亡機率；與更具有代表性和可靠性的統計資料相比，很多人更容易受來自朋友消息的影響。例如，當某人打算購買一輛車時，更願意相信朋友的購車經驗，而不是正式的消費者調查報告。

六、受限於期限長短的不當影響

　　對於大多數風險決策，制定決策和認知決策結果的時間間隔是十分重要的。兩者間隔時間愈長，人們的風險承受能力愈強；換言之，如果某事件即將發生，則人們的風險感受力將會增加。

　　一般人總是在心理上高估短期的風險。全世界這麼多吸菸者不願意戒菸或難以戒菸的主要原因，是罹患癌症的威脅不是近在眼前，而是要等到多年以後，而且未必會發生，從而低估了本來很有威脅的長期風險。這種拒絕承認長期風險的態度，不難從英國著名作家馬克‧吐溫先生身上看到。有人曾經告訴他，如果停止吸菸或喝酒，他至少可以多活五年，而他的回答很簡單，多活五年不值得他戒菸、戒酒。

　　在財務風險方面，人們通常著眼於短期計畫，而缺乏長期的規劃，這可以借用心理學家史坦伯格（R. J. Sternberg）所做的一項研究成果加以佐證。

　　史坦伯格首先讓被試驗者做如下選擇：

假如你中了一張彩券，將採取以下何種方式領取獎金：
A. 第二天領取 100 美元
B. 一周後領取 115 美元

　　多數人選擇了 A，而沒有考慮多等一週可以獲得 15% 的收益。然後，荷恩斯坦又問選擇 A 的被試驗者：假如你又中了一期彩券，你將採何種方式領取獎金：

C. 52 週後領取 100 美元
D. 55 週後領取 115 美元

有趣的是，原來選 A 的人現在大多數選擇 D。如果他們堅持原先的決策標準，就應該選擇 C。在 A 和 B、C 和 D 之間都只相差一週，但眼前的一週之差與一年後的一週之差，對決策者的影響截然不同。

研究顯示， 10～15 年是多數人可以接受的最長期限。諸多調查結果顯示，即使人們已經認知到退休後的收入將不足以維持當前的生活方式，也不願意積極採取措施設法改善這種狀況。這種現象的一個合理解釋是，人們更關注當前的問題和壓力。風險管理師或專業理財人員必須重視這種現象，努力改變客戶對長期投資和規劃的不正確認知，制定更符合客戶真實需求的規劃建議。

七、情緒與風險承受能力對風險感受影響的複雜性

情緒與風險承受能力之間的關係比較複雜。良好的情緒可能導致更多的正面預期，降低可感受的風險，而不良情緒容易使人高估風險。事實上，良好的情緒並沒有在很大的程度上增加風險承受能力，它確實使人更加願意承擔相對較低的風險，而降低了承擔較高風險的意願。也許這是因為人們不願意破壞自己良好的情緒。

一些理論家認為通常周一的股價低於周五，即周末效應，是因為人們在周一和周五的心情是不同的。對大多數人來說，周一是不愉快的日子，因為它是一周工作的開始；而在周五，大多數人則處在愉快的心情中，因為它意味著輕鬆、自在的周末即將到來，不同的情緒反映在股市價格的變化中。該理論還可以解釋一月分股票收益通常較高的現象，即一月效應。這也是因為一月分意味著新的一年的開始，這時候人們總是懷著樂觀心情，使得股票處於較高的價位。

八、承擔決策後果的當事人是影響決策者風險承受能力的重要因素

承擔決策後果的當事人，是影響決策者風險承受能力的重要因素。當決策後果將影響決策者及其所關心者的利益時，決策者的風險厭惡程度較高；當決策後果只影響決策者的自身利益時，其風險厭惡程度較低；當決策後果僅涉及不相關者的利益時，其風險厭惡程度最低。例如，管理者用公司的資金進行投資時所承擔的風險，遠遠高於用自有資金進行投資時所承擔的風險。在股票市

場趨勢的研究，發現了一個簡單的事實：如果用來投資的資金是自己的，那麼投資者在做交易前會要求知道更多的資訊，而且交易頻率也會明顯下降。

九、心理帳戶的使用產生不同的心理價值

很多心理實驗說明了「心理帳戶」（Mental Accounts），如何作用於人們對貨幣收益和損失的估計。人們對節省一定金額的機會存在不同的看法，它取決於人們使用何種心理帳戶來估計這筆錢的心理價值。D·卡尼曼和埃莫斯·特勒斯凱的某項研究問被調查者：「假設你打算去某銷售總店購買一件夾克（125 美元）和一個計算機（15 美元）。到達總店後有人告訴你，在距離 20 分鐘車程的一家分店，計算機只賣 10 美元，你將如何處理？」結果，68% 的被調查者願意花費 20 分鐘車程以節省 5 美元。第二種情形是：「假設你打算去某銷售總店購買一件夾克（125 美元）和一個計算機（15 美元）。到達總店後有人告訴你在距離 20 分鐘車程的一家分店，計算機仍賣 15 美元，而夾克的價格是 120 美元，你將如何處理？」此時，只有 29% 的被調查者願意花費 20 分鐘車程以節省 5 美元。兩種情形節省的均為 5 美元，但願意節省這筆錢的人卻有明顯差別。一種可能的解釋就是人們對夾克和計算機價格使用不同的心理帳戶，而不是在同一空間中加以比較，即人們通常運用主觀標準去衡量物品的價值，在第一種情形下，計算機降價 5 美元，相當於下降了 33%；在第二種情形，夾克降價 5 美元，相當於下降了 4%，從而產生明顯的心理價值差別。

心理帳戶的概念對風險管理師或專業理財人員具有很深的涵義。對一個客戶來說，某資產增值（貶值）所帶來的喜悅（不愉快）的多少，並不能簡單地由所獲得（損失）的數額決定，還包括其他影響因素。例如，該客戶的鄰居或兄弟姐妹是否比他更好或者更差，客戶想要購買的其他保險的費用是多少等。風險管理師或專業理財人員必須考慮心理帳戶對客戶之風險承受能力的影響。

等額的收益或損失在個人主觀或精神上，產生的影響是不相等的，損失往往具有更大的心理價值。例如，某投資項目如同所預期的，獲得了 5,000 元收入，客戶會很愉快；相反，損失 5,000 元將使客戶很不愉快，而且損失 5,000 元的不愉快程度將大於獲益 5,000 元的愉快程度。

誠如上述所言，由於風險不確定性的存在，人們對人類自身經濟行為的理

性程度存在很多的不同觀點和其理性思考的有限性。所以人身損失風險不確定性的評估不論是家庭（個人）或企業，端賴個人的知識、能力、經驗、情感、資訊多寡及偏好等因素而定。因此，要做好人身風險管理與保險規劃，必須評估個人風險態度和風險承受能力。

第 三 節　影響個人風險承受能力的因素

　　許多研究顯示，風險承受能力與個人財富、教育程度、年齡、性別、出生順序、婚姻狀況和就業狀況等因素密切相關。茲說明如下：

一、財富

　　富人是否因為錢多而願意承擔更多的風險呢？在回答該問題之前，我們首先來區分絕對風險承受能力和相對風險承受能力這兩個概念。絕對風險承受能力係以一個人投入到風險資產的財富金額來衡量，而相對風險承受能力係以一個人投入到風險資產的財富比例來衡量。一般而言，絕對風險承受能力隨著財富的增加而增加，因為富人將擁有更多的財富投資到各項資產上，而相對風險承受能力未必隨著財富的增加而增加。另外，財富的獲得方式也是影響人們風險承受能力偏好的一個因素。財產繼承人和財富創造者相比，後者的風險承受能力高於前者，而前者比後者更樂於聽取風險管理師或專業理財人員的建議。

二、教育程度

　　一般而言，風險承受能力隨著正規教育程度的增加而增加。表 7-3 是美國關於教育程度和風險資產占總財富比重的調查結果顯示。學歷和風險承受能力存在明顯的正相關性，但這種正相關性還無法完全解釋清楚，可能由於教育程度和收入、財富的相關性，導致高學歷者具有較高的風險承受能力，而非學歷本身所致，也可能是因為高學歷比較熟悉可供選擇的各種投資管道等。

表7-3　教育程度與風險承受能力的關係

教育程度	風險資產占總財富的比例%
中學以下	2.0
中學畢業	3.4
大專	5.2
本科畢業	7.9
碩士以上	8.0

三、年齡

風險承受能力通常和年齡呈負相關的關係。一般而言，年齡愈大，風險承受能力愈低。某研究的調查對象是共同基金的投資者，問他們是否同意以下的觀點：年齡愈大，愈不願意承擔投資風險（要求有0，1，……，10做出回答，其中0代表「完全不同意」，10代表「完全同意」）。結果發現，總體平均分數是7.6，說明被調查者基本上同意該觀點。將被調查投資者按風險承受能力大小分為低、中、高三類族群（平均年齡分別為42歲、51歲和60歲），分別觀察他們對該觀點所持的態度，結果發現差別很大，低風險承受者最同意該觀點（平均分數為8.6），高風險承受者的同意程度最低（平均分數為6.7），中等風險承受者居中（平均分數為7.5）。

四、性別

對男性和女性心理差別的研究已有很長時間了。在婦女解放運動之前，幾乎所有人都認為在生活各方面，男性的風險承受能力高於女性。近期研究結果卻有所不同，年老的已婚女性確實比丈夫更不願意承擔財務風險，但年輕男性和女性之間對財務風險偏好的差異卻很小或幾乎沒有。

五、出生順序

出生順序對風險承受能力也有一定的影響，長子（女）通常比其弟弟或妹妹更不願意承擔風險。一個合理的解釋是，父母對長子（女）小時候的生活控制較多，並教育他們必須為人可靠和承擔責任。對孩子來說，這意味著儘量不

去承擔不必要的風險。

六、婚姻狀況

　　未婚者的風險承受能力可能高於已婚者，也可能低於已婚者，關鍵在於是否考慮了已婚者雙方的就業情況以及經濟上的依賴程度。如果一個人覺得自己的行為是否造成對方負面的影響，就會更加謹慎行事。在雙薪家庭中，夫妻雙方的風險承受能力將高於未婚者，因雙方都有相當的經濟獨立能力，雙份收入可以增加風險承受能力。

七、就業狀況

　　個人的就業狀況也會影響風險承受能力。風險承受能力的另外一個重要具體呈現，是在對工作的安全性需要上，失業可能性愈大，職業風險愈大。安全保障程度高的職業，即使工資報酬較低，對風險厭惡者也可能很有吸引力。一般而言，公務部門能夠提供較高的安全保障，經驗數據顯示，將公務部門的職員與私人企業部門的職員相比，前者的風險厭惡程度更高。專業人員（如內科醫生、律師、會計師、精算師）在投資決策上的風險偏好高於非專業人員（如店員、工人、農民等）。通常，風險承受能力隨著知識和熟練程度的增加而增加。

　　總而言之，一個人在同一職位做的時間愈長，晉升機會愈小。由於對經濟安全的需要，很多風險厭惡者一直在同一單位的同一職位上工作很久，幾乎沒有任何升遷機會，而風險追求者則經常改換工作，不斷尋找條件更好的、符合個人發展的就業機會。風險厭惡者比較容易被那些提供固定收入的職位和公司所吸引；而風險追求者傾向於選擇可根據個人工作績效提供浮動報酬的公司，願意承擔較大的風險。

第四節　如何評估個人風險承受能力

　　從以上不同角度來討論個人風險承受能力的影響因素，接下來考慮風險承受能力的評估問題，即如何衡量客戶通常的風險承受能力，亦即沒有受到上述

各種因素的不當影響，符合個人一般性格特質的風險承受能力。

一、評估目的

　　風險承受能力是個人風險管理和理財規劃的重要考慮因素，風險管理師或理財專業人員通常必須在相對較短的時間內評估客戶的風險承受能力。以下將介紹一些快速評估個人風險承受能力的方法，這些方法要求風險管理師或理財專業人員能夠迅速瞭解客戶需求的重要資訊，並將其整合為客戶的真正需求與風險承受能力。

　　無論採用何種方法，我們都必須認知到，整個評估過程就是幫助客戶理解如何把握自己的風險承受能力。在現實生活中，一般人通常不太清楚自己的風險承受能力或風險厭惡程度，或者說只有一個模糊的概念，他們需要風險管理師或理財專業人員的解釋和指導。對風險承受能力進行評估不是為了讓風險管理師或理財專業人員將自己的意見強加給客戶，而是可接受的風險程度應該由客戶自己來確定。風險管理師或理財專業人員的角色是幫助客戶認識自我，以作出客觀的評估和明智的決策。

二、常見的評估方法

　　準確評估客戶的風險承受能力是一項非常複雜的工作，它需要風險管理師或理財專業人員投入大量的時間和精力。在評估過程中，常見的問題是使用不同的評估方法，可能得出不同的評估結果，甚至產生相對立的評估結果。例如，一種評估方法將被評估人確定為風險偏好者，而另一種評估方法的結論卻是風險厭惡者。某研究使用了十六種不同的方法評估一組人，評估結果差異顯著，被確定為風險偏好者的比例從 0 到 94% 不等。這個結果某種程度上顯示，對客戶風險承受能力進行準確、可靠的評估，需要使用兩種或兩種以上的方法較為妥適。

㈠定性方法與定量方法的比較

　　評估方法可以是定性的，也可以是定量的。定性評估方法主要通過面對面的交談來蒐集客戶的必要資訊，但沒有對所蒐集的資訊加以量化。這類資訊的

蒐集方式是不固定的，對這些資訊的評估是基於直覺或印象的，風險管理師或理財專業人員的經驗和技巧至關重要。定量評估方法採用有系統的方式（如調查問卷）來蒐集資訊，進而可以將觀察結果轉化為某種形式的數值，用以判斷客戶的風險承受能力。在實務中，多數風險管理師和理財專業人員會根據實際需要，將定性方法和定量方法有系統地予以結合，發揮它們各自的優勢，其差別不在於完全依賴某一定性方法或定量方法，只是注重的重點有所不同而已。

為了評估客戶風險承受能力而設計的調查問卷，有助於啟動風險管理師或理財專業人員與客戶之間的資訊交流。調查問卷可以凸顯客戶可能沒有考慮過的問題。定量方法還有助於將評估過程標準化。定性方法存在著固有的侷限性，因為風險管理師或理財專業人員完全依靠客戶的口頭描述，並憑直覺理解這些描述的重要性。風險管理師或理財專業人員與其他人一樣，通常會高估自己的直覺判斷能力。如果採用定量評估方法，就可以儘量減少主觀性的影響。在使用定性方法對風險承受能力進行評估時，還要求風險管理師或理財專業人員具備良好的面談技巧。

定量評估方法也要求符合一定的標準。比如，設計調查問卷時，每一個問題，不應該對被調查者產生不當的誤導或暗示資訊，但還必須論證各個問題之間的一致性，確保評估結果的邏輯性、合理性和準確性。在此基礎上，還要求定量評估方法具有諸如平均值之類的參照標準，以便風險管理師或理財專業人員將被評估的個人與一個合理的基準進行比較。比如，使用標準化的指標可以判斷某一客戶的風險承受能力是否高於或低於一般水準，或者可以將其在同年齡、同性別、同學歷等不同族群之間進行比較。

評估客戶風險承受能力的方法很多，有的偏重於定性方法，有的偏重於定量方法。下面將以風險理財的觀點，就投資目標、對投資商品的偏好、實際生活中的風險選擇、風險態度、機率與收益的平衡等方面，介紹一些最常見的評估方法。

(二)客戶投資目標

風險管理師或理財專業人員首先必須幫助客戶明確他們自己的投資目標。例如，可以詢問客戶對資金流動性、本金安全性、增值、避免通貨膨脹、當前收益率和避稅等方面的相對重要程度，客戶所作的回答隱含著風險承受能力。

如果客戶最關心本金的安全性或流動性，則該客戶很可能是風險厭惡者；如果客戶的主要目標是避免通貨膨脹或者是避稅，則該客戶很可能是風險偏好者。當然，我們不能僅僅根據投資目標去判斷客戶的風險承受能力。許多期望避稅的人實際上是風險厭惡者；某人設定的投資目標可能不符合實際的風險承受能力，且沒有注意兩者之間的不相容性。從某種意義上來說，客戶的風險承受能力，是評估其投資目標合理性的基礎。

如果風險管理師或理財專業人員透過調查發現，客戶的風險態度與其風險承受能力不相吻合，就應該根據自己的職業道德和行為操守，引導客戶適當調整個人的投資目標，使之更符合實際的風險承受能力，而不能僅簡單地按照客戶的要求給予投資建議，以確保自己的佣金收入。

㈢對投資商品的偏好

衡量客戶風險承受能力最直接的方法，是讓客戶回答自己所偏好的投資商品。實施該方法的步驟可以因人而異，最簡單的一種方式，就是向客戶介紹各種可供選擇的投資商品，然後詢問他／她希望如何將可投資的資金分配到不同的投資商品中。這些投資商品往往按照風險程度高低進行排序。比如，「如果你意外獲得一筆巨額資金，在以下投資商品中，你將如何分配：銀行定期存款 __%、公債 __%、儲蓄性保險商品 __%、企業債券 __%、共同基金 __%、不動產投資 __%、股票 __% 等，各項之和要求等於 100%」。可供投資的資金可以是實際的，也可以是虛擬的。一般來說，人們對虛擬資金的使用會比實際資金的使用更為大膽。風險管理師或理財專業人員也可以讓客戶將可供投資的商品，從最喜歡到最不喜歡予以排序，或者給每一項商品進行評等，不同等級代表客戶對其的偏好程度（如低、中、高）。

調查結果的準確性取決於客戶對不同性資商品的風險和預期收益的熟悉程度。由於很多客戶可能缺少這方面的資訊，甚至最基礎的知識，風險管理師或理財專業人員最好向客戶說明不同投資商品的風險和預期收益的差與，而不能假設客戶已經掌握足夠的金融財務知識。許多調查顯示，一般人們，包括高收入階層在內，所具有的金融財務知識非常有限，甚至少得可憐。

㈣實際生活中的風險選擇

儘管過去的投資績效並不能保證未來的投資績效，但經驗顯示，用過去的行為預測未來，不失為一種簡單有效的方式。這是實際生活中風險選擇方式的理論基礎，即透過蒐集客戶生活中的實際資訊來評估其風險承受能力。以下一些生活方式特點，可以用來評估特定客戶對於經濟風險的態度。

對於當前投資組合之構成，可以著重瞭解和分析該投資組合的風險有多大。總資產中存入銀行、債券、保險、共同基金、股票等各占多少比例？如果購買年金，是買固定年金還是變額年金？客戶對當前投資組合的滿意程度如何？如果對該組合進行調整，是朝更穩健的方向還是更冒險的方向？

客戶的負債與總資產比率，即負債比率，也是衡量風險承受能力的一項指標。如果負債比率較高，則該客戶具有風險偏好的傾向；如果負債比例較低，則其為風險厭惡者，至於高、低界限，取決於特定的客戶族群，要根據具體情況而定。

從人壽保險金額與年薪的比較情況來看，兩者之比愈大，客戶對風險的厭惡程度愈高。

從工作任期和變動頻率來看，自主跳槽的意願是判斷風險承受能力的另一個指標。因此，可以詢問客戶在過去十年或十五年中變更過幾次工作，如果超過三次，則很可能是風險偏好型的。某人在找到新工作之前就辭去原有工作或在中年階段跳槽，都是非常重要的資訊。

從收入變化情況來看，風險偏好者的年薪可能波動很大，並且不一定呈上升趨勢。風險管理師或理財專業人員還需要瞭解客戶是否曾經被資遣或失業，失業持續時間多長。在失業期間，該客戶是接受了第一個工作機會，還是一直等到自己有滿意的工作為止？重新就業後該客戶的薪水是多少？如果薪水低於原有水準，則可以認為該客戶是風險厭惡者。

從住宅抵押貸款類型來看，願意承擔浮動利率抵押貸款而不是固定利率抵押貸款者，可能是風險偏好的一種傾向。如果客戶選擇了固定利率抵押貸款，該項抵押貸款在清償之前是否鎖定在保證利率？如果是，則顯示其有厭惡風險的傾向。

㈤風險態度的自我評估

這種方法主要是透過說明或明確瞭解客戶對待風險的態度，來判斷其風險承受能力，可以採取定性方法，也可以採取定量方法，詢問方式也是多種多樣。首先，可以詢問客戶整體性的問題，比如，「你認為自己是風險厭惡者，還是風險偏好者？如果採用 10 分制，你將給自己打幾分？其中 1 表示完全的風險厭惡者， 10 表示完全的風險偏好者」。其次，可以詢問客戶對特定風險所作出的反應。比如，作出風險投資決策後是否難以入睡？是否將風險視為機會而非危險？投資決策是否經過深思熟慮？從風險投資中獲得 5,000 元，是否比從穩健投資中獲得 5,000 元更覺得高興？是否非常擔心失去已有的財富？是否願意借款進行金融投資，或是否認為不冒險就不可能獲得成功？

用風險態度自我評估法來評估客戶風險承受能力的主要問題在於，人們傾向於將自己最好的一面展示給他人，被人們崇尚的特質很可能會被誇大。比如，很多人可能認為厭惡風險是無能的表現，偏好風險是勇敢、有活力的表現，從而很可能誇大自己的風險承受能力，對此，風險管理師或理財專業人員在實務中必須給予足夠的重視。

自我評量

一、試說明個人的三種風險態度的特點：風險厭惡型、風險中庸型及風險偏好型？

二、個人理性思考有哪些限制？對風險管理師或專業理財人員有何啟示？

三、簡述影響個人風險承受能力的因素有哪些？

四、風險管理師或專業理財人員為什麼需要評估個人的風險承受能力？

五、簡述評估個人風險承受能力的常見方法及其優缺點？

六、請說明評估個人風險承受能力的評估目的？

七、請說明效用理論在個人風險態度分類之滿足程度的差異？

八、請說明風險決策如何受期限長短的不當影響？

九、請說明「心理帳戶（Mental Accounts）」的使用如何影響個人對收益和損失的估計？

十、請說明「情緒」如何影響個人的風險承受能力？

第八章

人身損失風險之分析

學習目標

本章讀完後，您應能夠：

1. 瞭解人身損失風險的意義與種類。
2. 認識影響人身損失風險的因素。
3. 闡述人身損失風險事故的特色。
4. 指出人身損失風險的特性。

摘　要

　　人身損失風險是指人身因死亡、傷殘、退休、辭職或失業而造成損失之風險。現代企業之規模日趨龐大，員工人數有成千上萬者。假使這些員工之人身發生風險，可能會造成營運問題。因此，企業必須重視人身損失風險之管理，以保障業主之權益及員工之生活，從而穩定企業之經營與發展。

　　人身損失風險是指在日常生活及經濟活動過程中，家庭（個人）或企業組織成員的生命或身體遭受各種損害，或因此而造成經濟收入能力的降低或減失風險，包括死亡、殘疾、生病、退休、衰老等損失型態。人身風險事故的發生，可能導致家庭（個人）或企業經濟收入減少、中斷或利益受損，也可能導致相關當事人精神上的憂慮、悲哀和痛苦。

　　因此，人身損失風險係受以下三項因素所影響，略述如下：一、人口統計學的特色（Demographic Characteristics）；二、人性的特徵（Personality Traits）；三、環境條件（Environment Condition）。

　　人身損失的主要原因有死亡、喪失工作能力、退休及失業，它們發生的頻率、幅度及可預測度方面均不大相同。這些風險事故的不同特色，在公司、家庭及個人都有其不同的影響。

　　人身損失（Personnel Loss）係起因於死亡、殘障、退休、辭職及失業等，對個人或家庭而言，人身損失會使家庭的收入減少，或使家庭的費用增加（因前者會使負擔家計生活者，遭受收入減少或損失的命運；而後者則因需要就醫，或僱人來做家事而致費用增加）。

　　人身損失風險，會因不同的風險事故（Perils）而產生──主要有死亡、傷害、退休、辭職或失業。

　　人身損失風險之特性是因風險事故發生，而導致收入損失並產生額外費用。人身損失風險是家庭或企業對其所面臨之各種人身風險予以辨認、衡量後，選擇適當之方法而加以管理，其主要之目的在於以最低管理成本，使風險對家庭或企業之財務狀況所造成之不利影響，能減至最低之程度。

第 一 節　人身損失風險的意義與種類

　　人身損失（Personnel Loss）係起因於死亡、殘障、退休、辭職或失業等。對個人或家庭而言，人身損失會使家庭的收入減少，或使家庭的費用增加（因前者會使負擔家計生活者，遭受收入減少或損失的命運；而後者則因需要就醫，或僱人來做家事而致費用增加）。

　　對企業組織而言，如果擁有無法或很難被取代之專技或知識的人，一旦死亡、退休、辭職或失業，則其人身風險的損失便會發生。例如，一列運載化學品的火車在醫院附近出軌，則醫院及火車公司都有可能會遭受人身的損失。申言之，若該列火車係由火車公司最有經驗且最資深的駕駛員駕駛，且其在此事件中也受了傷；同時，醫院的重要主管或技術員，亦因此出軌所傾洩之化學藥劑所傷，而致生病不能來上班，則此時，此兩組織都會蒙受人身的損失。（然應注意的是，僱主的責任與員工的賠償請求權均被劃歸為責任損失，因僱主對此種損失的支付，是一種法定之義務；而重要人物之勞務的損失──即人身損失──對僱主而言則是另一種截然不同的損失風險。）

　　人身損失風險，會因不同的風險事故（Perils）而產生──主要有死亡、傷殘、退休、辭職或失業。

第 二 節　影響人身損失風險的因素

　　人身損失風險是指在日常生活及經濟活動過程中，家庭（個人）或企業組織成員的生命或身體遭受各種損害，或因此而造成的經濟收入能力的降低或滅失的風險，包括死亡、殘疾、生病、退休、衰老等損失型態。人身風險事故的發生可能導致家庭（個人）或企業經濟收入減少、中斷或利益受損，也可能導致相關當事人精神上的憂慮、悲哀和痛苦。

　　因此，人身損失風險係受下列三因素所影響，略述如下：

一、人口統計學的特色（Demographic Characteristics）

　　人口統計學是一門從事人口動態統計的學科，其內容包含有年齡層人口的統計、性別統計、出生率、死亡率、人口分布、就學、就業，以及退休情況等。這些內容足以影響人身風險的走向，對於從事人身保險行業的人而言，更是重要的決策依據。以臺灣近十年來人口的結構演變來看，19歲以下其占有率已逐年降低，再對照出生率的降低，幾可斷言未來臺灣的社會力量將後繼乏人，不僅勞動人口不足，連照顧家庭的中堅分子也都會根本斷炊。回過頭來看，65歲以上的人口，在2000年時已達總人口的8.4%，這是老年化人口的特徵，而且依據統計，二十五年後，此一數據將更達到25%，顯示出未來老人問題，如養老金、老人醫療、居家護理等問題，都將成為社會主流。人身保險業者在營運風險管理時，如商品的訂定及核保，都無法置此不顧。

二、人性的特徵（Personality Traits）

　　科技的進步，促使人自呱呱墜地，即可接受如瓦斯爐的點火觀念，而無須從鑽木取火開始學習，然而人性則鮮有隨著科技的進步而與之俱進的。於是，喜、怒、愛、欲、哀、樂等情緒的反應幾乎人同此心，遇到順心則喜。哲學家常說的「權力的腐化」，又何嘗不是源於這些情緒表現，更何況「飲食男女，人之大欲」，於是求生、求平安、求享樂等諸種欲求，左右人們的活動軌跡，上述皆是人性的特徵。早期日本的生命保險業（即人身保險業）即針對當時正在成長的日本人之欲求——my home, my car，而制定出必要的商品。然而，人性不僅會受到感染而互動，而且會蔚為潮流，人身風險管理業者如何洞察此一趨勢，而導之於商品？例如，臺灣近年來由於經濟的發展，培養出極濃烈的自主意識，用之於理財，已不走委由金融機構代為操作的路線，然而，人性求平安、怕損失的心理是不變的，於是人身風險管理業者便應運引進「投資型保險商品」，如投資連結壽險保單（Investment-Linked Life Insurance Polity），便是配合人身風險管理，迎合人性的產出物。

三、環境條件（Environment Condition）

　　環境決定行為模式，而人身風險更與環境息息相關。以臺灣路邊攤的飲食文化為例，餐具的洗濯（包括攤販的個人衛生），以及拼酒的型態，是臺灣肝癌著名於世的主因。這一點在世界各國也都有類似的情形，如從中國大陸河南省延伸到中亞細亞一帶，男性除了喜食醃製肉品之外，同時又好飲含高酒精濃度（如燒刀子）之類者，一般咸信，這一飲食環境是此一毗連地帶食道癌（Esophageal Cancer）高罹患率的主因。國際癌症研究機構以美國及其他歐、澳、紐、加等 23 個國家間作比較得出，就所有癌症而言，白人的男女兩性其平均的罹癌死亡率低於平均值，非白人則正好相反，這是經濟環境以及教育環境共同影響的結果。以人身風險管理的角度來看，這是值得深入的一門顯學。

第 三 節　人身損失風險事故的特色

　　人身損失的主要原因有死亡、喪失工作能力、退休及失業，它們發生的頻率、幅度及可預測度方面均不大相同。這些風險事故的不同特色，在公司、家庭及個人都有其不同的影響。

一、死亡

㈠頻率

　　在工作之中，死亡發生頻率很低，死亡率在 20 歲大約是 1 比 800，65 歲大約是 1 比 40。但是，死亡率還是高於火災損失率。譬如，一對夫妻以其房子向銀行辦理抵押借款，並設定三十年抵押權，其中之一人會在付清借款前死亡的機率，要大於在這段期間房屋被燒毀的機率。

　　因為死亡率在工作的人之中比率很低，所以家庭和中小型企業，很難正確地預測家庭主要收入者或員工何時會死亡。但是，死亡率必定依隨大數法則，一般而言，實際死亡數的變動，比預期死亡數的變動比例還小。即使如此，有 1 萬名員工之公司，每年平均死亡 18 人，這是足以使公司確信的統計。當然，重

要人物在一家公司（至少100人左右）的小團體中，其意外的變動性相對地較大。

㈡幅度

因死亡所致人身損失之財務損失幅度，是已故者的總值，並且沒有部分損失。在家庭，其成員之死亡代表死者賺錢能力的損失，或是死者無法再繼續為家人提供服務。不論何時死亡，一些最後的花費還是少不了的——如喪葬費或家人參加處理死者遺產的有關費用。

在公司，員工的死亡，代表死者特別才能與貢獻的損失，或其能為公司提供更多勞力的損失。甚至，迫使雇主增加設置、僱人和訓練可用之人的成本。

以「死者的總價值」來判斷死亡損失的幅度，意指僅以死者從公司或家庭的立場考慮遭受損失的經濟價值。在人身風險管理中，人的價值不包括任何精神上、感情上的價值，僅僅表明此人對公司或家庭提供服務，可得到財務上的給付而言。代替此人的服務成本是對「人的價值」另外一種測定。

二、喪失工作能力（疾病及傷殘）

㈠頻率

喪失工作能力是人身損失的主因。它對公司或家庭產生了二個不利的影響——降低或停止收入，以及增加照顧傷殘者的額外費用。傷殘損失的頻率比死亡率大很多。在中、大型公司，病假是固定的，可預測其每日成本。但意外事故所致的損失頻率卻很難估計，從臺灣地區 2004 年十大主要死亡原因中，「意外事故」占第五位可看出，意外事故及不良影響所致之傷殘是不容忽視的，意外事故一半以上係由道路事故引起，事故傷害死亡人數年齡分布似較平均，但仍以 15～39 歲年齡層中死亡人數為最高，達 5,092 人，占總事故傷害死亡人數 12,422 人之 40.99%，其中 15～24 歲死亡人數計 2,187 人，占總事故傷害死亡人數之 17.61%，而 15～24 歲死亡者中又有近七成係死於機動車交通事故，一般來說，意外事故傷殘的人數遠超過死亡人數好幾倍，殊值注意。

㈡幅度

傷殘和死亡最大的不同，在於傷殘會產生相當大的醫療費用。所以，分析

醫療損失風險幅度，不僅要注意傷殘者身體損傷的程度，還有必要的醫療費用支出。據 OECD 統計資料，2010 年每人平均國民醫療保健（NHE），美國為 8,233 美元，瑞士為 7,992 美元，英國為 3,771 美元，義大利為 2,983 美元，南韓為 1,452 美元，而我國為 1,211 美元。

傷殘可分為：(1) 永久性或暫時性的傷殘；(2) 完全或部分的傷殘。通常割盲腸是屬於「暫時性完全不能工作」，因為在一定時間內，該病人不能參與任何生產行動。精神分裂症屬於「永久性的完全不能工作」，該病人的一生都失去了工作能力。手指折斷會暫時性影響到一部分日常工作，是屬於「暫時性的部分不能工作」。一眼失明，屬於「永久性的部分不能工作」，該病人的行動範圍永久受到限制，但還是能做許多工作。

人身殘廢的主要根源是慢性的、潛伏的，或因疏忽而發展為急性的症狀。這些包括酒精中毒和誤食藥物、不同型態和程度的神經病症，以及心理壓力等問題。另一種導致人身殘廢的根源，為持續性或重複的暴露在有害的自然環境中（如有毒物質、癌因子、噪音、過濕或太熱）。

當上述這些情況沒有被認出時，它們的現在和將來成本都會被忽略。現在成本則呈現出低生產力、技能和判斷錯誤增加、病假曠職和怠工率增高，這些情況被忽略將會引起現在的損失，值得估計其時間和數量之延滯成本。

醫療費用的幅度與殘廢的程度（部分或完全）和條件（暫時或永久）有其關聯性。因為，一些永久性殘廢（如失明）不再需要醫藥費，但一些暫時性殘廢（如藉外科手術可治癒的殘疾），通常需要極大的醫療費。相反地，完全不能工作需要在家休養和藥物治療（如感冒），通常比部分不能工作而需要手術與校正（如齒齦感染使牙齒鬆脫）的花費為少。

(三)可預測度

對於發生頻率較小的殘廢，要給予一些損失幅度較小範圍的預測，甚至在家庭中亦然。但是，在損失幅度較大的範圍中，大的損失其頻率卻很低，即使一個有上百名員工的公司，對殘廢損失的預測也是相當地困難。在傷殘成本方面，有一個主要的不確定原因，是健康維護的成本不斷上升。十年間，醫療成本比消費者物價指數更快速成長，且國民所得和薪資總額的百分比也一直在增加。究竟一年要花費多少醫療費用，卻因下列五項原因而難以預測：

（一）全面性的通貨膨脹，導致特別的醫療服務收費增加。

（二）用最新與更貴的醫療方法增進醫療服務的品質。

（三）用最新醫療技術以延長醫療照顧時間，並防止死亡。

（四）醫療機構因醫療成本的提高，而增加醫療收費。

（五）確定診斷或以前未發現的病況（如血液失調或過敏症）所作的實驗或測試。

三、退休

退休與死亡、殘廢不同，因其有一個重要特性——退休一開始通常是有計畫的。但是，以家庭的立場而言，其仍然具有重要的不確定性：

（一）退休後的生命長短。

（二）退休後的生活費用變化。

（三）退休後的健康狀況。

以一個雇主的立場而言，退休會產生二個不確定的來源：

（一）雇主提供福利的成本。

（二）退休的日期及員工停止工作的適當時間缺乏一致性。

雇主提供的退休金種類和程度，會隨著退休制度之變遷而改變。因此，造成雇主提供福利的成本不確定。

雇主第二個不確定原因，是關於員工停止工作的適當時間。因當一些員工在還有價值時退休，其他的人技術落在他們之後，無法與之銜接，造成工作銜接上的不確定。

四、辭職或解僱

不論是辭職或解僱，都表示因環境而發生的人身損失風險。

（一）辭職

對雇主而言，由辭職來認知人身損失，必須瞭解這位辭職的員工，是關鍵人物還是重要群體裡的一分子？如果是這樣，則雇主潛在的人身損失就與員工

的死亡相同。

對員工而言，當員工期望辭職並沒有造成損失，因為，別處還有更好的工作在等他。當這個期望無法實現，則辭職的人會造成其家庭的損失。

(二)解僱

當雇主暫時或永久的解僱員工，他們如此做，是相信至少在目前公司沒有這些人比較好。因此，公司在直覺上沒有立刻發生人身損失。但是，若這些被解僱員工已找到其他固定工作，公司如果想再僱用他們已無法實現，或必須付給額外薪資以獲得他們的服務時，就會產生人身損失風險。

對被解僱員工而言，會立刻產生重大的收入損失，並造成家庭經濟上的重大問題。

第 四 節　人身損失風險之特性

當人身損失風險之風險事故發生，在金錢方面的影響包括：(1) 人的服務價值之損失——收入損失；(2) 因風險而產生的額外支出——有生產能力的人因死亡、傷殘或失業，產生有關的額外費用。

第一種「收入損失」的例子如：

(一)當一位傑出的演奏家突然死亡，導致一連串的演奏會必須取消，使得發起人的權益蒙受損失。

(二)一架載有多位傑出的銷售人員去開會的飛機墜毀，導致公司未來收入的損失。

(三)負擔家計者被解僱而失業，導致家庭收入之損失。

(四)一位很有影響力的基金會主席，在為醫院招募基金之前死亡，導致基金收入的減少。

第二種「額外費用」的例子如：

(一)正在拍片的影星，因生病致拍片進度停頓，必須繼續支付有關費用的額外成本。

㈡工廠因意外事故停工而再開工時，員工不再回來，而產生招募及訓練新員工的額外成本。

㈢優秀的員工中平均有8%缺席，而必須找人替代所產生的額外成本。

㈣家庭中成員生病的醫療費用。

上述的例子中不包括責任損失，均為嚴格的人身損失。他們不是基於或為任何法律義務，而給付受傷或死亡的人——因這種給付是一種責任損失，而不是人身損失。一群銷售人員在墜機中受傷，對雇主而言，給付職員任何補償利益的義務，就是責任損失，不同於任何未來利益損失。

自我評量

一、何謂人身損失風險？分為哪幾種？請說明之。

二、人身損失風險係受哪三因素影響？請說明之。

三、請說明人身損失風險事故的特色？

四、請以家庭和雇主的立場，說明一個人退休後的不確定性？

五、一個人或員工之醫療費用之花費，受到哪五個原因之影響，而無法預測？請說明之。

六、請說明人身損失風險之特性？

第九章

家庭（個人）人身風險認知與人身損失之財務影響

學習目標

本章讀完後，您應能夠：

1. 敘述家庭（個人）人身風險之認知。

2. 描述家庭（個人）人身損失之財務影響。

3. 瞭解家庭（個人）人身風險成本。

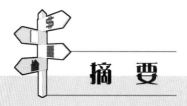

摘　要

　　家庭（個人）人身風險管理係指家庭對其所面臨之各項人身風險予以認知（Identification）、衡量（Measurement），並選擇適當方法加以管理之行為。其主要目的在於以最低之風險管理成本，使風險對家庭經濟所造成之不利影響減少至最低限度。

　　認知家庭人身風險比認知企業人身風險簡單得多，因為家庭不論大小，每一個人所提供的收入或服務是迅速、明確和被肯定的。

　　如同企業一樣，家庭（個人）的人身損失風險也來自死亡、殘廢、退休，可分為可預測損失（正常損失）和不可預測損失（不正常損失）。家中成員偶爾都會受到小的疾病，或是因辭職換工作暫時幾週失業之正常人身損失影響。一般來說，家庭會認為正常人身損失，只會造成生活上的不便，而不會造成真正的損失。

　　因死亡、嚴重殘廢、被迫延長失業和退休，所產生的不可預測損失，一般被認為是家庭的主要危機，而常被要求作特別之規劃和財務保障以資因應。衡量人身損失風險對家庭財務影響之系統方法比風險管理觀念還早，在文獻上，有兩個基本的不同方法用來衡量人身損失風險對家庭的影響，這兩個方法為：(1) 家庭需求法（Need Approach）：(2) 人類生命價值法（Human Life Value）。家庭需求法係估計家庭成員在死亡、殘廢、失業或退休後，額外收入或財務來源為何；而人類生命價值法，則著重在個人提供給家庭的收入或服務的價值如何。

　　一般而言，這兩個方法主要是適用因死亡所引起的人身損失，有時，也可適用於退休和殘廢所致之人身損失，更可擴及適用因失業所引起之人身損失。

　　用淨利損失與人身損失相比較是非常有幫助的，因淨利損失對企業而言，則包含收入減少和費用增加；而企業中的人身損失也是相同——關鍵人物的服務損失也是收入減少和費用增加，家庭的人身損失也是如此。家庭需求法和人類生命價值法確認人身損失的第一要素為收入減少，第二要素為費用增加。

第 一 節　家庭（個人）人身風險之認知

家庭（個人）人身風險管理係指家庭對其所面臨之各項人身風險予以認知（Identification）、衡量（Measurement），並選擇適當方法加以管理之行為。其主要目的在於以最低之風險管理成本，使風險對家庭經濟所造成之不利影響減至最低限度。

認知家庭人身風險比認知企業人身風險簡單得多，因為家庭不論大小，每一個人所提供的收入或服務是迅速、明確和被肯定的。

一、家庭主要收入者

大部分依賴收入維持生活的家庭，只要其收入一減少就造成損失。家庭主要收入者容易因死亡、無行為能力、退休和解僱而中止收入。因此，家庭主要收入者人身損失風險之管理是非常重要的事。

二、家庭中所有成員

家庭中任何一成員，都會因生病或受傷而產生額外費用——如醫療費用。死亡亦產生一些額外費用——如喪葬費用，甚至失業。雖然不需要額外費用，但為了找尋工作，可能在本地或外縣市奔波。這些額外費用可能直接與損失原因有關（如醫藥費或喪葬費）或發生損失的長期影響（如僱人看孩子或整修住家以適應殘廢的人）。因此，和公司組織一樣，認知家庭的人身風險，需要注意特別的人，他們的服務會因死亡、傷殘、退休或解僱，而導致一家人的損失，如收入減少或費用增加。

第 二 節　家庭（個人）人身損失之財務影響

　　如同企業一樣，家庭（個人）的人身損失風險也來自死亡、殘廢、退休或失業，可分為可預測損失（正常損失）和不可預測損失（不正常損失）。家中的成員偶爾都會受到小的疾病，或是因辭職換工作暫時幾週失業之正常人身損失影響。一般來說，家庭會認為正常人身損失，只會造成生活上的不便，而不會造成真正的損失。

　　因死亡、嚴重殘廢、被迫延長失業和退休，所產生的不可預測損失，一般被認為是家庭的主要危機，而常被要求作特別之規劃和財務保障以資因應。衡量人身損失風險對家庭財務影響之系統方法比風險管理觀念還早。在文獻上，有兩個基本的不同方法用來衡量人身損失風險對家庭的影響，這兩個方法為：(1)家庭需求法（Need Approach）；(2)人類生命價值法（Human Life Value Approach）。家庭需求法，係估計家庭成員在死亡、殘廢、失業或退休後的額外收入或財務來源為何；而人類生命價值法，則著重在個人提供給家庭的收入或服務的價值如何。

　　一般而言，這兩個方法主要是適用因死亡所引起的人身損失。有時，也可適用於退休和殘廢所致之人身損失，更可擴及適用因失業所引起之人身損失。

　　用淨利損失與人身損失相比較是非常有幫助的。因淨利損失對企業而言，則包含收入減少和費用增加；而企業中的人身損失也是相同──關鍵人物的服務損失也是收入減少和費用增加，家庭的人身損失也是如此。家庭需求法和人類生命價值法確認人身損失的第一要素為收入減少，第二要素為費用增加。茲說明如下：

一、死亡損失

　　家庭中成員死亡的財務影響，在於死者在家庭經濟結構中所占的地位，不論此人對家庭經濟福利上是否有重要貢獻。個人對家庭的貢獻可分為兩種：(1)賺取收入者；(2)提供勞務者（加上持家、扶養、維護等）。此兩種貢獻都很重要，其中之一發生損失都會造成財務影響。

㈠家庭需求法（Need Approach）

家庭需求法提供個人死亡對其家庭財務需求（Financial Requirements）的影響，係依據已故者生前之持家者，在相同財務情況下之家庭財務需求。家庭為恢復已故者生前的經濟福利情況，有二個基本財務需求：(1)取代已故者賺取的收入；(2)獲得已故者曾對家庭提供的勞務。

家庭需求法的兩大分類之分析，係依據對特別的總需求（包括其他資產或收入來源）和淨需求（減掉任何有價資產或收入後）。

總需求和淨需求可由圖 9-1 來說明，風險管理專家可使用圖 9-1 為其員工和他們的家庭作雙方面有效率的溝通，並為他們的家庭作最好的財務保障計畫。

1.總需求

家庭中最基本的財務來源是正常的收入。家庭之成員死亡後，計畫家庭收入需求的主要因素有：(1)已故者提供給家庭的收入是否超過他個人的消費？(2)此人死後，家庭需要多少收入？(3)需要這份收入的時間有多久？「多少」決定於家庭中需要被扶養的成員及家庭的生活水準需求，「多久」決定於家庭中其他成員的計畫和死者死時他們的年紀。

家庭收入計畫，要適當地考慮家庭收入需求的持續和總數兩者，如圖 9-1，通常分為二個主要部分：(1)小孩需要扶養的年數；(2)尚生存的配偶之餘生。如圖 9-1 所示，已故者死後相關的問題也要考慮；再調整期，已故者死後，其餘家人也許須降低生活標準來調適。

圖 9-1，收入為縱軸，年齡為橫軸。家中其餘成員的年齡，決定每一個特別收入需求的期間。此圖顯示家庭收入計畫在於：(1)每一個小孩必須扶養到 18 歲為止；(2)尚存配偶的收入，由保險及 65 歲以後的退休金來提供。

圖 9-1 所舉之例中，收入標準在於家中成員所能考慮接受生活水準的最小限度。其他家庭也許期望生活水準更高，但有小孩的家庭會發現，購買保險或找尋其他理財工具，使他們願意犧牲家庭目前的收入，並在這段時間維持最小限度的生活水準。所以，本例還包括了一年的收入再調整期。

家庭收入需求常被忽略的一部分，是僱用代替已故者的個人持家勞務費用。這些勞務對於一家人的生活很重要，代替的費用也很高，不論已故者是家計負擔者還是主婦。這項代替家人服務的收入需求，對於一家中有兩份收入者比一

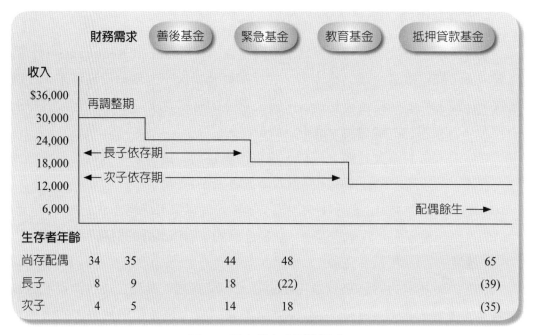

圖9-1　死亡後家庭財務需求

份收入者更需要加以認清。在有兩份收入的家庭中,當任何來源(如個人可利用的時間)變為不足,家人服務的價值就愈明顯,愈能感受,因此,也需要更多的認知。

　　不論家中是否有人死亡,大部分的家庭收入需求可分為許多種類。例如,大部分的家庭認為可接受的生活水準(包括緊急時的準備金)、退休時的房屋抵押貸款,或分期付款的費用,或為不同目的的存款,如孩子的教育費等。只要家庭中沒有發生主要的人身損失,這些需求通常可以和目前所賺取的收入相配合。不論如何,萬一負擔家計者死亡,這個家庭會計畫財源,來清償抵押貸款,並籌建適當的孩子大學教育費、清償分期付款之貸款及設置永久的緊急基金。此外,這計畫還應考慮到死者的額外費用,如醫藥費、喪葬費及遺產稅——所以「遺產」也就成為重要的「善後基金」之財源。這些需求的種類和所謂的特別財源(即家中成員死亡後家人賴以生存的財源)均是相同的。這幾種財源顯示在圖 9-1 的上方。

　　2.淨需求

　　家庭本身無法提供在扣除社會保險給付和員工福利給付之前,家庭生存者

的總需求，在扣除這些收入或來源之後，就是家庭直接的必要財務淨需求。

　　在社會保險制度下，家庭中主要收入者有生存給付的權利。大部分收入者，受到員工福利制度的保障，包括人壽保險，或其他退休金和醫療費用保障制度下的生存準備金。職業關係上的保障，也可提供重要的緩衝，以抵抗收入者死亡後的財務影響。此外，有些家庭因他們本身有可利用的財源，所以就沒有其他的計畫或行動，從家中其他成員的收入來提供遺產或信託財產的需求。扣除以上這些生存者的收入和財源，則剩下的就是家庭的淨財務需求。

　　淨需求表示藉風險移轉，將家庭的財務需求移轉給人壽保險和退休金。淨需求也表示家中成員無法控制的損失，可經由社會保險給付移轉給政府，或由員工福利制度移轉給雇主。

㈡人類生命價值法（Human Life Value Approach）

　　第二種測定家人死亡的財務影響之方法，是死者的生命價值法。20世紀初，有關人類生命經濟價值之觀念，已有萌芽但無定論。及至 1924 年美國保險學者休伯納氏（Huebner, S. S.），首創人類生命價值學說，以為人類生命與財產價值同樣可為評價之客體。因此，人身風險亦可與財產風險同一範疇予以闡明，即由人類生命價值之計算，測定家庭成員死亡對財物之影響。其計算方法如下：

$$\text{HLV}（人類生命價值）= \text{PV(Contribution)}（對家庭經濟貢獻之現值）$$
$$- \text{PV(Consumption)}（消費之現值）$$

　　此公式適用於死者每年剩餘之生命期望值，「對家庭經濟貢獻」表示死者在生命餘年可能賺得之收入，以及能提供家庭服務之代替成本。「消費」為死者可能支出之各種消費成本，如衣服、食物、房屋、娛樂及其他生活費用。因此，任何家庭成員在任何一年，對家庭之生命價值，相等於其為家庭所提供之收入及服務，減去其自己之生活費用。其死後生命價值之損失，即按平均餘命計算各年經濟貢獻與消費總數折算之現值（Present Value, PV）。

　　人的生命具有多種價值，由宗教的觀點而言，生命可永垂不朽，其價值無法加以估計；就社會的觀點而言，人與人間具有各種感情方面的連繫，其價值不可以貨幣計算或他物代替。此等精神價值或感情價值，均非本章所討論的生

命價值。關於風險管理上人的生命價值，應為人類生命的經濟價值，而這種內涵於體內之經濟性力量，諸如品性、健康、教育、訓練、經驗、人格、勤勉、創造力及旺盛的企圖心等，而估算生命價值之目的，旨在提供人身風險管理者，制定風險管理決策之參考或依據，無論採用何種風險管理策略，均能達到其既定的效用。

1.人類生命價值估算的方式，就家計單位而言有下列三種方法：

⑴人類生命價值法（Human Life Value Approach）

其估算的步驟分為下列三點：

①估計個人平均每年收益中可用於撫養家屬的數額，亦即估計個人平均每年收益扣除所得稅及個人生活所需的費用後之餘額，若有參加保險再扣除個人的保險費。

②從上述之估計，可算出個人可用於撫養家屬的數額。

③選擇一合理的利率，先計算出每年 1 元在未來可工作年數後之現值，再乘上每年用於撫養家屬之數額，即得其生命價值。

茲舉一簡單例子說明上述步驟：

某工人現年 35 歲，預計工作至 65 歲，每年薪資為 145,500 元，個人生活所需及所得稅約為 40,000 元，假定年利率為 6%，則其生命價值的計算過程如下：

⑷計算每年收益中扣除個人生活所需及所得稅後，可用於撫養家屬的數額：

145,500－40,000 元 = 105,500 元

⑸計算工作年數（生命期望值即平均餘命）：

65 年－35 年 = 30 年

⑹如每年 1 元，假定年利率 6%，三十年後之現值為：

$a_{\overline{30}|0.06} = 13.7648$

再以 13.7648×105,500 = 1,452,186.4 元，即得其生命價值。

惟在實際上，依照上述估計法決定其生命價值，以作為風險管理依據時，有其最大的缺點，即當某人生命經濟價值最大時，亦常為其所得最少之時，因此，其負擔風險管理費用之能力，並不能與生命價值之數額相配合，同時，對個人生活維持費及所得稅亦無客觀的估計標準。

⑵財務需求法（The Financial Needs Approach）

採用此法須先決定在維持家計之人死亡或喪失工作能力時，其家庭的財務目標，亦即此後家庭中須維持何種生活水準的目標，固然財務目標每個家庭不同，但適用於一般家庭平均需要之種類大致相仿，通常包括二個部分，茲分述如下：

①現金需求（Cash Needs）

係指家庭基於財務支出所需要的一筆總金額，其包含的項目有：

⒜善後基金（Clean-Up Funds）：一個人在生前可能完全沒有負債，即使如此，「死亡」本身仍會產生許多費用，如喪葬費、遺囑執行費等。另外還包含死亡前的各種醫藥費用、住院費用，加諸目前信用發達之生活方式，使得大多數人皆負有債務，如信用卡使用、商店賒帳、各種分期付款、銀行借款等，還有各種應付的稅捐，這些債務皆須於死亡後立即清償。

⒝抵押貸款基金（Mortgage Redemption Funds）：係指維持家計之人在遭遇意外事故之後，所需償還抵押貸款購屋之金額。

⒞緊急基金（Emergency Funds）：緊急基金的設置是每個家庭財務需求之必要部分，否則家庭可能會因為某些意外事故之發生而陷入經濟困境，這些形成緊急資金之事件包括：家居設備之臨時修繕、特別稅之徵收、疾病醫療等。

⒟教育基金（Education Funds）：是指子女的教育費用。

②收入需求（Income Needs）

通常係指一個家庭每個月定期且不斷的現金收入，其內容包括：

⒜重新調整生活期間所需之收入（Readjustment Income）：係指家庭在維持生計之人喪失收益能力之後，由於在短期無法驟然改變正常生活支出習慣，只能逐漸調整適應之情況下所需之收入，通常期間為 1～2 年。

⒝子女自立前之家庭收入（Dependency Period Income）：一個家庭在渡過上述重行調整生活期間之後，由於子女尚未成年，仍然需要一適當之定期收入來撫養他們，直至子女能夠自立時為止。

⒞配偶終身所需收入（Life Income for Wife）：在未成年子女都能自立後，對由於喪失工作能力所引起之現金收入需要，與因死亡所發生之現金收入需要，除現金需要中之善後基金一項外，其他皆屬相同，唯一不同之處即家庭收入來源中斷之原因而已。無論發生原因為何，皆會使維持生計之人不再成為家庭經

濟資產,且在喪失工作能力之情形下,反而成為家庭經濟之負擔(如所需之生活費用及醫藥費用等)。因此,喪失工作能力時,對現金收入之需要尚較大於死亡時之需要。家庭財務之目標,經由上面各項分析加總之後,可能從各方面所得的補償、救濟或當時已有的保障,予以扣減,這些項目包括:社會保險給付、社會急難救濟、各種人壽保險、健康保險、雇主提供員工福利計畫、現時可資擁有且運用之所有動產及不動產,以及將來可能繼承之動產及不動產等項,然後所得的數額,就是家庭在維持生計之人遭遇意外事故之後,其真正在財政上所需之部分。

(3)家計勞務法(The Household Services Approach)

由於生命價值衡量過程中,所採理論、模型、方法與資料之不同,對各個案例生命價值計算結果差異甚大,因此美國人身風險管理學術界於 1990 年代產生以所謂「Household Services」為主導的生命價值估計法,俾其能以較客觀而合乎需要的方式計算生命價值。

家計勞務估計法主要是源於經濟學中之機會成本觀念(使用自有資源應得之最低報酬),是以遭遇意外事故而致死亡或殘廢的家長,其生前或殘廢前自己所從事家庭勞務的總值,配合預期工作年數(Worklife Expectancy)及性別因素,為計算生命價值之主要依據。茲分述如下:

①家計勞務(Household Services)

根據一般情況分析,生命價值估計內容主要是包括二部分,其一為維持生計之人因意外事故發生所致未來收入中斷之部分,其二為因意外事故發生所致額外費用(Extra Expenses)之部分。但是在本模型估計生命價值前提下,除了前述二項之外,尚須包括維持生計之人的家計勞務部分,此部分亦為其隱形成本(Implicit Costs)。家計勞務總值之估計,首先要計算出該維持生計之人可資從事家計勞務工作的時間數,其次為分配至各家計勞務不同工作的時間數,然後再以市價工資法(Market Basket Approach)或最低工資法(The Current Minimun Wage)計算其家計勞務總值。前者係以當期市場基本工資,後者則以我國行政院勞工委員會所訂基本工資為計算標準,據 1997 年 10 月 16 日訂定之我國最低工資,為每月 15,840 元或每日 528 元,較市價工資法為低,因之計算出之生命價值亦較低。2013 年 3 月 30 日行政院勞委會修訂我國基本工資,自 2013 年 4 月 1 日起調高至每月 19,047 元。

②預期工作年數（Work life Expectancy）

根據本模型生命價值之衡量，認定預期工作年數是一個主要影響因素，一般人在年老死亡發生之前，其勞動參與即行終止。根據我國勞動基準法之規定，企業員工之退休年齡為 60 歲，同時經由調查顯示，男性平均年齡在 18～38 歲及女性 18～26 歲的雇員，其工作流動性較頻繁，在其一生工作就業時間中，工作轉換次數相當高，而預期工作年數是以 65 歲為退休年齡，並配合實際年齡、性別及生命表，進行預估。

③性別（Sex）

因為男性、女性完成家計勞務工作之時間有所差異，加諸預期工作年數亦不同，因此對生命價值衡量，二者應分別估算。

2.人類生命價值估算的方式，就企業單位而言，與家計單位在性質上不同，企業因員工死亡等所致之經濟損失，不能以員工薪資收入而求得，所以站在企業的立場，評估員工的生命價值，須另闢途徑，基於此項特性，茲就目前所發展之三種方式，分述如下

⑴主觀經驗法（Subjective Experience Method）

所謂主觀並非漫無標準，而是以下列實際經驗，作為評估的參考：

①員工死亡或傷殘無法工作時，另尋合適的人員來替代，公司的人事費用究竟需要多少，須予以評估。

②企業的盈餘，有多少應歸功於員工努力工作的結果，須予以評估。

③員工死亡或殘廢，企業的損失有多少，須予以評估。

④企業欲為員工之死亡或殘廢所致損失投保之保險金額是多少，須予評估。

⑤企業欲為傷殘的員工所支付薪津是多少且需維持多久，須予以評估。

⑵盈餘差減法（Surplus Deduction Method）

評估方式大致如下：

①設甲為企業每年平均盈餘扣除稅捐後的純收益，其主要來源有二，其一為具體資產投資的收益設為乙，其二為人力資源投資的收益設為丙。

②乙等於具體資產總額乘以 5%（為經驗投資率），故乙為已知數。

③由①②可求得丙，且丙為甲與乙之差，即甲－乙＝丙。

④丙之 5 倍或 6 倍，應為保障之總金額（5 或 6 為經驗數字）。

⑤將 5 丙或 6 丙適當分配予各員工，即得企業每一員工之生命價值。

(3)組織成本法（Organizational Cost Method）

近年來人力價值學說，漸受各界重視，即以經濟價值之觀點，來衡量人力資源對企業的貢獻，亦即人力資源價值，為其未來「預期服務的現值」，內容牽涉既廣，變化亦大，實不易尋得一可靠方法，然此與「生命價值法」之基本理論頗為相近，此種方法係由下列三項成本所構成：

①組織成本（Organizational Cost）

正常經營的企業團體，由於人力資源運用適當，於年終獲致理想的利潤，萬一失去某一員工，營運必受影響，如須遞補一相同服務水準之人力資源，必須支付代價來代替，此一代價，即為達到上項目的（同樣服務水準）所得支付的成本，稱為「組織成本」，以 C 表示。

②再生成本（Regeneration Cost）

再生成本為使代替資源達至其原生產力時，所投入的招募訓練，以及其所衍生出來的經驗與發展潛力等成本，以 R 表示。

③低效率成本（Inefficiency Cost）

新的代替人力資源，自招募訓練以至對工作能勝任熟悉，達到原有服務水準。在此期間，其工作效率，自不如原有人力資源所作之貢獻，因而所損失的利益，以 I 表示。故得：$C = R + I$。

人一生中的生命價值在各年齡層會有所改變，對嬰兒來說就很小（甚至沒有），但其為了個人消費所花費的目前價值，比一個成人未來賺錢的目前價值還多。一個有生產力的員工，他的人類生命價值增加率，會在年輕時達到最高峰——當目前賺得很多，而且仍在持續增加時——但重要的未來收入仍然保留。一個人將要退休時，他的生命價值開始下降，因為無法預期那些收入會在退休後還能持續。退休之後，人的生命價值可能再度被否定，因為，即使他能為家中提供勞務，但實際上他已沒有收入，甚至還有其個人之消費及增多的醫療費用。圖 9-2 表示一個員工的生命價值的增減。人類生命價值對家庭的貢獻，最主要的是持家及教養小孩。

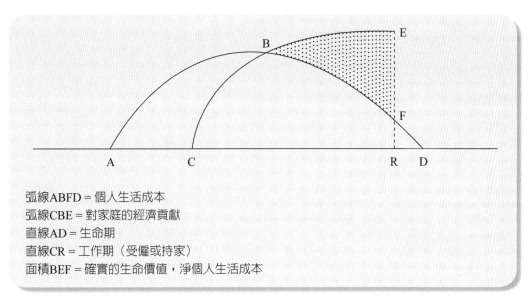

弧線ABFD＝個人生活成本
弧線CBE＝對家庭的經濟貢獻
直線AD＝生命期
直線CR＝工作期（受僱或持家）
面積BEF＝確實的生命價值，淨個人生活成本

圖9-2　人類生命價值的假設圖

　　人類生命價值法，忽略家庭需求法所著重的目的。二者評價人類生命價值時，都忽視通貨膨脹，除非對未來作特別調整，即將物價上漲水準予以預測與考慮。家庭需求法，可以藉預期通貨膨脹因素需要結合未來收入計畫（或替代已故者家庭勞務的成本）及已故者未來消費費用兩者。

二、退休損失

　　圖 9-1 相當合適於退休，也可將圖 9-3 的變化予以合併。

　　㈠以「兩人生活期」和「一人生活期」來代替圖9-1的「小孩依存期」及「配偶餘生」的收入需求。圖9-3中，第一個人的死亡日期事先並不知道。圖9-3中，需要為存活之配偶計畫生活收入。

　　㈡因為退休是有計畫的，而死亡是不可預期的，退休後有計畫的收入就沒有特別調整期了。

　　㈢退休後不需為大學費用或抵押貸款作準備。

　　退休如同死亡，也會遭遇到財務困窘，特別是醫療費用。所以，退休後的收入水準，必須能夠滿足這些需求。

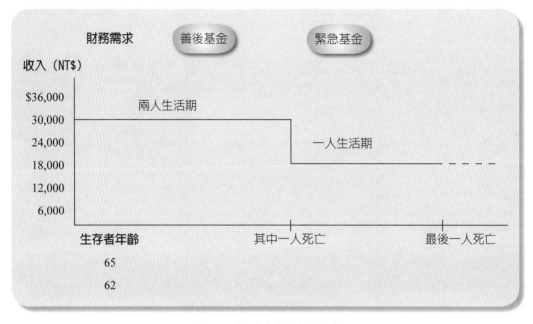

圖9-3　退休後的財務需求

　　如圖 9-1、圖 9-3，僅表示總需求。社會保險及員工福利對退休者的財務需求有相當大的貢獻。甚至，因為退休是可預知的，所以事先的儲蓄和投資，對退休後的收入需求亦相當重要。但是，因為退休後需要收入的期間不確定，而社會保險和員工福利在這段不確定期間無法提供合適的生活水準。故退休者會很小心地將儲蓄中的一部分用來購買人壽保險，把此風險移轉給保險人。

　　根據行政院經濟建設委員會指出，目前臺灣地區老年人口比率雖較美國、日本、歐洲等先進國家來得低，但在過去政府大力推動家庭計畫的結果下，在 2010 年台灣老年人口比率占總人口數已達 10%，估計在 2020 年時，將達 16.3%；2030 年，將達 24.4%；到了 2060 年，更將高達 41.6%，在 2030 年也就是說每四個人中就有一個是 65 歲高齡的老人。僅僅二十年的時間，老年人口比率就由 10% 攀升至 24.4%，速度比日本、歐美各國都快。

　　歐美國家早在 1960 年代就已注意到人口即將面臨高齡化的嚴重性，因而很早就採取鼓勵生育的政策。臺灣的政策，目前也已從「一個孩子不算少，兩個孩子恰恰好」增加到「一個孩子不算少，兩個孩子恰恰好，三個孩子不嫌多」，但是想要在短期內解決這個問題，似乎比登天還難。

　　所謂「生、老、病、死」，可見「老」是人生必經的過程，身處在這個階段，

所面對的不僅是接踵而至的生理疾病，孤苦感、無助感及害怕的心理狀態更充斥在老年人的生活中，當人們已不再信奉「養兒防老」的觀念時，面對人口逐漸邁入高齡化、社會日漸蓬勃發展的環境中，為了因應即將到來的衝擊，更為了減輕孩子們的負擔，建議您在身強體壯時，就未雨綢繆，讓專業人員為您做完善的風險規劃；購足保險，讓老年退休沒有收入時，仍能過一個有保障、安穩，又有尊嚴的老年生活。

三、喪失工作能力

喪失工作能力的損失包括疾病和傷殘損失風險，其對家庭（個人）產生的經濟影響，主要表現在收入損失和醫療費用風險。收入損失風險係指疾病或傷殘使家庭（個人）失去收入能力，即喪失生命的經濟價值；醫療費用風險係指家庭（個人）遭遇疾病或身體傷害、殘廢可能給家庭（個人）帶來鉅額的醫療費用及其他附加費用，例如，長期看護費用。

在人們所面臨的各種人身損失風險中，疾病風險是一種直接危及家庭（個人）的生存利益，可能給家庭（個人）造成嚴重危害的特殊風險。茲說明如下：

㈠疾病給家庭（個人）的生活和工作帶來困難，造成損失，甚至使人失去生命。

㈡疾病對家庭（個人）而言，都是無法避免的。

㈢疾病種類繁多，引起疾病的原因複雜多變，生活方式、心理因素、環境汙染、社會變遷等多種因素，都可能引起諸多難以認知和消除的疾病。

㈣疾病風險往往具有社會性，某些疾病具有傳染性，如愛滋病（AIDS）、嚴重急性呼吸道症候群（SARS）等，不只危害家庭（個人）健康，還會波及某些地區、整個國家，甚至全世界。

喪失工作能力風險係指由於疾病、傷害事故等，導致人的身體損壞，例如，組織器官缺損或出現功能性障礙等。疾病和傷殘都會使家庭（個人）遭受收入損失和醫療費用增加的雙重威脅。如果患病者或傷殘者是家庭的主要收入者，則由此造成家庭（個人）財務壓力將遠超過死亡風險。

四、失業損失

雖然家庭收入計畫需要參照主要收入者的能力，但失業不必像死亡或喪失工作能力對收入需求的分析，家庭需求法正合乎其需要。分析失業和殘廢相似，不會發生高額不確定的醫療費用。預測失業期間的困難比喪失工作能力要少一些。在失業中，一個特別複雜的情況就是不能買商業保險來承擔失業損失的任何一部分。因此，失業損失風險一般需要採取商業保險以外的風險處理技術。

第 三 節　家庭（個人）人身風險成本

家庭（個人）風險管理藉著最有效率的風險控制及風險理財措施，以儘可能低的成本，將風險所產生的經濟上不良影響，減少到最低的程度，因此，實施家庭（個人）風險管理旨在降低家庭（個人）人身風險成本（Cost of Risk）。

風險成本簡單地說，即是管理純損風險或靜態風險的成本。風險成本可定義為下列二項之和：(1) 風險的經濟成本，和 (2) 風險的憂慮成本。

風險的經濟成本係指有形的直接性或間接性的經濟成本，一般而言，家庭（個人）人身風險成本包括：

一、保險費

保險費係指購買各種家庭（個人）人身保險商品來轉移人身風險的成本。

二、自己承擔的損失

對於未投保的風險所造成的損失，包括自負額的損失，以及自保風險所造成的損失，均列為家庭（個人）人身風險成本的一部分。

三、家庭（個人）人身風險控制的成本

家庭（個人）人身風險控制旨在預防損失及減輕損失，任何使用在風險控

制措施上的成本，例如：風險檢測、預防體檢、安全管理等費用，亦為家庭（個人）人身風險成本的一部分。

四、管理人身風險的一般費用

此項成本係指與管理家庭（個人）人身風險有關的一般費用，例如：家庭（個人）管理人身風險的經常性費用。

家庭（個人）人身風險成本除了包括以上四項管理人身風險所產生的經濟成本之外，尚包括了一些由於人身風險存在所產生的無形的、間接性的憂慮成本。此項憂慮成本通常包括：

一、提存緊急準備金的損失

個人及家庭，為了因應一些緊急事故的發生，而提存準備金。此類準備金必須保存著高度的流動性，例如存於銀行，而使得此類準備金不能作收益性高的有效應用，所造成的損失。

二、阻礙資本形成及減少生產能量的損失

由於家庭（個人）風險的存在，而使得個人及家庭採取較為保守的態度，轉向安全性高的活動，甚至迴避風險，因而將會導致阻礙資本形成，減少生產能量。對於個體的個人、家庭以及總體的社會而言，均是一項損失。

自我評量

一、如何認知家庭（個人）人身風險？請說明之。

二、請以家庭需求法（Need Approach）說明個人死亡，對其家庭財務需求之影響？

三、請以人類生命價值法（Human Life Value Approach）說明個人死亡，對其家庭財務需求之影響？

四、請說明疾病風險如何直接危及家庭（個人）的生存利益？

五、請說明失業損失風險應採取何種風險處理策略來解決？

六、何謂家庭（個人）人身風險成本（Cost of Risk）？請說明之。

第十章

家庭（個人）人身風險管理與保險規劃

學習目標

本章讀完後，您應能夠：

1. 瞭解人生與風險。

2. 認識家庭（個人）理財與風險管理的重要性。

3. 掌握家庭（個人）人身風險管理與保險規劃。

摘　要

921 大地震造成臺灣地區 2,000 多人死亡，8,000 多人受傷，財產損失難以估計。美國 911 恐怖主義攻擊事件震驚世人；沒有人能漠視生命的無常，如英業達集團的前副董事長溫世仁先生因出血性腦中風而辭世，中央銀行總裁許遠東先生因大園空難而辭世。我們無法預知風險事故的發生，但仍應該預估事故可能帶來的損失，如果有機會，我們就應該為自己及家人預作安排，才能在事故發生時安心與自在地面對，所以作好人身風險管理能為我們解決人生之生、老、病、死、傷殘的人身風險問題。

人體由孕育以至於死亡之過程中，得面臨生、老、病、死之風險，而物體由設計以至於消失之過程中，則面臨毀損、滅失之風險。故吾人在追求有形物質之享受時，也應重視無形風險之管理，以確保生活之品質。

由於個人的財務需求隨著生命階段之演變而有所不同，故應理性地自我分析，並擬定適當之理財計畫，以期達成生命週期各階段所設定之目標。理財計畫具有可增加收入、減少浪費、提升生活品質及安定退休生活等功能，故運用完善之理財計畫以消除人生之風險，是現代人不可缺少的觀念與知識。

家庭及個人所面臨的人身風險不外乎死亡、傷病及老年。不同家庭成員死亡、傷病、老年及事故發生時間的不同，對家庭經濟的影響也就有所不同，而個人對家庭經濟所可能造成影響之程度，決定於個人生命之經濟價值，此亦為個人規劃人壽及意外等保險之重要依據。

保險是一種「多數人合作以分散風險、消化損失」的一種制度，生活中處處有風險，但風險發生以後，保險可以將損失減到最輕，最起碼可以提供一筆相當額度的金錢，來保障發生風險者的家人或自己日後的生活，使生活免陷於困境。保障和醫生一樣，都是因應風險而存在的善後方法，它和居家的消防設備一樣重要——「寧可百年不用，不可一日不備。」

第 一 節　人生與風險

生活中到處都有風險，我們每天翻開報紙，總有許多災難報導，都可以得知又有許多人失去了生命。

從前，人們的平均壽命可能只有 40 多歲、50 多歲，而現在，人們的平均壽命已經有 70 多歲將近 80 歲，人類的壽命不斷增加，這個事實表示，我們目前所面對的風險要比過去減輕，但是我們為什麼會有相反的感覺呢？其實，正因為許多大大小小的風險一一地被去除，我們才能感受到存在於身邊的那一些風險，而這一些風險，從你我起床的那一剎那起，到入睡安眠為止，沒有一秒鐘不存在，甚至，當我們正熟睡美夢時，風險依然在身邊。

哈佛大學物理教授理查・威爾遜（Richard Wilson）曾寫過一篇文章，詳述生活中的種種風險，讀後讓人怵目驚心。不細思量，真不知我們的生活有如此多的風險，廣而大的風險如空氣汙染、飲用水的汙染、核能電廠的威脅等，細而小的風險卻分布在任何一個時、事、地中：我們每天是喝茶還是喝咖啡呢？不論喝茶或喝咖啡，都含有可致癌的咖啡因；我們每天都要吃一些穀物吧？而在世界各地的穀物中偶有發現存含一些黃麴毒素，醫學界已證實它會引起肝癌；您吃肉吧？小心喔！肉吃多了會引起大腸癌 …… 這些是理查・威爾遜告訴我們的。

諸如此類還有許許多多。世事之不可測，不是我們所能主導，例如一群小孩在街上玩耍，其中一人可能被車子撞死，而其他小孩卻沒事；又例如三個抽一輩子菸的人，會有一個死於癌症或心臟病，另兩個卻不會。在出事前，每個人的機率都是一樣的，其他的人終究也會死，他們會因其他的原因而死。中國有一句古諺說：「棺材中裝的是死人，而不是老人」，便已暗喻了風險是無所不在的。

儘管風險永遠不會消失，但風險卻可以分散，風險發生以後所造成的損失可以減輕——而這個分散風險、減輕風險損失的工具是「保險」。

保險是一種「多數人合作以分散風險、消化損失」的一種制度，生活中處處有風險，但風險發生以後，保險可以將損失減到最輕，最起碼可以提供一筆相當額度的金錢，來保障發生風險者的家人或自己日後的生活，使生活免於陷

人困境。保險和醫生一樣，都是因應風險而存在的善後方法，它和居家的消防設備一樣重要——「寧可百年不用，不可一日不備」。

第二節 家庭（個人）理財與風險管理

一、生命週期與家庭（個人）理財計畫

只要是一個有生命的軀體生存在群體中，就無法避免許多風險的威脅，直到走完人生旅途才得以解脫。在生與死兩個極點之間，「風險」就像空氣一樣無所不在。

每一個人的生命歷程，可以分為孕育期、成長期、成熟期、衰退期，終至死亡，代代循序相傳，稱為生命週期（Life Cycle）。為了使個人在人生不同階段都能得到充分的財務來源，維持一定的生活水準，因此每個人應理性分析自己，並規劃適當的理財計畫（Financing Program），以完成生命週期各階段設定的目標。

一個人結婚後，家庭收入會逐年增加，同時支出也會跟著增加。尤其從子女的成長過程到結婚期間，需要支付的教育費與購置住宅的雙重開支，可說是家庭責任最重的時期。子女獨立後，夫婦也已達到退休年齡，從這時候開始，大約還要過二、三十年的晚年生活。

由此可見人的一生中，總會有幾次需要大筆花費的時期。所以，一個人如果僅僅考慮一個月或一年後的生活，一定無法維持幸福安和的家庭生活。早日著手家庭理財計畫，乃是一家之主的義務，也是對家庭愛心的具體表現。

完整的個人理財計畫，應該是針對每一個人的背景、目標、生活態度及需求，設立不同的財務目標，並經由財務分析人員、保險人員、風險管理師、會計師、律師等專業人員共同參與，提出為完成個人財務目標所需的整體計畫。

理財計畫真正目的可歸納如下四項：

㈠增加收入

即透過「開源」的行動，在現有的財富基礎上增加收入，如增加工作收入、

自行創業、加班兼差、收取房租、利息等。

㈡減少浪費

即「節流」的觀念；按照預算控制開支，將支出減至最低，並使花費發揮最大的效用。每減少一元的支出，在效果上比增加一元的所得還大，因為增加的收入，必須扣除成本費用。

㈢提升生活品質

透過開源節流，使每個人有較寬裕的經濟能力，提升生活水準，創造美滿幸福的家庭，如由租屋到自購房屋，由搭公車到自購車輛，均能提升生活品質。

㈣準備退休生活

為了退休後擁有獨立經濟能力，以免生活困苦，所以年輕時預作規劃，儲蓄退休後養老所需，如投保人壽保險，參與退休計畫，進而將財產移轉給下一代或慈善機構。

二、家庭（個人）人身風險管理之規劃

在擬定個人理財計畫時，「風險管理」（Risk Management）是不可忽視的一環。因為其他的財務目標，如累積財富、儲存子女教育經費及個人退休金等，一般人都有時間安排，但疾病和天然災害等意外事故隨時會發生，所以如何因應這些風險，必須事先規劃。

在規劃風險管理時，必須先衡量自己對風險的態度，然後從事認知、評估和控制各種風險，以保障未來的收入，節省風險所耗費的成本。

在找出風險並加以評估後，可選擇一種方法來處理風險；一般來說，買保險是比較經濟而且實惠的方法。買保險其實就等於花一點錢，請保險公司替您承擔可能的損失。

除了買保險外，還可以利用避免風險的方法來處理；比方說，因開車會導致車禍，可能引起受傷或死亡，所以就不買車、不開車，以避免可能的人身損失風險。

　　另外，也可設法降低可能發生的損失風險；比如，肥胖的人要節制飲食，持續運動以減少高血壓、糖尿病的發生，即是以事前的有效規劃降低風險。

　　假如您不能躲避風險而又不願意買保險，還可以考慮設法自己承擔風險。自己承擔風險的資金可以預先準備好，也可以等到損失發生後舉債籌措。但是，得先確定有人願意借款。

　　一般而言，我們應該好好地規劃家庭及個人風險管理，有一個簡易家庭（個人）風險管理計畫方法，可以讓我們很容易著手。這個方法是依表 10-1 的簡易個人風險管理計畫表逐步評估，最後得知自己應對風險能力的強弱、風險所在及所需經費。表 10-1 的設計是從收入、支出、儲蓄和資產負債，計算出自己擁有多少資產可面對風險，最後視個人風險狀況衡量所需保障，再從經濟能力決定買多少保額。表 10-1 中第一項至第六項為評估個人或家庭面對風險的能力。第七、八兩項是個人衡量還需多少保險保額。第六項的答案如果是十年以下，則表示應對風險力不夠；答案在十五年以上表示應對風險能力很好。第八項是衡量個人的風險在哪裡，也就是風險需要平衡的地方。第九項是評估有多少經費購買保障。

　　個人應對風險能力的強弱、風險所在和經費數額，已從計畫表顯示出來，接著就是選擇險別。應對風險弱、經費少和目前風險大的人（第八項選 A、B、C、D 或 E 者），建議買「低保費、高保障」的產品，例如，平安險、定期壽險（年輕人宜附加傷害醫療險）。經費較多的話，可以加買防癌終身險、定期終身壽險和附加住院醫療險。應對風險能力強、經費多和計畫有未來保障的人（第八項選 C、F 或 G 者），建議購買年金，如養老險和子女教育年金，再加上定期終身壽險和附加住院醫療險。此外，對住宅或其他財產也應購買恰當的住宅火災保險或汽車保險（第八項選 H）。

三、家庭（個人）人身風險管理之目標

　　家庭（個人）人身風險管理目標是滿足家庭和個人的效用最大化，即以最小的成本獲得儘可能的最大安全保障。根據國際理財顧問認證協會的調查顯示，無風險管理或財務規劃的家庭遭受意外，以及其事件造成的財產損失可達家庭財產總額的 20% 以上，最高可達 100%，即所有財產損失殆盡。家庭（個人）

表10-1　簡易個人風險管理計畫表

1.(a)個人：本人年所得約_____萬元。

　　　　　個人年支出約_____萬元。

　(b)家庭：全家年所得約_____萬元。

　　　　　全家年支出約_____萬元。

　(C)目前住屋是自有或租屋？租金：_____元。

2.尚需負擔其他親屬生活費約_____萬元。

3.個人或家庭投資和儲蓄約_____萬元。

4.您個人或家庭目前可能的財務風險→資產借貸：

　　A.房屋貸款_____萬元。

　　B.汽車貸款_____萬元。

　　C.消費性貸款_____萬元。

　　D.創業貸款_____萬元。

　　E.信用貸款_____萬元。

　　F.互助會（死會）_____萬元／月。

5.請估算目前您的家庭每月生活總支出（包括利息費用）_____萬元。

6.萬一您喪失工作能力，在不改變目前生活水準的前提下，家庭能維持多久的生活？_____

　　（應能維持十年以上才好，不足應有保險保障。）

7.目前您有多少保險保障？壽險_____萬元，意外險_____萬元，年金_____萬元／年。有

　　哪些醫療險？_____。

8.如果您參加保障計畫，您希望保障的範圍包括：

　　A.為自己風險規避作準備。

　　B.為家庭風險規避作準備。

　　C.為子女教育作準備。

　　D.為償還貸款作準備。

　　E.為購屋作準備（為自己的住屋作準備）。

　　F.為退休及晚年養老作準備。

　　G.為分配遺產或規避遺產稅作準備。

　　H.為自己的其他財產作準備。

9.以目前您經濟許可範圍下，每個月可提撥多少錢以供財務規劃？_____千元或萬元。

人身風險管理活動必須有利於增加家庭（個人）的價值和保障，也必須在風險與利益間取得平衡。家庭（個人）的人身風險管理目標可以分為損失預防目標和損失善後目標，茲說明如下：

(一)損失預防目標

　　家庭（個人）人身風險管理的損失預防目標，主要包括以下四個目標：

1.成本經濟合理

　　成本經濟合理目標係指在損失發生前，風險管理者應比較各種可行的風險管理工具與策略，進行成本效益分析，謀求最經濟、最合理的採行方式，實踐以最小的成本獲得最大安全保障的目標。因此，風險管理者應注意各種成本效益分析，嚴格審核成本和費用支出，儘可能採行費用低、成本小而又能保證風險處理效果的方案和措施。

2.安全保證

　　風險的存在對家庭（個人）來說，主要係針對家庭（個人）的安全問題。風險可能導致個人的傷亡，影響家庭（個人）的安全。因此，家庭（個人）風險管理目標，應是儘可能去除或降低風險的衝擊，創造家庭（個人）安全生活和環境的保證。

3.履行家庭（個人）責任

　　家庭（個人）一旦遭受風險損失，不可避免地會影響到與之有關的其他家庭、個人，甚至整個群體或社會。因此，家庭（個人）應認真實行風險管理，儘可能避免或減少風險損失，使家庭（個人）免受其害。一般而言，家庭（個人）在家庭中同時還承擔一定的責任，故此，為使家庭（個人）能更安心承擔家庭責任、履行家庭義務並建立良好的家庭關係，履行家庭（個人）責任是發展風險管理損失預防目標活動的重要目標。

4.減輕憂慮

　　風險的存在與發生，不僅會引起家庭（個人）各種財產毀損和人身傷亡，而且會給家庭（個人）帶來種種的焦慮與不安。例如，家庭（個人）的主要收入者就會擔心自己失去工作能力之後給家庭（個人）帶來損失風險。因此，就可能在日常生活表現比較拘束、謹慎小心。故此，家庭（個人）應在損失發生前，採取各種預防的措施，減輕對損失風險的憂慮，使家庭（個人）的生活都能高枕無憂。

㈡損失善後目標

　　家庭（個人）人身風險管理的損失善後目標，也包括以下四個目標：

1.減輕風險的損害

損失一旦發生，風險管理者應及時採取有效措施予以搶救與善後，防止損

失的擴大和蔓延，將已發生的損失影響減輕到最低限度。

2.提供損失的彌補

風險事故造成的損失發生後，風險管理的損失善後目標應該能夠及時提供家庭（個人）經濟的彌補，以維持家庭（個人）的生活安定，而不使其遭受崩潰之災，是家庭（個人）人身風險管理的重要目標之一。

3.維持收入的穩定

及時提供經濟彌補，可維持家庭（個人）收入的穩定，使家庭（個人）在風險事故發生後，仍能維持一定之生活水準。

4.維護家庭的和樂

風險事故的發生可能直接造成家庭成員嚴重的人身傷亡，對一個美滿和樂的家庭可能造成不可彌補之損失。因此，家庭（個人）人身風險管理的目標應是在最大限度內維護家庭和樂的連續性，維持家庭的穩定，避免家庭的破裂和崩潰。

四、家庭（個人）人身風險管理的實施步驟

在確認家庭（個人）人身風險管理目標後，可以進行風險管理的實施步驟，家庭（個人）人身風險管理的實施步驟可以分為五個步驟，茲說明如下：

㈠認知和分析家庭（個人）人身風險

認知和分析家庭（個人）人身風險是整個風險管理實施步驟的基礎，家庭（個人）面臨的風險多樣化，有必要加以分類，以便詳細認知和分析損失風險。由第二章中的「風險分類」可知，家庭（個人）所面臨的純損風險可以分為財產風險、責任風險及人身風險三大類。上述的風險分類可幫助風險認知，並進行風險分析。

1.認知家庭（個人）人身風險的資訊來源

認知家庭（個人）人身風險，風險管理者應瞭解有關家庭（個人）財產、責任和家庭（個人）目標等方面的資訊，包括：

⑴年齡、健康狀況、家族病史。

⑵配偶、同居人、受扶養人。

⑶收入來源、收入金額及取得方式。

(4)所擁有和使用的財產。

(5)負債情形。

(6)現有的商業保險保障，如車險、住宅火險、個人責任險等。

(7)現有的社會保險保障，如公保、勞保、農保等。

(8)現有的企業保險保障，如團保、員工福利計畫。

(9)現有的退休計畫。

2.分析家庭（個人）人身風險

認知家庭（個人）將面臨哪些損失風險後，需要進一步分析引發損失的風險事故，以及發生損失的後果。

風險事故係指引起損失的直接或外在的原因。財產可能因火災、洪水、颱風等風險事故發生損失，家庭成員或個人可能因意外事故、疾病等原因致殘廢或死亡，或因汽、機車交通事故造成他人傷亡或財產損失而遭受責任損失，或因退休、失業、喪失工作能力而喪失收入能力等。

在各種風險事故中，有的可能對家庭（個人）的財務支出和生活水準造成輕微的影響，有的可能造成嚴重的影響，風險管理應按照風險事故所造成家庭（個人）財務支出或生活水準影響的輕重緩急予以歸納，並採取適當的措施加以管理。

㈡分析家庭（個人）人身風險管理策略

家庭（個人）人身風險管理與企業風險管理一樣，風險管理策略可區分為風險控制和風險理財策略。風險控制策略係指對可能引發風險事故的各種風險因素，採取相對應的措施。在損害發生前，採取減少風險發生機率的預防措施；而在損害發生後，採取改變風險狀況的減損措施，其核心是改變引起風險事故和擴大損失的條件。風險理財策略係指透過事先的財務計畫融通資金，以便對風險事故造成的經濟損失進行及時而充分的彌補措施，其核心是將消除和減少風險的成本平均分攤在一段期間內，以減少巨災損失的一次衝擊，藉此穩定家庭（個人）財務支出和生活水準。

1.風險控制策略

家庭（個人）通常採用的風險控制策略，包括風險避免、損失控制、風險複製與隔離等策略。

⑴風險避免策略

風險避免的目標是避免引起風險的行為和條件，使損失發生的可能性變為零。風險避免是一種最簡單、最徹底的風險控制策略，家庭（個人）可藉此策略避免許多的風險。例如：不購置汽車，避免車禍所導致人命傷亡之損失風險；不搭乘飛機可避免因飛機發生風險事故，而導致傷亡的風險。

⑵損失控制策略

損失控制策略可分為損失預防和損失抑制，前者著重於降低損失發生的可能性和損失機率；後者著重於減少損失發生後的嚴重程度，即損失幅度。損失控制策略常同時涉及損失預防和損失抑制。例如，家中安裝防火警報器，當室內溫度或煙霧濃度超過某一限度時，令自動警報，從而可以降低家庭（個人）因火災受傷的可能性，也有助於及時發現火災，及早採取救火措施或移轉貴重物品，減少火災所致之損失。

損失控制策略在管理家庭（個人）風險是非常重要的。例如經常開車的人可以透過定期檢查、保養汽車、養成小心駕駛習慣等方式，降低汽車事故發生機率和受傷的程度；實行每日運動、定期健康檢查、注意飲食衛生，遠離吸菸、酗酒的不良嗜好等措施，以減低高血壓、糖尿病、心臟病的發生，即以事前的有效規劃來降低風險。

⑶風險複製與隔離策略

風險隔離策略主要係透過分離或複製風險單位，使得任何單一風險事故的發生不會導致所有財產毀損或喪失。以家庭（個人）之重要文件的安全管理為例，我們通常採用文件備份的方式，將重要的文件或資料存放在獨立的儲存器，例如隨身碟、外接硬碟，以免電腦系統遭受電腦病毒感染，導致檔案、資料、文件丟失之風險，這就是複製策略。我們還要注意，不要將所有存有重要文件的儲存器，如隨身碟、磁碟片、硬碟放在同一處所，而是分別存放在不同處所，甚至可存放於銀行之保管箱，以避免因存放處所失火造成所有重要文件、檔案與資料同時損毀的可能性，這就是隔離策略。

　2.風險理財策略

家庭（個人）遭遇損失風險是難免的，因此，家庭（個人）有必要預先規劃一旦損失發生時應如何彌補。家庭（個人）可以採行的風險理財策略，主要包括保險、非保險移轉及風險自留。

(1)保險策略

保險係將家庭（個人）的經濟損失移轉給商業保險公司或政府機構的風險管理策略。

(2)非保險移轉策略

非保險移轉係為了減少風險單位的損失頻率和損失幅度，將損失的法律責任以契約或協議方式移轉給非保險公司或非政府機構以外的個人或組織的管理策略。例如用出售、賣後租回契約，將財產等風險標的移轉給其他單位或人，或以出租、租賃契約，將租賃期間的某些風險（如對第三人法律、傷害責任）移轉給承租人。

(3)風險自留策略

風險自留策略係指自我承擔風險或自保。自留可以是部分自留，也可以全部自留。部分自留是指一部分損失風險由自己承擔，另一部分藉由保險或非保險移轉出去。例如，保險單通常設有自負額或理賠上限，自負額以內的損失和超過理賠上限的損失，都由投保人自己承擔。而對於全部自留來說，家庭（個人）承擔了所有的損失，自留也可以分為自願性自留和非自願性自留兩種。自願性自留是指家庭（個人）已經意識到損失的可能性而決定自己承擔風險，具有主動性，是一種慣用的風險管理策略；非自願性自留是因未能事先認知風險發生的可能性而導致的風險自留，這常常造成家庭（個人）嚴重的財務問題。

(三)選擇風險管理策略

雖然保險策略為一般家庭（個人）最常用之風險管理策略，但是保險策略並非唯一的選擇，事實上，家庭（個人）的風險管理策略不能過度依賴保險而忽略其他風險管理策略，而是要依據家庭（個人）面臨的特定風險狀況和管理目標而定，應是有計畫性地選擇合適的風險控制和風險理財策略，形成一個包括保險在內的風險管理策略組合，確保以最低的風險管理成本獲得最高的安全保障。

1.選擇家庭（個人）風險控制策略

損失頻率與損失幅度的高低，可作為家庭（個人）選擇風險控制策略決策的指導，表 10-2 損失頻率／損失幅度矩陣可顯示每一種風險控制策略與損失頻率／損失幅度之關係。

表10-2 損失頻率／損失幅度矩陣

		損 失 幅 度	
		高	低
損失頻率	高	避免 預防和抑制 移轉 自留	預防 自留
	低	預防和抑制 移轉	自留 預防

在高損失頻率／高損失幅度的情況下，風險避免是風險控制策略的首選。例如，因開車會發生車禍，可能引起傷亡，所以就不買車、不開車，以避免可能的風險發生，風險避免即主動阻絕一切可能產生風險的通路。

一般而言，除非採取風險避免策略，任何損失風險都需要嚴肅面對，採取必要的風險控制策略和風險理財策略。

2.選擇家庭（個人）風險理財策略

在選擇家庭（個人）風險理財策略時，通常係採行下列步驟：

⑴考慮家庭（個人）能夠自留或承受的損失幅度（金額）

面對可能發生的損失，家庭（個人）應先確認自己能夠自留或承受的損失幅度（金額）。

⑵比較損失幅度（金額）和風險成本

在選擇風險管理策略時，必須將可能的損失幅度與風險控制或風險理財策略的成本進行比較。當可能的損失幅度小於可供選擇的風險控制或風險理財策略的成本時，採用風險管理策略就不是家庭（個人）的明智選擇；反之，當風險成本遠小於損失幅度時，家庭（個人）應該認真考慮採取何種可行的風險管理策略。

⑶考慮損失頻率的影響

在家庭（個人）考慮損失幅度後，還須進一步考慮損失發生的頻率，如果一次損失金額不大，但在一定期限（如一年）內類似損失多次發生，也可能造成難以承受的損失金額。因此，損失頻率往往也會改變風險自留的決策，轉而採行某些合適的風險管理策略來降低或避免風險。

㈣實施風險管理計畫

一旦認知和分析家庭（個人）損失風險，並選擇合適的風險管理策略之後，就該進入實施「風險管理計畫」的主題。這包括四個方向：

1.風險避免

風險避免即主動地阻絕一切可能產生風險的通路。比方說，因開車會導致車禍，可能引起受傷或死亡，所以就不買車、不開車，以避免可能的風險產生。

2.風險降低

風險降低則是以事先妥善安排計畫，來減低風險發生的機率。例如，肥胖的人要節制飲食，持續運動以減少高血壓、糖尿病的發生，即是以事前的有效規劃降低風險的實例。

3.風險移轉

將可能產生的風險責任，事先委託給一個穩定可靠的團體或組織，讓它解決一切問題。例如，向保險公司購買醫療保險，萬一健康情況出現危機，便可得到充分的保障。

4.風險自留

即預存個人承受風險的經濟實力。倘若因遭遇意外事故，必須長期住院治療，則勢必要具備忍受長期醫療費用的經濟實力。一般來說，個人的經濟實力通常稍嫌單薄，若能加上保險公司雄厚財力的支持，可使個人承受風險的能力更富彈性。

㈤監督與改進風險管理計畫

家庭（個人）風險管理實施步驟的最後一步，仍是監督與改進風險管理計畫，至少每兩到三年，風險管理者需要檢視風險管理計畫是否足夠保障家庭（個人）所面對的主要風險。風險管理者也要檢視家庭（個人）生活中的重大事件（例如結婚、生子、購屋、更換工作、離婚、配偶或家庭主要成員的去世），對家庭（個人）的財務影響及採取的因應策略。

我們生活在一個時刻變化、日新月異的世界，因此，即使我們目前已有足夠的保險保障，或是採取其他適當的風險管理策略，但有必要定期檢視家庭（個人）風險狀況和承受能力的重大變化，誠如上述所言之生活中的重大事件，並

應隨時注意新的風險控制和風險理財策略等。

　　上述五個風險管理的實施步驟並非全然分開的，或在時間上有所重疊，而是必須圍繞風險管理的目標和計畫來執行；也不是一勞永逸的，而是一個周而復始、循環不斷的過程。

第三節　家庭（個人）人身風險管理與保險規劃

一、家庭（個人）人身風險的來源

　　921 大地震造成臺灣地區 2,000 多人的死亡、 8,000 多人受傷，財產損失難以估計。美國 911 恐怖主義攻擊事件震驚世人；沒有人能漠視生命的無常，如英業達集團的前副董事長溫世仁先生因出血性腦中風而辭世，中央銀行總裁許遠東先生因大園空難而辭世。我們無法預知風險事故的發生，但仍應該預估事故可能帶來的損失，如果有機會，我們就應該為自己及家人預作安排，才能在事故發生時安心與自在地面對。

　　所以，作好人身風險管理能為我們解決下列人生之生、老、病、死、傷殘的風險問題：

(一)生

　　人從生下來到自己能獨立之前這一段時間，子女必須仰賴父母撫養，一旦父母親的「收入中斷」，無法盡到責任時，以目前小家庭盛行，互助力量單薄的情況下，人身保險可作為長久收入的替代者，為人父母不買保險會使子女生活於恐懼而不安的日子中。

(二)老

　　老是人必經的階段，它並不可怕，老了而無充裕的生活費用才真正可怕，足夠的退休養老金，可使一個老年人生活得優裕而且有尊嚴。

(三)病

好漢最怕病來磨，如果發生事故時，能一了百了還算好，但由於工商發達，意外事故頻繁，單一傷害可能造成終身癱瘓，一個慢性病（如癌症）可能導致長時間的病床折磨，這對當事人及最親密的家人都是痛苦難堪的。有了保險，並不能保證不會發生事故，但起碼可以保證出事時，有一筆長期且充足的醫療費用。

(四)死

人一旦走了，留下來的還是錢的問題：

1.自己所花的最後一筆錢。

2.配偶及子女的生活費。

3.如果很幸運的，您是一個財產很多的人，那麼未來遺產稅將使您一生的努力帶給您的子女一些困擾，例如遺產稅的繳納，而人壽保險的給付所創造出來一筆鉅額的現金，正可以解決這個問題。

(五)傷殘

暫時性的傷殘影響性較小，但永久性的殘廢卻成為個人、家庭甚至社會的沉重負擔。龐大的醫療與養護費用，使得家庭面臨難以承受的窘境，適當的保險規劃正是未雨綢繆的良方。

二、家庭（個人）人身風險之管理

一般來說，人身保險的保障有社會保險、企業員工團體保險（團保）、個人人壽保險等。社會保險所提供的保障內容為傷病的醫療和殘廢、死亡的給付，臺灣地區的公、農、軍、勞保和漁保，以及目前實施的全民健保等都是。團保是企業機構安定員工生活、增進員工福利和為了節稅，所加給員工的另一層保障。不過團保的保障內容，依各企業機構購買項目不同而有差別。

由圖 10-1 的家庭（個人）風險管理圖來看，家庭（個人）風險有如整個三角形，社會保險和團保保障占了最基層一部分，但不多。剩下的是個人必須承擔的風險，風險仍然很大。若是碰到這種風險怎麼辦？您準備自己承擔？或者

趁早投保來轉移風險？

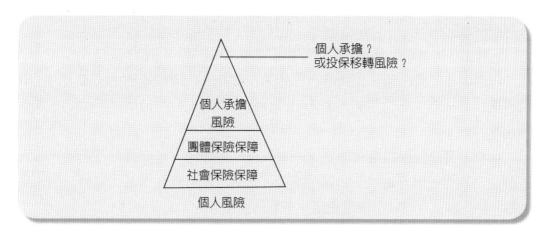

圖10-1　家庭（個人）風險管理圖

　　以目前社會生活水準和日漸昂貴的醫療費用來看，社會保險的保障實在不夠，一般社會保險均以「低保費、低保障」和不同理賠標準（如勞保設定的甲、乙表），導致品質低落。而團保所提供的基本保障，也因各公司購買項目不同，保險可能不完全（例如無眷保），保額也不高；況且，提供團保的企業並不多。

　　從保險市場面來看，臺灣地區自全民健康保險於 1995 年 3 月 1 日全面實施以來，幾乎臺灣人口的全數已納入各類社會保險。至於壽險（含團保）有效契約件數，至 2008 年底為 4,683 萬餘件，投保率為 203.2%，與日本的 400% 相比，我國國民的投保率確屬偏低。從日本的每個人有四張保單可以瞭解，一個人已不再是只擁有一張保單就可滿足，因為人生各階段的風險都需要保險來平衡，如創業期、結婚期、生兒育女期、購屋期、顛峰期和退休期等各階段。

　　在國人低投保率和低保額的情形下，個人最好購買人身保險來移轉過大的個人風險，提升接受醫療的品質。

三、生涯規劃與保險購買

　　每個人在不同的生涯階段，肩負的責任時有變化，因此購買的保險商品當然也不相同，而且由於保險商品日新月異，兼具理財的保險型商品已較以往單一的儲蓄型保險更具多樣化，值得苦守一份養老增值型保險的消費者注意。

買一份保險已逐漸成為流行，問題是在保險保障額度和保費負擔兩方如何求取平衡，而且如何隨著每個人生涯規劃作調整，值得有意買份生涯式保險的人仔細盤算。

近年來，許多保險公司均以「家庭需求論」，來替客戶設計保額。

所謂的家庭需求論，是指若被保險人不幸身故，仰賴其維生的家人，在事故發生之時，需要多少經濟支助才足以維持被保險人在生前所能提供的基本生活水準。

那麼，到底保額如何來決定？一般而言，根據估算年保費以不超過年收入十分之一為宜，但若屬中上收入水準者，這一比例可彈性提高，至於一個人是否屬於中上收入水準，可簡單地用年平均國民所得的水準來評估。

在決定保額時，依不同人生階段有不同的保險需求，一個人若處於壯年期，基本上，這一階段是一個人一生中經濟負擔最沉重的時期，所以保額需要高。但這一時期其收入往往較低，因此應選擇具低保費、高保額的保障性商品為宜，如定期壽險或終身壽險。

一個人若處於中年期，則應考慮為退休後的生活作準備。因為其現在處在事業及人生顛峰期，付費能力較不成問題，保險險種選擇也較有彈性，若其儲蓄毅力不夠堅定，則可藉由買生死合險來強迫自己儲蓄。

表10-3　合理的（壽險＋意外險）保額和年齡、年收入的關係

年齡	壽險＋意外險最高保額
16～30	14倍年收入
31～35	13倍年收入
36～40	12倍年收入
41～45	10倍年收入
46～49	9倍年收入
50～52	8倍年收入
53～56	6倍年收入
57～60	4倍年收入

上了年紀的人，買保險的重點，應擺在餘年的生活費、身後財產分配及降低遺產稅的考量上，由於這時候其已不須擔負家庭責任，原則上保額及保費負擔都不需要，若想投保，額度也不宜太高。

依統計數據顯示，統計出合理的壽險及意外險的保額與年齡及年收入的關係，若一個人現在的年齡為 16 歲到 30 歲，則最高保額為其年收入的 14 倍，若其現在是 57 歲到 60 歲，則最高保額為年收入的 4 倍。

買一份生涯式的保險，最重要的是自己要積極、主動，引導壽險業務員瞭解自己的需求，如此一來便能享受保險所帶來的益處，而不會被保險所拖累。

四、人身保險是生活中必備的工具

生活中有許多必備的工具，不論我們喜不喜歡，都應該準備。例如：當我們想卸下一顆螺絲時，必備的工具便是一把螺絲起子，少了它，事情做起來很不順手；當我們想要用鐵絲把東西鎖緊時，必備的工具便是一把老虎鉗，少了它，事情也難以做得完美。不過，當這些類似的工具不使用的時候，它既不美觀，也不可愛，甚至彷彿是多餘無用的東西，儘管如此，幾乎所有的家庭都準備了這些工具，甚至把它放在精美的工具箱裡，放置在隨手可取得的地方，因為，有一天會需要它。

人身保險也是一種工具，一般人不易發覺人身保險有什麼功用，但是，在某些狀況下，針對某些事件，它卻是最有效、最方便的工具，簡述如下：

㈠保證家庭責任的工具

每一個人都有責任，而生命中有一大段的歲月我們必須供給別人生活所需，這是經濟上的責任，而且是責無旁貸的責任。過去，親人共同生活的大家庭時代，這種責任有許多人與我們共同承擔，相互支援。而現在，親兄弟明算帳的功利觀念已經是理所當然的現象，家庭責任是自己的責任，即使是親如兄弟也難以與我們共同承擔。在親友都不可依靠的狀況下，只有求助工具，唯有人身保險可以分勞分憂、分散風險，而且保證負起應盡責任，絕不推諉。

㈡保全財產的工具

一般人終其一生都在不斷地創造財富，但是，我們創造累積而來的財富，很可能有一部分只是暫時代人保管而已，終究不是我們的。所以，如何規劃財產是現代人相當關心的工作。規劃財產有許多方式及技巧，以目前的社會狀況

來看，30、40歲的人訂立遺囑已經不稀奇了，這也是財產規劃，但是不論我們如何有效的規劃財產，亦須依人身保險這種工具來保全財產，它是最佳的選擇，因為人身保險可以確保一生奮鬥的財產完完整整，沒有遺憾。

㈢創造未來財富的工具

有些人很富有，因為他努力工作，因為他掌握每一次機會，因為他有時間且善用時間；有些人很幸運，因為他擁有許多未來的時間，可以平安的使用，去創造財富，美滿家庭，貢獻社會；有些人很不幸，雖然他有能力、有信心，雖然他有一切，但是沒有時間，上帝沒有給他充分的時間，他來不及去創造財產，對他而言，未來可能創造的財富沒有了，對他的家人而言，原可仰賴他所生的財富沒有了，這個世界上，已經沒有人可以替他去產生這些財富。但是有一種工具可以，這種可以替代人們去創造財富的工具便是人身保險。

㈣保證清償負債的工具

臺灣俗話說：「錢四腳，人兩腳」，人們追不上錢，但是人們不死心、不認輸，想了很多辦法要追上錢，於是許多人便以赤字經營人生，先透支，自己身負許多債務，再慢慢清還債務，於是便有了所謂的分期付款、抵押貸款、信用貸款等，不過負債終究是負債，總有一天要償還的。如果有一天負債人不幸死亡、殘廢，不但負債無法償還，甚至還會拖累親人，所以負債時最好能尋得一個保證，當所有償還負債的條件都不存在時，可以代為償還的保證，人身保險可以成為唯一償還的保證，它值得信賴的。

㈤擴張信用的工具

擴張信用便是讓自己承擔更多的負債，但應預防信用破產，亦不應由其他人來承擔因擴張信用而帶來的風險。如前所述，人身保險是清償債務的有效工具，所以擴張信用後最佳承擔風險的工具，就是人身保險。有信用的人，應具備相當程度的人身保險才是。

㈥節稅的工具

投保人身保險是理財的一種方式，它可以減輕個人綜合所得稅的負擔，每

人每年保險費在 2 萬 4,000 元以內，可以申請所得稅扣除。若以公司行號投保團體保險，亦可減輕營利事業所得稅。將來的保險給付，由指定受益人領取的保險給付，不論其名稱為何，如滿期保險金、死亡保險金、殘廢保險金、醫療保險金、紅利金、年金等，均免稅，因此人身保險是節稅合法且有效的工具。

如上所述人身保險是一種工具，雖然不是天天使用、天天方便，但在必要時，它卻最方便、最有效，且不可替代。

五、人身保險商品的種類與基本內容

人身保險商品主要可分為七大類，茲說明如下：

㈠人壽保險

人壽保險，以保障年期來分，一般而言可以分為：(1) 終身型人壽保險；與 (2) 定期型人壽保險兩類。

1.終身型人壽保險

指的是終身繳費、終身保障，或是一定期間內繳費即享有終身保障的人壽保險。因為要保障一輩子，通常保險費會比定期壽險來得貴很多。

2.定期型人壽保險

指的是繳交一定期間內的保險費，獲致該期間內的保險。如果被保險人在繳費期內身故，就可以依照保險單條款的約定，獲致理賠。一旦保險期間過了，而被保險人仍然生存時，該保險即自動終止。因為只有在一定期間內享有保障，所以保險費相對於終身型的人壽保險便宜 60% 到 70%。

如果以保障內容來分，除了平準型的商品，各家保險公司也設計有多倍保障、繳費期內增值，或是增值終身，或是身故時除保險金額外，再退還所繳保險費等不同保障額度的商品。

㈡傷害保險

1.身故及殘廢保險

所謂的身故及殘廢保險，主要是指保險期間內，被保險人因遭受意外傷害

事故，導致殘廢或死亡，就可以獲得理賠。但是，還是要注意其除外條款的部分，例如，被保險人飲酒後駕（騎）車，其吐氣或血液所含酒精成分超過道路交通法令規定標準者，屬於不理賠的項目。

行政院衛生署所公布的最新統計數字，2008年臺灣地區人口中因意外事故死亡的比率為5%。死亡率不高，但意外傷害醫療情況比較多。

2.傷害住院日額給付保險

被保險人因遭受意外傷害事故而住院治療，按住院的天數乘以約定的金額給付，例如住院10日，每日2,000元，則保險公司需給付共20,000元。通常每次住院最高的給付日數為90日。

3.傷害醫療限額給付保險

被保險人因遭受意外傷害事故而住院或門診治療，每次住院或門診的醫療費用在約定的限額內給付。

在商業競爭之下，傷害保險單的理賠內容，除了基本的十一級七十五項殘廢程度理賠外，也開始多樣化。例如，含重大燒燙傷保障者、含一級殘至三級殘的殘廢扶助金保障者、含特定意外事件多倍理賠者、有搭乘大眾運輸交通工具時加倍保障者，也有含配偶在同一事故身故時保障在內的保險單。

㈢健康保險

可以歸類為健康保險的商品有：⑴重大疾病保險；⑵癌症健康保險；⑶醫療保險。

1.重大疾病保險

在文明病日益普遍的時代，一旦發生長期且不易復原的疾病，對每個家庭都是很大的負擔，重大疾病保險商品遂應運而生。

2.癌症健康保險

近年來，因為環境汙染及飲食習慣的改變，癌症的發生機率日益增加，癌症也已經不是老年人的專利。根據行政院衛生署所公布的最新統計數字，2008年臺灣地區人口中，因罹患癌症（惡性腫瘤）身故的比例，約為27.3%，且逐年提高。尤其癌症的發生，通常需要多年的醫療照顧與家人的關懷。雖然我國的全民健康保險，將癌症醫療納入重大傷病給付的範圍，但是健保只能給付「必要的」醫療行為，至於看護人員及補充性藥品，甚至是義肢、義乳等重建手術

的支出，卻會對一般家庭造成不小負擔。所以，商業癌症保險有其必要性。

3.醫療保險

在沒有全民健康保險的時代，醫療保險的確幫助了很多家庭。但是，有了全民健康保險之後，自負額的部分已大幅下滑至多數的家庭都能負擔。而且現今醫療技術不斷進步，以前需要住院的疾病或手術，有很多已經可以在門診時就解決。全民健康保險已成為商業保險公司的前衛保險單位，因此醫療保險的購買需求與保障內容，似乎也應該重新被審視及定義，以符合國人的醫療習慣與需求。

㈣年金保險

所謂年金保險，就是要保人將一筆錢放在保險公司，購買一定額度的保險金額，將來依保險契約的約定，在到達一定的年期（一般多為十年期以上，也有即期可領的年金）或一定的年齡（指被保險人滿七十歲或八十歲以上）時，再定期支領一筆金額，直到被保險人身故。年金保險與人壽保險都是以人的生命、身體作為保險標的，最大的差異在於人壽保險是保障期間內身故就能獲得理賠，而年金保險則是保險期間屆滿之後還存活的時候領取保險金。

我國的年金保險分即期年金與遞延年金兩種。

1.即期年金

通常為躉繳型（一次繳清所有保險費）的保險單。

契約生效後，被保險人可以每個月或每年支領一筆錢。有保證支領期間與保證支領金額兩種。

契約生效後，進入年金給付期間，要保人不得終止契約或申請保險單借款。但是保證期間或保證金額之年金契約，在被保險人身故後，針對保證部分的年金，受益人可以依保險單所記載的貼現率，申請提前給付。

2.遞延年金

通常為分期繳納型的保險單。契約生效後，到達約定的年期或年齡，被保險人可以每個月或每年支領一筆錢。有保證支領期間與保證支領金額兩種。

契約生效後，於年金給付前，要保人或被保險人得終止契約或申請保險單借款。有保證期間或保證金額之年金契約，在被保險人身故後，針對保證部分的年金，受益人可以依保險單所記載的貼現率，申請提前給付。若於年金給付

前，被保險人已身故，得申請返還已繳之保險費或解約金或是保單價值準備金。

㈤團體保險

團體的定義，指的是具有五人以上，且非以購買保險為目的而組織之下列團體之一：

1.有一定雇主之員工團體。

2.依法成立之士、農、工、商、漁、林、牧業之合作社、協會、職業工會、聯合團體或聯盟所組成之團體。

3.債權、債務人團體。

4.中央及地方政府機關或民意代表組成之團體。

5.凡非屬以上所列而具有法人資格之團體。

一般公司行號或特定的團體（例如：信用卡會員、漁會會員、軍人等），為了提供其團體內成員保障與福利，集合多數人與保險公司洽談一份保險契約，即是團體保險。因為其條件適用於全體成員，所以我們可以善用團體保險，在大數法則的情況下，以比較低廉的價位，買到屬於自己的基礎保障。

如果團體保險的被保險人成員，可以開放給眷屬及父母，那更是建議您不可放棄權益。因為，團體保險的條款中有「被保險人離職 30 日內，在不高於團體保險的保額下，可以免健康告知，轉保該承保公司的個人保險。」

但是團體保險也有另一種風險：一旦我們離開了自己所屬的團體，就無法再適用該團體的保險內容及保險費率。

㈥投資連結型保險

投資型保險商品最早出現於 1956 年的荷蘭，源自消費者希望自己的壽險保單也能夠享有投資的機會。一般傳統的壽險商品，當消費者繳付保險費之後，保險公司以契約方式與消費者約定保險單的利率。保險公司可以自行決定所收取的保險費的投資模式，顧客享有保證利率，由保險公司承擔投資的風險。如果投資得當，保險公司可以獲利豐厚，但是若投資產生虧損，保險公司仍須依約定利率增值保險單的現金價值。

所謂的投資連結型商品，無論是變額壽險或是變額萬能壽險，都是定期壽險加上投資的保險型態。通常，保險公司推薦的投資連結標的包含：經主管機

關核准的證券投資信託基金、海外共同基金、政府債券、銀行定期存單及其他經主管機關核定之投資標的。要保人可以依自己的風險承受度與商品喜愛，挑選不同幣別的海內外投資。可以說，自從投資連結型的商品推出後，已經將國人的金融觀念真正廣泛地與國際接軌。

目前市場上的投資連結型商品，大致上可分為以下三類：

1.變額壽險

變額壽險是一種固定繳費的產品，與傳統終身壽險的繳費方式和保障年期均相類似。主要特色在於「變額」，也就是保單利率是變動的，過去傳統保單利率都是保險公司保證的固定利率，而變額保險是保戶可以自由選擇投資標的，直接享有投資報酬率並自行承擔投資風險。除此之外，保費多寡以及繳費期間皆與傳統保單一樣是固定的，可以採用一次繳納或分期繳納。與傳統終身壽險相同之處在於：兩者均為終身保單，簽發時亦載明了保單面額。而兩者最明顯的差別，在於變額壽險的投資報酬率無最低保證，因此現金價值並不固定；另一項最大的差別是：傳統終身壽險的身故保險金固定，而變額壽險身故保險金會依投資績效的好壞而變動。

2.變額萬能壽險

變額萬能壽險乃結合變額壽險及萬能壽險（只要保單現金價值足以支付死亡成本及其他行政費用，保戶就可以不繳保費。相反地，如果保戶有足夠資金，也可以選擇多繳保費以增加投資），不僅有變額壽險分離帳戶之性質，更包含萬能壽險保費繳交彈性之特性，因此市場上幾乎以變額萬能壽險為主流，其特點包括：

⑴在某限度內可自行決定繳費時間及繳費金額。

⑵任意選擇調高或降低保額。

⑶保單持有人自行承擔投資風險。

⑷其現金價值與變額壽險一樣會高低起伏，也可能降低至零，此時若未再繳付保費，該保單會因而停效。

⑸分離帳戶的資金與保險公司的資產是分開的，故當保險公司遇到財務困難時，帳戶的分開可以對保單持有人提供另外的保障。

3.變額年金

與變額年金相對應之傳統型商品是定額年金，定額年金分為即期年金及遞

延年金,而變額年金多以遞延年金形式存在。變額年金的現金價值與年金給付額均隨投資狀況波動,在繳費期間內,其進入分離帳戶的保費,按當時的基金價值購買一定數量的基金單位,稱為「累積基金單位」,每期年金給付額等於保單所有人的年金單位數量乘以給付當期的基金價格,因此保單的現金價值及年金給付額度,都隨著年金基金單位的資產價值而波動。一般最常見的有利率變動型年金與指數連結型年金。

投資型保險的費用相當透明,大致上分為:

1.基本保險費用

是保險公司所收取的保單營運成本費用。雖說市場上各家保險公司的業務員都會比較收取的費用率百分比,但真正的比較基礎還要看保險公司所收取的營運成本的高低。一般而言,變額壽險因為保額固定,保費也形同終身壽險,而變額萬能壽險的壽險保額會介於定期壽險與終身壽險之間。

2.額外投資費用

指的是保戶所投資超過基本保險費的部分。可以依自己選定的投資標的作單筆投資或定期定額的投資。但是無論是單筆或是定期定額,保險公司都會收取一定百分比的投資手續費。

3.保險單維護管理費用

係指保單運作所產生的行政管理費用,自保單現金價值中按月扣取,每月約新臺幣 100 元左右。

4.保險成本

是保險公司依被保險人的年齡與性別,以「危險保額」乘以「保險成本率」所計算出來的,一般通稱為危險保險費。原則上,不得高於臺灣壽險業第三回經驗生命表死亡率的 90%。

5.投資標的的轉換費用

係指要保人決定投資標的轉換時所產生之費用。一般而言,保險公司多允許保戶在固定時間、固定次數內轉換投資標的,不需收取任何費用,若超過則依次數收取轉換費用。

6.贖回的費用

通稱為解約費用。有關解約費用之計算及扣除方式,依各保險公司之契約

規定辦理。

相對於傳統的壽險商品，消費者在期望獲利更高之前，要多花一些時間瞭解所選擇的投資標的，才不會讓期望落空。

㈦其他人身保險

1.失能保險

一般上班族或自營作業者，最擔心萬一因為疾病或意外事故，造成謀生能力降低，或甚而失去謀生能力的窘境。保險公司因而各自推出不同定義的失能險保險單，供消費者依各自的財務能力及需求進行選擇。其特性有：

⑴分終身型及定期型兩種，通常以「○○健康保險」的名稱出現。目前市場上只有附約型的保險單。

⑵一般失能保險單的保障範圍，有只針對意外事件的，也有含因疾病失能的保險單。

⑶依被保險人的性別及年齡，保險費差異很大。

⑷對失能的定義視各家保單的設計而有所不同，有單純失去工作能力時的補償，有特別定義殘廢程度的補償，也有僅定義不能工作期間的給付，各有其特定條件，消費者應詳讀條款審慎評估。

2.長期看護保險

長期看護保險是比較新型的商品，用意在被保險人萬一需要長期的醫療看護時，提供一定額度的理賠。通常有 180 天以上的觀察期，是消費者需要特別注意的。一般也分有限額與無限額兩種，消費者可自行評估保費與保額間的比例，慎選適合自己的商品。

3.豁免保險費保險

豁免保險費保險的目的在於：萬一要保人或是被保險人因為疾病或意外事故，導致身體一至三級殘廢時，可以免繳尚未繳清的保險費，而且其原購買之保險繼續有效。有些保險公司將被保險人的豁免條件，直接加入保險單的保障條款之內，算是給消費者的優待條件，是消費者可以多參考比較的。

豁免保險費的保險，同樣依性別及年齡而有不同的費率。

六、人生不同階段的保險規劃重點與保費支出比例

　　每個人在人生不同的生涯階段，肩負的責任與面對的風險時有變化，因而所購買的保險商品組合也不盡相同，而且由於風險時刻變異，保險商品日新月異，如何隨著每個人生涯規劃作適當的調整，乃現代家庭（個人）在作保險規劃時應考量的重點。下列將針對人生不同階段的保險規劃重點與保費支出比例說明如下：

㈠自子女出生至求學結束就業前的階段（參考年齡：0-20歲）

保險規劃的重點為：

1.醫療費用部分

⑴全民健康保險作為基層的保障。

⑵學生團體保險作為第二層的保障。

⑶針對不足的部分，可選擇住院醫療保險實支實付型或定額給付型與意外傷害醫療保險，作為第三層的保障。

⑷針對較嚴重的疾病例如癌症，可加保癌症保險作為第四層的保障。

2.身故與殘廢保險金的給付

⑴子女成長就學階段並非家計的主要收入者，保險法第107條規定在身故保險金上設有限制，被保險人的保險年齡為未滿14足歲，其人壽保險加上意外保險，保險金額最高為200萬元。

⑵如果保費的預算有限，可不購買壽險，而健康險與傷害險以附加契約的方式，附加於父母保單，以節省保費支出。

⑶子女的保險以附加的方式附加於父母保單的缺點是：子女結婚後或滿一定的年齡（通常為23歲）即無法獲得父母保單的保護，須重新購買，保費以當時的年齡計算。

3.子女教育費用部分

如果保費的預算較充裕或基於節稅的考量（每位子女每年有 24,000 元的綜合所得稅之扣除額），可選擇終身型生死合險以作為子女教育費用的補助。

※保費支出的比例

此階段的保費支出通常由父母負擔，可依據父母的財務能力作規劃，但負

擔不宜過重而影響家計。

㈡求學結束進入就業單身階段（參考年齡：21-30歲）

保險規劃的重點為：

1.壽險部分

【保障型】

⑴此階段的責任通常較小，最重要的是對自己的責任，壽險保障可依保費預算的高低作不同的選擇。

⑵定期壽險著重保障，保障的年期愈短保費愈便宜。可選擇有提供保證續保或更約的保單。

⑶終身壽險的保費高於定期壽險，繳費年期愈短保費愈高。可以終身壽險附加定期壽險作搭配，以符合保費的預算。

⑷保險金額以年收入的5到10倍為參考金額。

【保障兼儲蓄型】

⑴增值型終身壽險的保險金額會隨著保險年度的增加而增加，相較於平準型的終身壽險保費較高，也有較高的保單價值準備金。

⑵儲蓄型終身壽險的保險是約定的年限屆至（例如每2年、3年、5年或繳費期滿），被保險人生存時，保險公司按約定給付生存保險金，而於保險期間被保險人身故給付身故保險金。因含有生存給付部分，故保費高於其他險種。

⑶投資型保險是保障加上投資部分，提供最低的死亡保障（依約定）。投資的風險由要保人自負。

⑷無論作何種搭配須先滿足保障的需求，再規劃儲蓄部分。

2.身故與殘廢保險金的給付

年輕人的活動量大，遭受意外事故的頻率較高，可規劃較高的保險金額，以年收入的10倍為參考金額。

3.醫療費用部分

⑴全民健康保險作為基層的保障。

⑵勞工保險或其他社會保險的給付作為第二層的保障。

⑶針對不足的部分，可選擇住院醫療保險實支實付型或定額給付型與意外傷害醫療保險、傷害住院醫療日額給付保險，作為第三層的保障。

(4)針對較嚴重的疾病例如癌症，可加保癌症保險或重大疾病保險作為第四層的保障。

※保費支出的比例

保障型的保費支付，占個人目前年收入的 10% 左右。

保障兼儲蓄型的保費支付，占個人目前年收入的 30% 左右。

㈢就業已婚──生兒育女階段（參考年齡：31-45歲）

保險規劃的重點為：

1. 壽險部分

【保障型】

(1)此階段是人生責任的高峰期，完善的保險規劃可確保家庭責任的完成，無後顧之憂。

(2)以終身壽險搭配定期壽險達到保障的需求。如保費預算不足，可直接投保定期壽險。

(3)保險金額須計算對子女、配偶、父母的扶養責任，以年收入的 10 倍以上作為參考。

【保障兼儲蓄型】

(1)如保費預算充裕可規劃退休準備，遞延年金是適當的險種。

(2)無論作何種搭配需先滿足保障的需求，再規劃儲蓄部分。

2. 身故與殘廢保險金的給付

一家之主因遭受意外事故而殘廢，收入中斷或降低，會嚴重影響家庭的財務安全，此時需要高額的意外險保障。

3. 醫療費用部分

【同前】

※保費支出的比例

保障型的保費支付，占個人目前年收入的 10% 左右。

保障兼儲蓄型的保費支付，占個人目前年收入的 30% 左右。

㈣中年階段（參考年齡：46-60歲）

保險規劃的重點為：

1.壽險部分

【保障型】

⑴此階段的人生責任已逐項完成，壽險的規劃可漸次降低死亡保障部分，而加重退休養老的準備。

⑵人身保險的死亡給付依稅法的規定不繳納所得稅，可提早透過保險的規劃，降低稅賦，作資產移轉的準備。

【保障兼儲蓄型】

⑴提早作退休規劃，保障退休生活。

⑵透過保險規劃，以達到節稅功能。

2.身故與殘廢保險金的給付

相對於養兒育女階段，此階段的保障額度可以酌減。

3.醫療費用部分

進入中年階段，身體的各項機能漸漸退化，醫療費用支出的風險增加，需加重醫療費用保險的規劃。

※保費支出的比例

此階段經濟上較穩定和寬裕，考慮退休準備，可加重保費支出的比率。

視個人情況調整，占個人目前年收入的 30% 左右。

㈤晚年階段（參考年齡：60歲以上）

保險規劃的重點為：

1.壽險部分

⑴子女皆已成年，人生責任也已經完成，通常也儲存一筆相當的養老金額，此時透過保險的規劃達到老年經濟生活的安全，即期年金保險是適當的選擇。例如退休生活每月所需5萬元，可購買即期年金保險每月給付5萬元，以保障老年生活。

⑵保險具有節稅的功能，以遺產稅而言，可規劃與預估遺產稅稅額相等的終身壽險，以低的保費支出，換取高的保險金額給付來繳納遺產稅，以達到保全財產的目的。

2.身故與殘廢保險金的給付

意外事故的頻率相較於其他階段較低，可酌減保險金額。

3.醫療費用部分

　　此階段健康保險的規劃是重點，壽命的延長更加重各項醫療險的重要性，但相對於其他階段，無論是保費的負擔或是保險公司因被保險人身體不再健康而拒絕承保，都加重購買健康險的困難度。解決之道就是提早規劃準備。

　　※保費支出的比例

　　按照個人的投保目的與財務情況，來評估其保費的預算。

自我評量

一、請說明生命週期與家庭（個人）理財計畫之關聯性？

二、請說明家庭（個人）理財的真正目的？

三、請說明家庭（個人）風險管理之損失預防目標？

四、請說明家庭（個人）風險管理之損失善後目標？

五、請簡要陳述家庭（個人）風險管理的實施步驟？

六、請說明家庭（個人）常採用的風險控制策略？

七、請說明家庭（個人）常採用的風險理財策略？

八、認知家庭（個人）風險的資訊來源有哪些？請說明之。

九、請說明家庭（個人）如何實施風險管理計畫？

十、請說明家庭（個人）人身風險的來源？

十一、請說明為何人身保險是生活中必備的工具？

十二、人身保險商品主要可分為七大類，請簡要說明之。

第十一章

企業人身風險認知與
人身損失之財務影響

學習目標

本章讀完後，您應能夠：

1. 敘述企業人身風險之認知。

2. 描述企業人身損失之財務影響。

3. 瞭解企業人身風險成本。

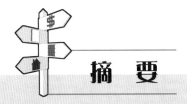
摘　要

　　企業人身風險管理係指企業對其所面臨之各項人身風險予以認知（Identification）、衡量（Measurement），並選擇適當方法加以管理之行為。其主要目的在於以最低風險管理成本，使風險對企業組織所造成之不利影響減至最低限度。

　　所有在公司裡的人，包括職員和雇主，都希望對公司有價值與貢獻。但有些人，正如同財產般，比其他人更具有價值，一般稱為「關鍵人物（Key Person）」，由於這些「關鍵人物」有不能立刻替代的風險存在，所以公司需要注重這些人的人身風險管理。

　　有二個基本方法，來認知公司中的關鍵人物。第一個是認知重要職位的方法，可藉研究組織圖表來認知，因為此類圖表附有職位欄工作的特性。這種認知方法，可以顯示出這些關鍵人物有下列的特徵：(1)他們擁有的特殊才幹、創造力或特殊的技能；(2)可為公司作重要的決策；(3)管理和影響其他人的行為。這種認知方式比經由認知財產風險的財務報表（如資產負債表），更適用於認知關鍵的管理者、主管和業主之人身風險。

　　第二個方法類似分析財產或淨利損失的流程圖，檢定每個人能滿足公司需求的努力貢獻。這種方法，著重於缺席者對公司運作有何影響。此種認知方法，對於認知與公司有關鍵性的人物——業主、主管、經理人更為有用。

　　人身損失對公司的財務影響，可從二個方面予以評估：(1) 公司的損失是暫時的或永久的；(2) 公司的損失是正常的或不正常的；(3) 公司的損失是一般性或特殊性。

　　以風險管理觀點來看，大部分的損失是意外且無法預知的，但在人身風險方面的損失則可以預知，譬如生病、受傷及死亡都是不可避免的，唯一不能確定的是會發生在誰身上，以及何時會發生。例如，在任何大小規模的公司中，一天中很難沒有一個員工不生病或請假；一年或二年中很難沒有人辭職、退休或死亡。

第一節　企業人身風險之認知

　　企業人身風險管理係指企業對其所面臨之各項人身風險予以認知（Identifi-cation）、衡量（Measurement），並選擇適當方法加以管理之行為。其主要目的在於以最低風險管理成本，使風險對企業組織所造成之不利影響減至最低限度。

　　所有在公司裡的人——包括職員和雇主，都希望對公司有價值與貢獻。但有些人，正如同財產般，比其他人更具有價值，一般稱為「關鍵人物」（Key Person），由於這些「關鍵人物」有不能立刻替代的風險存在，所以公司需要注重這些人的人身風險管理。

　　認知單一關鍵人物和多數關鍵人物的風險之方法有所差異，茲說明如下：

一、單一職員

　　有二個基本方法，來認知公司中的重要人物。第一個是認知重要職位的方法，可藉研究組織圖表來認知，因為此類圖表附有職位欄工作的特性。這種認知方法，可以顯示出這些重要人物有下列的特徵：(1) 他們擁有的特殊才幹、創造力或特殊的技能；(2) 可為公司作重要的決策；(3) 管理和影響其他人的行為。這種認知方式比經由認知財產風險的財務報表（如資產負債表），更適用於認知重要的管理者、主管和業主之人身風險。

　　第二個方法類似分析財產或淨利損失的流程圖，檢定每個人能滿足公司需求的努力貢獻。這種方法，著重於缺席者對公司運作有何影響。此種認知方法，對於認知與公司有關鍵性的人物——業主、主管、經理人更為有用。

二、業主、主管和經理人

　　大部分私人公司（非政府經營）的業主都是關鍵人物。因為在獨資公司、合資公司，甚至團體，重要管理功能是由業主在執行。然而，有些公開上市的公司，其股東非常分散，也許在千人以上，而且沒有共同的主管持有重大百分比的股權，這種型態介於所有權和經營權之間是非常獨特的，或許根本不存在。此種企業也就沒有人身損失風險之存在。

　　美國大部分的企業組織，業主的健康與管理能力，都是人身風險管理的重點。獨資公司的人身風險管理，重點在於當業主死亡或退休，公司是否也隨之消滅。合夥亦同，當一方合夥人死亡，法律上即宣告中止；甚至一方長期傷殘或無行為能力，都可輕易使合夥的運作中斷。在一般封閉的私人企業也是一樣的，所有權僅掌握在少數主要股東，而他們大部分也是管理者。這些股東之一死亡、傷殘或無行為能力，即表示放棄對公司未來的運作和控制。因此，對許多私人企業來說，好的人身風險管理，需要考慮到當業主可能死亡、無行為能力或要退休時，如何運用周密的人身風險管理，使公司能繼續生存並維持運作。

　　要揭露人身風險，第一個來源便是資產負債表。要找出關鍵人物的人身風險，相對的要找出公司業主、主管及經理人之有關圖表。這些重要人物的共同特徵之一，是他們有影響力和權力的職位。但是，光靠在組織圖表上所呈現的，並不能瞭解業主、主管或經理人是否有價值或難以替代。要認知這些重要人物的重要性，應先瞭解兩個問題：

　　㈠如果這些人突然不能工作時，公司該採取何種行動？

　　㈡公司達到基本目標是何種原因所引起的？

　　第一個問題的重點是如何及何時決定重要人物需要被替代。通常我們會用他（她）的副手來繼任。其他方式可能包括：從公司外面另僱用他人、完全廢除此職位，或由現有職員均分該項工作。第二個問題指出效率損失是什麼，如果有，可能是由於重要人物所致的損失。

三、其他重要人物

　　職員不同於業主、主管和經理人，流程圖法嚴格地認定在公司活動中的重點為：計畫、研究設計、工程、產品和行銷等。每一個功能或運作之區分，應製成圖表，並加以分析和檢定，以決定在每個操作中，不同步驟對每個重要人物的依賴有多重。在任何公司，不論現在或未來，對人身風險管理之好壞，會大大地影響到公司產品的質或量。

四、多數的職員

　　有幾種情況在單獨個人之人身風險並不嚴重，但在群體卻不然。要認知大

團體之人身風險，必須考慮團體人身風險可能發生的事件種類。這些風險可能由一單獨事件而來（如墜機）、一件普通問題或私利（如員工辭職自組公司），或綜合這些事件（解僱促使員工另謀工作）。

㈠單獨事件損失

在同一架飛機上，有多位重要人物是相當大的人身風險。但有些公司並不同意這種說法，因其高階主管對在一起飛行的方便及效率有決定權，且會勝過其對人身風險的認知。空中旅行不是唯一集中人身風險的例子。通常，當重要人物一起開會時，也可能因所在飯店失火而造成人身風險。

㈡普通問題或私利

任何事件使公司正常生產能力中斷，並可能導致業主受到永久失去員工的威脅。不論何時，一個公司由大部分員工負責，當他們移轉對公司的忠心時，很可能部分或全部失掉這些人的生產價值。

例如，百得利餐廳在火災後，重新開張可能會延遲六個月。在此期間，百得利餐廳的許多員工，可能已找到新工作。又某一私立學校，因一場夏季火災，被迫關閉一整年，當學校再開學時，學生們已有新學校就讀，而不願再回去。此外，如果此學校因減少收入而不能提供教師原有的薪水時，這些老師也不願再回去，這乃因意外事件（火災）而導致的人身損失風險。任一事件都可能使一個公司失去其重要職員。例如，在工會罷工期間，公司失去屬於工會員工的服務，當罷工結束時，真正有實力的員工就不會再回來了。任何一件災害——暴風、洪水或傳染病，同樣地，可能在短時間內使許多員工死亡或受傷。此外，任何一個普遍的經濟不景氣，均可能迫使公司解僱許多員工，並再次引起人身損失。任何因意外事件導致員工之損失，一定與人身風險有關。

第二節　企業人身損失之財務影響

人身損失對公司的財務影響，可從二個方面予以評估：⑴公司的損失是暫時的或永久的；⑵公司的損失是正常的或不正常的；⑶公司的損失是一般性或

特殊性。

一、暫時與永久的人身損失

不論風險事故為何,重要人物人身損失的財務影響,決定於此人對公司是暫時或永久的損失。

(一)暫時的人身損失

如果損失是暫時的,它的重要性可由下列問題之回答予以評估:

1. 重要人物會缺席多久?
2. 找尋一位合適的代替者要多久?
3. 尋找和訓練合適人選的成本要多少?
4. 公司的薪資總額(包括薪資和員工福利)要增加多少,來支付替代者的報酬(已經補貼給員工「暫時損失」的減少,以及公司已經付給原本在這公司裡的替代者的薪資或福利)?
5. 教導代替者,使之能力與前任者相同需要多久?
6. 直到代替者能力到達前任者,公司對代替者的無效率或錯誤,要花費多少成本(額外費用或收入減少)?

(二)永久的人身損失

當一個公司永久地損失一位重要人物時,可能會影響該公司之營運。評估永久的人身損失之幅度,需要回答前述暫時的人身損失相同的問題,但需要作些修改和增刪。

當一個人永久損失了,第一個問題,此人會缺席多久,則不需回答。第二個問題仍有關聯。回答第四個問題必須瞭解,公司的薪資總額成本中,對永久失去的人已經扣除了,如果此人之人身損失係由風險事故和其他環境所導致之損失,則公司的員工福利成本應該會增加。

修改後,個人的服務對公司永久的人身損失會引起一些與個人損失幅度有關的問題如下:

1. 如果公司需要在營運程序上作永久性的改變,將花費多少成本?

2.除了改變以外，公司有必要放棄一些有賴此人特別才幹的特殊計畫嗎？

(三)群體的人身損失

當公司同時在短期間內遭受群體的人身損失，這個問題基本上與個人的人身損失相同。群體和個人人身損失的差別，還是在於暫時性和永久性人身損失的區別。

我們必須瞭解群體中之個體（人）可以互相分擔職務並分享權益，但他們的背離可能比同樣的個人，或獨立和隨意地挑選出來的人離開公司，對公司有更大的衝擊（若一個公司的整個研究部門之人員辭職，可能使該公司完全沒有研究能力）。並且，離開公司的人可能懷有敵意及尋找機會報復，也可能激勵大家共同杯葛公司。

二、正常與不正常的人身損失

第二個評估人身損失對公司財務影響的方法，在於這些損失是「正常的」或「不正常的」。一般來說，正常的人身損失是可預期的，它的損失幅度和頻率對公司來說都是可預知的；不正常的人身損失則無法預知其損失頻率與幅度。

以風險管理觀點來看，大部分的損失是意外且無法預知的，但在人身風險方面的損失則可以預知。譬如生病、受傷及死亡都是不可避免的，唯一不能確定的是會發生在誰身上，以及何時會發生。例如，在任何大小規模的公司中，一天中很難沒有一個員工不生病或請假；一年或二年中很難沒有人辭職、退休或死亡。站在公司的立場來說，這些通常較不重要。正常的人身損失在個人來說較難預知，但對公司來說卻是相當普遍，所以，公司會認為在平常工作天中，有 3% 的員工請假是相當正常的，這些請假是屬於正常人身損失，若請假率達到8%，就成為風險管理中的特別原因了。同樣地，員工正常退休年齡為 65 歲，只有在員工的退休年齡比其應退休年紀較早時，則退休的人身損失風險才被視為不正常的。談到死亡，公司應視其員工死亡率與一般死亡率統計表相當接近時，這些損失的發生都是正常的。

員工服務損失的正常成本，包括正常比率下之員工請假、殘廢、死亡和辭職。這些成本可容易地預期和預算它們導致員工服務效率減少，和員工福利費

用增加之損失。所以，確認人身損失風險，除包括正常損失率和可能會增高的原因外，通常也會出現在公司不同目標的紀錄上。這些紀錄視為薪資總帳、人事管理和員工福利計畫之運作的需要。簡單地預期和預算，可以說明公司的人事和財務資源之實質消耗。例如，公司員工正常請假率為 5%，每年 8% 的人員退休，找尋代替請假或退休者需要增加之薪資成本。有效率的人身損失風險控制，可以降低公司人身之正常損失及費用。

公司正常人身損失的重要性說明如圖 11-1，縱軸代表假設的公司每年人身損失之總額，以固定的幣值表示，橫軸表示年數。橫的虛線表示每年預定的正常人身損失，在大多數年間，公司的人身損失至少達到正常預測的水平。每年的人身損失若超過這個水平，即構成不可預測的高峰和谷底之人身損失經驗。這些不正常的人身損失和可預測的正常人身損失，可顯示出不同的人身損失風險管理因應策略。正常與不正常的人身損失，主要的分別係在於他們如何處理其財務上的影響。正常的人身損失可藉精確的預算和有效的風險控制來處理；不正常的人身損失則較難預測，因為它們是由一些無法控制的隨機事件所引起的。例如，一個特殊關鍵性員工突然殘廢，或所有員工突然集體食物中毒等。人身損失風險主要之處理對策，應該著重在減少曲線上之高點或低點。在此目的之下，有效的人身損失風險處理對策，應將焦點放在穩健的風險理財（Risk Financing）策略上，而非風險控制（Risk Control）策略。透過風險理財策略，將資金挹注，常可用來緩衝個別關鍵人物，或一個部門員工人身損失之財務影響，並可藉此資金尋找及訓練替代的人員。但這並不表示不必替特殊關鍵人物提供安全的保全方案，誠然，對一個公司而言，當正常的人身損失顯出不正常時，則員工的保全方案（Protective Measures）將帶給公司人身損失成本極大的影響。

公司對其正常人身損失最小化之考慮，也和其他部門一樣，就以人事部門而言，提供公司好的員工是其部分之職責；公司每一個運作部門的經理人，都要確定所屬員工均為最適切之安置。而人身損失風險之處理對策，其重點在於工作上之傷害，或疾病導致之死亡和傷殘最小化，兩者在風險控制上均是很昂貴的，主要在於：(1) 風險控制為減少公司人身損失，而帶給公司收入之減少，或其替代人員在工作上無效益而增加之費用；(2) 風險控制對員工或其家屬，因可預期之正常死亡、殘廢或退休之福利費用成本。

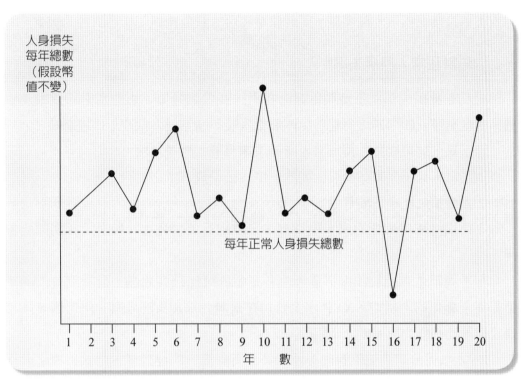

圖11-1　正常與不正常人身損失之概念

(一)影響正常人身損失的趨向

預測人身損失，最重要的是這些損失之正常部分，更需要注意一些影響員工生病率和死亡率的人口統計趨勢。例如，專業的風險管理人員，和其他負責控制人身損失成本的人員，應注意到下列幾點：

1.自動化機械裝置漸漸取代大部分人工，並降低絕大部分對人體之傷害。結果，大部分員工有「白領」的職業，但卻因為在長期極大的工作壓力下，而產生工作能力上之失能，或因其他生理退化徵狀，造成生活型態和健康之負面影響。因此，處理風險的專業人員更要注意這些「正常的」人身損失因素。

2.許多退化的狀況關係到背部長期所受到的累積傷害，那是人體骨骼中最弱的部位。但傷害的主要因素係來自工作和生活型態，所產生不正確的壓力所致；設計不良之家具和設備也是因素之一。背部的傷害使員工損失之工作時間，比其他存在的任何因素要來得多。

3.不論是否在工作，濫用酒精和藥物都有很高之傷害率，許多員工不能認

知或害怕直接面對這一個問題，因此浪費克服失業危機與工作再訓練的機會。

(二)估計正常人身損失率

正常人身損失率產生定期重複的費用，並引起類似「這些比率和費用是否過高或是應該」的問題。而這些比率和費用能夠適當地降低或予以控制嗎？

以下是三個可能和公司正常人身損失率有關的標準指標：

1.正常人身損失率高於可比較的單位（公司或其中之部門）。

2.人身損失比率正上升中。

3.公司並未用最好的成本效益方法，控制員工之死亡、殘廢及其相關的費用。

在不同單位中比較比率，會產生各單位的可比較性問題，因為沒有二個單位是完全相似的。例如，XYZ 水泥公司在臺灣北部和東部各有一座工廠，則其員工曠職和病假的比率就大不相同。

XYZ 水泥公司的風險管理專家和其他有影響力的經營者，應該答覆這個比率不同的原因嗎？還沒有下結論之前，他們至少應先調查比率不同的原因。可能兩地的經營者其經營方式不同；也許兩地員工工作方式不同，或者他們都採取相同的方式，但在兩個不同的地方有不同的結果；也許兩地員工的健康情況不同，如果對北部的員工增進他們的健康，可能會降低他們病假及曠職的比率。

更普遍的實例還有：

1.一個部門的正常人身損失率，和另一部門不會相同，但二者可能均已控制得很好。

2.當比較二個或更多的地方，不只是要認知與分析其環境，而且還要給經營者適當的管理控制之建議。

3.特別注重員工的健康，可以降低與曠職有關的人身損失成本。

當實際人身損失比率上升，正確的對策應著重在員工的健康和安全上，不論他們在職與否。當損失增加時，會阻礙現有員工的福利給付，任何福利給付的減少，則需要變更其本身的福利給付標準。當員工的福利給付，是以法令或契約規定時，則給付標準之變更過程通常較為困難與緩慢。

當正常人身損失費用升高時，則企業更應注重人身損失風險之管理。

三、一般與特殊的人身損失

公司人身風險所可能引起之損失，除公司本身繼續營業所面臨之一般損失外，尚有性質較為特殊之損失，如信用損失及業務結束損失等。

㈠一般損失

公司中關鍵人物人身風險之損失，前已屢有述及，或因其技術或知識之突出，或因其為業務或信用之主要來源，因而為組織所不能或缺。此等關鍵人物之死亡或喪失工作能力，即可能使銷售量減少、營運成本增加或對外信用受限制，皆足以導致公司遭受嚴重之損失。

此種損失之最明顯者，即因銷售量之減少，而引起利潤收入之減少。例如，公司之某一重要主管人員，現年 45 歲，預定在 65 歲退休，若此人不幸死亡或永久及完全喪失工作能力，將使此公司每年減少 10,000,000 元之收入。因此，此主管人員之突然死亡或喪失工作能力，將使此公司在其後二十年間，每年有 10,000,000 元現值之損失。如按 5% 利率計算，其現值幾近 125,000,000 元。若此公司依照上述假定各年損失皆無變動，則其可能遭受之損失，將因風險事故發生之延後而逐年漸次減少。如在假定之各項條件下，此主管人員在今後五年、十年、十五年及二十年時死亡或喪失工作能力，則此公司之損失將分別約為 103,796,580 元、77,217,349 元、43,294,766 元及 0 元。又如另一種情形，若此公司有一投資計畫，僅能由此主管人員予以完成，如今無法繼續而必須放棄。再於另一方面，營運成本之增加，即此主管人員遺留之工作，雖一部分可尋找他人替代，但其費用必將增多，且將因替代工作而進度遲延。因此，風險管理人員必須正確判斷，估計此公司利潤或投資之可能損失，損失後所需之重置成本，以及可能發生遲延之影響。

此一公司之債權人，包括銀行、貿易廠商、公司債券購買人等，亦皆有密切關係，由於關鍵人物之死亡或喪失工作能力，可能嚴重影響此公司之清償能力。因此，風險管理人員對於此種風險，若不能採取步驟提早預防，一旦事故發生，則此公司之信用評估必然遭受不良影響，使其對外信用及信用條件皆將大受限制。

公司中關鍵人物之死亡或喪失工作能力，亦可能影響其他員工之工作態度。

某員工可能懷疑某一關鍵人物之死亡或喪失工作能力，將對他個人前途具有相當影響。由於此種疑慮之存在，必然有損於其對工作之態度。

㈡特殊損失

公司人身風險所面臨性質較為特殊之損失，主要包括信用損失與業務停頓或結束損失兩種。

1.信用損失

公司常對其顧客授予信用。例如金融機構對客戶之貸款，以及各種不同型態之經銷商，由於出售有價證券、房地產、商品及其他各種財產，而具有債權人之地位。風險管理人員及信用管理人員必須認識此等顧客之死亡、喪失工作能力或失業等事故，皆可能減少貸款償還之機會，或者將因迫使對方償還而形成公共關係惡化之問題。

2.業務停頓或結束損失

無論獨資、合夥或股票不上市公司中持有所有權利益者，當其死亡或永久喪失工作能力時，常使公司發生業務停頓或結束之情形。通常握有所有權者皆積極參與管理工作，因而彼等之死亡或永久喪失工作能力，可能對公司將來有嚴重影響。風險管理之首要工作，固應注意其能保持繼續營運，使損失達到最小程度，但或因繼承人之興趣或能力，或因法令規章之規定或限制，使受損之公司必須停業清理，其因而發生若干問題，亦為風險管理所必須嚴密注意者。

雖然，當參與管理工作之所有人死亡時，對各種型式之公司，將有各種不同問題發生。茲就若干適用於一般小型公司可能發生之問題，說明如下：

⑴獨資公司

獨資公司之業主，所有權與管理權集中於一身，當其死亡時，在大多數情形下，其所經營之業務即行結束。業主之遺產執行人或管理人必將採取步驟清理組織之資產，除非業主曾明白授權業務之繼續經營，或者其繼承人皆已成年並同意業務之繼續。但或因經營績效之不彰，或因運用資本之短缺，或其他業務問題，仍可能迫使執行人尋求業務之清算。又如為償付業主生前未清償之各種費用，包括最後之醫療費用、喪葬費用、稅捐及遺囑查驗費等，勢必將大部分個人遺產及公司遺產急速求售，變換現金。即使公司由若干繼承人接管，亦可能不易有所成就，至少在接管初年，不可能如過去業主經營之成功。再者，

為使總遺產能公平分配，亦可能必須清理若干資產，以應付其他繼承人之所需。

⑵合夥公司

合夥公司之某一合夥人死亡，依法必須退夥，其他合夥人應儘快清算其業務。由於每一合夥人對合夥債務負無限責任，因此對合夥人之選擇非常重要。如在某一合夥人死亡後，其繼承人可能不願再繼續為合夥人；或其他生存之合夥人，不願接受此繼承人為合夥人。又如繼承人與生存之合夥人繼續共同經營，可能並不如過去之有成就，最後可能仍須辦理清算。

⑶股票不公開上市公司

股票不公開上市公司之業務結束問題，情形較為不同，損失亦較不明顯。此種型式之公司，股票持有人可將其股份移轉於他人，但由於股票不公開上市，故不能如公開上市股票之具有銷售性。在被迫出售之情形下，繼承人或生存之持股人在出售股票時，皆可能遭受大額之損失；少數股份之持股人，更將遭受不成比例之損失。

不論死亡者為多數股份持股人（大股東）或少數股份持股人（小股東），對繼承人或其他持股人最適當（雖非十分滿意）之解決辦法，即在公司中出售股票，退出經營；或者辦理清算，結束業務。否則，難免有各種情況發生，使持股人遭受損失。例如生存之持股人同意接受某一死亡者之繼承人繼續經營，若此繼承人為一大股東，但其因不善經營，可能使業務陷於不利；若此繼承人為一小股東，或其因個性不合，可能常對大股東表示異議。再者，大股東之繼承人亦可能因工作能力較差，無法運用其權力以掌握業務，因而有效經營權落於小股東之手中，使公司業務日趨衰退。又如小股東之繼承人，因彼等不願或不能積極參與業務時，則又易受大股東之擺布。股票未上市公司之持股人，原屬彼此有密切關係，共同分享公司所有權之利益，如今因某一股東之死亡，此種關係亦將隨之消失。即使在上述各種情形時，公司並無財務上之直接損失，然死亡股東之繼承人與生存股東間，難免心存芥蒂，對公司前途抱不確定之觀望態度，而終將使公司蒙受不利影響。

第 三 節　企業人身風險成本

　　企業風險管理藉著最有效率的風險控制及風險理財措施，以儘可能低的成本，將人身風險所產生的經濟上不良影響，減少到最低的程度，因此，企業實施人身風險管理旨在降低企業人身風險成本（Cost of Risk）。

　　風險成本，簡單地說，即是管理純損風險或靜態風險的成本。風險成本可定義為下列二項之和：(1) 風險的經濟成本，和 (2) 風險的憂慮成本。

　　風險的經濟成本係指有形的直接性或間接性的經濟成本，一般而言，企業人身風險成本包括：

一、保險費

　　保險費係指購買各種企業人身保險商品，來轉移人身風險的成本。

二、自己承擔的損失

　　對於未投保的風險所造成的損失，包括自負額的損失，以及自保風險所造成的損失，均列為企業人身風險成本的一部分。

三、企業人身風險控制的成本

　　企業人身風險控制旨在預防損失及減輕損失，任何使用在風險控制措施上的成本，例如：風險勘查、預防體檢、安全訓練等費用，亦為企業人身風險成本的一部分。

四、管理企業人身風險的行政總務費用

　　此項成本係指與管理企業人身風險有關的行政總務費用，例如：公司內風險管理部門的經常性費用。

　　企業人身風險成本除了包括以上四項管理人身風險所產生的經濟成本之外，

尚包括了一些由於企業人身風險存在所產生的無形的、間接性的憂慮成本。此項憂慮成本通常包括：

一、提存緊急準備金的損失

工商企業及政府機構，為了因應一些緊急事故的發生，而提存準備金。此類準備金必須保存著高度的流動性，例如存於銀行，而使得此類準備金不能作收益性高的有效應用，所造成的損失。

二、阻礙資本形成及減少生產能量的損失

由於企業人身風險的存在，而使得工商企業及政府機構採取較為保守的態度。轉向安全性高的活動，甚至迴避風險，因而將導致阻礙資本形成，減少生產能量。對於工商企業或政府機構，以及總體的社會而言，均是一項損失。

自我評量

一、請說明如何認知會影響企業人身風險的「關鍵人物」（Key Person）？

二、請說明如何評估人身損失對企業的財務影響？

三、如何評估「關鍵人物」暫時的人身損失，對企業財務影響的重要性？

四、如何評估「關鍵人物」永久的人身損失，對企業財務影響的重要性？

五、請簡要說明如何評估正常與不正常的人身損失對企業的財務影響？

六、何謂企業人身風險成本（Cast of Risk）？請說明之。

第十二章
企業風險管理與保險規劃

學習目標

本章讀完後，您應能夠：

1. 瞭解企業經營與人身風險管理。

2. 說明企業人身損失風險之評估。

3. 清楚企業人身風險管理之步驟。

4. 掌握企業人身風險管理與保險規劃。

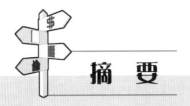

摘 要

　　恐怖主義攻擊、企業醜聞、天災、金融市場動盪不安等震撼全球的新聞，已造成企業風險管理實務的改變。風險的計算向來是決策的核心問題，但今日的企業主管深切體認到，必須更積極主動地處理危及營運的不確定因素。

　　企業每天都面臨著無數的人身風險危機：員工之生、老、病、死、傷殘及失業……可以說「步步驚魂」。但是，冰凍三尺，絕非一日之寒。因此，只要企業主早一步提高警覺，瞭解人身風險，評估人身風險，及早慎謀對策，沒有不能化解的人身風險。

　　人是企業最寶貴的資源，企業為避免因員工或業主的人身損失風險，危及企業經營的安全，可藉由投保保險，彌補因風險事故發生時對企業造成的財務損失。企業用來管理人身風險所需的保險，分為一般員工、重要幹部及業主三方面。

　　對於一個企業而言，建築物、機器、設備和原料等都是「有價值」的資源，甚至連一個螺絲釘，都要列在資產負債表上。但是為企業賺取數千或數億元的員工，從財務報表上卻看不出任何價值來。一般的傳統觀念認為人身是無價的，但若以員工的所得能力及對家庭的責任來評估，企業的員工只要繼續在職且身體健康，將能保有合理且可預期的經濟價值。

　　近年來由於勞工意識抬頭，員工福利備受重視，企業主為照顧員工權益，吸引優秀人才，除改善工作環境、提高薪給獎金、提供休閒及進修機會外，更有透過為員工投保團體保險的方式，來安定員工的生活。

　　為配合此一需求，人壽保險業者乃設計了團體壽險、團體傷害保險及團體健康保險等保單，供企業主選擇投保，以解決員工退休、死亡、殘廢、疾病等醫療問題，而政府為鼓勵工商企業為員工投保團體保險，特予以一定金額的免稅優待。

　　一般企業員工雖多半享有勞保，但這是政府所辦理的社會保險，僅提供員工所需的基本保障，往往不敷實際需要。不論是基於企業主的社會責任，或是勞資關係和諧的考慮，以及企業人身風險管理的需求，企業主應妥善規劃團體保險，所費不多，卻可使員工獲得更多保障，還可以減輕企業主負擔，享有節稅優惠。

第 一 節　企業經營與人身風險管理

　　恐怖主義攻擊、企業醜聞、天災、金融市場動盪不安等震撼全球的新聞，已造成企業風險管理實務的改變。風險的計算向來是決策的核心問題，但今日的企業主管深切體認到必須更積極主動地處理危及營運的不確定因素。

　　風險因素往往彼此密切關聯，例如，若利空消息迅速傳播，股價隨之下跌，營運風險可能很快轉變為市場風險。

　　921 大地震造成臺灣地區 2,000 多人的死亡，8,000 多人受傷，無數企業的人身損失難以估計。美國 911 恐怖主義攻擊事件震驚世人；沒有人能漠視生命的無常，如英業達集團的前副董事長溫世仁先生因出血性腦中風而辭世，中央銀行總裁許遠東先生因大園空難而辭世。我們無法預知風險事故的發生，但仍應該預估事故可能帶來的損失，如果有機會，企業就應該為自己的員工預作安排，才能在事故發生時安心與自在地面對。

　　所以作好企業人身風險管理，能為企業解決員工生、老、病、死、傷殘及失業的人身風險。

第 二 節　企業人身損失風險之評估

　　企業每天都面臨無數的人身風險，例如員工之生、老、病、死、傷殘及失業 …… 可以說「步步驚魂」。但是，冰凍三尺，絕非一日之寒。因此，只要企業主早一步提高警覺，瞭解人身風險，評估人身風險，及早慎謀對策，沒有不能化解的人身風險。

　　一般企業評估人身風險的內容有下列三種：

　　㈠企業的員工，因傷殘或疾病，造成企業收入與員工服務的減少，並增加額外的費用（如醫療費用、替代工作人員費用等）的潛在可能損失。

　　㈡企業的員工，因死亡造成企業收入與員工服務的減少，並增加額外費用的損失。

　　㈢企業的員工因年老退休，同樣會造成企業收入與員工服務的減少，並增

加額外費用（如接替工作人員的訓練費用）的潛在可能損失。

第 三 節　企業人身風險管理之步驟

有關企業人身風險管理的步驟，可依循企業財務計畫，來擬定六大步驟：

步驟一：蒐集企業資料

首先必須蒐集資料，確實界定人身風險的範疇，分析企業人身風險。

凡是員工可能面臨的死亡、疾病、退休與職業等問題，都可歸納為企業人身風險的一部分。

步驟二：設定企業人身風險管理目標

在蒐集了以上所有企業人身風險可能發生的資料之後，緊接著便是設定企業人身風險管理目標。這項目標必須與企業財務計畫的整體方針相吻合。簡言之，所謂「企業人身風險管理的整體方針」，便是一種避免企業人身風險發生而導致財務損失的原則。

步驟三：分析資料

企業人身風險管理的第三步驟，是將已得到的資料加以分析，評估這些人身風險發生後，對企業可能產生的損害情況。分析的結果，有助於更客觀的訂立企業的人身風險管理計畫。

步驟四：建立企業人身風險管理計畫

一旦分析發生企業人身風險的可能情況之後，就該進入建立「企業人身風險管理計畫」的主題了。這包括四個方向：

1.避免風險

即主動地阻絕一切可能產生風險的來源。比方說，因員工集體搭飛機去開會或旅遊，可能引起重大傷亡，所以就不集體搭乘飛機，以避免全部罹難的風險。

2.降低風險

以事先妥善的安排計畫來降低風險發生的機率。例如，在廠區內行駛車輛規定要在一定速率下，以減少廠區內車禍人命傷亡的發生。

3.轉移風險

將可能產生的企業人身風險責任，事先委託給一個穩定可靠的團體或組織，為企業解決一切問題。例如，向保險公司購買團體醫療保險，萬一企業的員工健康情況出現危機，便可得到充分的保障。

4.承擔風險

即預存企業承受人身風險的經濟實力。倘若企業因遭遇意外事故，必須長期復原增補人力，則勢必要具備忍受長期復原人力增補的經濟力。一般來說，企業的經濟力有其限度，若能加上保險公司雄厚財力的支持，則可使企業承受人身風險的能力更具彈性。

步驟五：實施企業人身風險管理計畫

除非是像預防車禍一般，須員工日常節制車速的配合才能減低風險，否則，其他一般企業風險管理計畫都應納入保險的保障範圍內。

步驟六：審核及修正企業人身風險管理計畫

完成以上步驟後，必須審慎地重新檢查，看看是否有需要刪除、增加或是修改的細目。

第 四 節　企業人身風險管理與保險規劃

一、企業人身保險之種類

人是企業最寶貴的資源，企業為避免因員工或業主的人身損失風險，危及企業經營的安全，可藉由投保保險，彌補因風險事故發生時對企業造成的財務損失。

企業用來管理人身風險所需的保險，分為一般員工、重要幹部及業主三方

面：

㈠員工保險

在員工保險範圍，除了政府所辦理的社會保險，提供基本所需保障以外，企業為減輕本身因員工執行職務而遭受風險事故時，應負起的賠償責任，或為維持良好的勞資關係，以提高企業的經營績效，而對於員工發生意外事故時，所願意提供經濟上的補助，都可透過保險予以達成。

對於企業為達成上述目的而投保的保險，統稱為員工保險。

員工保險的保障內容並非一成不變的，可由企業依其本身實際的需要，從下列幾種保險加以彈性組合運用。

1.團體壽險：當企業為員工投保團體壽險後，一旦風險事故發生時，該企業可以將保險金用來支付員工的撫卹金或其他補償金額。

2.團體健康及傷害險：這項保險可補償企業因員工疾病或傷殘所遭致的損失，其中可細分為醫療費用保險及失能所得保險二大項。

㈡重要幹部保險

企業中重要幹部（Key Man）的經驗與才能比企業的財產來得更重要。由於重要幹部所具有的專門技術與經驗，往往是公司利潤產生的主要來源，可視為企業的一種無形資產，因此無論是為吸引或挽留該重要幹部繼續為企業服務，或為彌補企業因重要幹部無法工作所造成的損失，企業主除可為重要幹部投保員工保險外，另可為其購買重要幹部保險。

㈢企業主保險

企業主死亡或失去能力，不僅會使業主本身的家庭收入受到影響，也可能因債務問題或領導人欠缺的問題，使企業無法持續經營，因此為減輕業主死亡或失能對企業造成的影響，可透過企業主保險予以解決。

二、企業員工之經濟價值

對於一個企業而言，建築物、機器、設備和原料等都是「有價值」的資產，

甚至連一個小螺絲釘，都要列在資產負債表上。但是為企業賺取數千或數億元的員工，從財務報表上卻看不出任何價值來。一般的傳統觀念認為人身是無價的，但若以員工的所得能力及對家庭的責任來評估，企業的員工只要繼續在職且身體健康，將能保有合理且可預期的經濟價值。

每一位企業經理人可採用兩種方法估算其員工或自己的經濟價值，一是以所得能力為依據的「人類生命價值法」（Human Life Value Approach），一是以家庭責任為考量的「家庭需求法」（Need Approach）。

㈠人類生命價值法

依員工個人所得，假設以繼續工作期間及利率水準來計算其生命期望值（平均餘命）。例如黃君今年 25 歲，已婚，育有一子二女，年收入 60 萬元，扣除所得稅、房屋貸款及個人生活費用後，尚餘 24 萬元維持家人生活。黃君計畫 65 歲退休，也就是將再工作三十年，假設年利率為 6%，則每年 1 元，三十年後的現金價值為 13.76 元，因此黃君對家庭的經濟價值為 3,302,400 元（240,000×13.76）。

㈡家庭需求法

員工死亡時，按下列項目計算該家庭希望維持的生活水準：善後費用（包括喪葬費用、遺產稅、清償貸款）、家人重新調整生活水準期間所需的費用、子女自立前的家庭開支、子女教育基金、配偶餘生所需費用。

西洋有句俗諺：「除了死亡與課稅以外，天下沒有什麼可以確定的事。」因此，每一個人都必須面對一個確定的事實──死亡。

人身風險管理的奧祕在於當確定的事實──死亡來臨時，如何以保險來「延續」生命的經濟價值，而不至於只留下尚未清償的債務、尚未完成的責任，或家人哀痛之餘仍必須負擔的醫藥費、喪葬費及遺產稅等。

三、企業團體保險規劃

近年來由於勞工意識抬頭，員工福利備受重視，企業主為照顧員工權益，吸引優秀人才，除改善工作環境，提高薪給獎金，提供休閒及進修機會外，最

近更有透過為員工投保團體保險的方式，來安定員工的生活。

　　為配合此一需求，人壽保險業者乃設計了團體壽險、團體傷害保險及團體健康保險等保單，供企業主選擇投保，以解決員工退休、死亡、殘廢、疾病醫療等問題。而政府為鼓勵工商企業為員工投保團體保險，特予以一定金額的免稅優待。

　　所謂團體保險，是指有五人以上員工的企業，經健康檢查或不經健康檢查，而與雇主簽訂的保險契約。保險費可由雇主負擔，亦可由雇主與受僱員工共同負擔；承保對象為全體受僱員工，或依僱用條件僅為部分員工提供保障，或不予個別選擇，以受僱人的利益為目的而簽訂的保險，但參加投保員工必須占全體員工的 75% 以上。

　　團體保險與個人保險最大的不同是壽險公司承保時，不以團體中的個人作為接受投保的依據，而是以整個團體為基礎來考慮。換句話說，壽險公司核保的風險選擇，是以團體為單位，凡是團體內合格的個人皆屬於承保對象，不因某一員工的工作地點、性質等風險性高就將該員工排除。但是壽險公司為使風險能均勻分布，並預防個人對保險的逆選擇，通常對參加團體的人員、企業僱用員工的總人數，以及企業內實際參加保險人數對僱用員工總人數的最低比率，都有限制。

　　團體保險依商品種類可分為：

　　1.團體壽險：依保障範圍來分，有保障企業員工死亡時，撫卹員工遺族的團體定期壽險，以及以員工退休年齡為滿期，作為員工退休養老金的團體養老保險等。

　　2.團體傷害險：以投保團體員工的意外傷害、殘廢為保障範圍。

　　3.團體健康險：一般以員工的傷害或疾病醫療為限，亦有擴大範圍至配偶子女等眷屬。

　　一般企業員工雖多半享有勞保，但這是政府所辦理的社會保險，僅提供員工所需的基本保障，往往不敷實際需要。不論是基於企業主的社會責任，或是勞資關係和諧的考慮，以及企業人身風險管理的需求，企業主應妥善規劃團體保險，所費不多，卻可使員工獲得更多保障，還可以減輕企業主負擔，享有節稅優惠。

四、企業合夥人權益保險規劃

　　某甲生前與人合夥開店做生意，每人出資 500 萬元，前天某甲突遭意外去世，合夥生意勢必無法繼續下去，其家人不知如何處理這個合夥事業，想把生意賣掉，不見得有人要買，即使有人想買，也會乘機殺價，雙方都會蒙受損失。對於這種情況，如果合夥人雙方事先有個「買賣協議」（Buy Sell Agreement）存在，不但可以保護自己的財產不受到損失，並且不會影響到整個生意。所謂「買賣協議」是指合夥人雙方各以對方為受益人，購買同額（本例為 500 萬元）人壽保險，若其中一方死亡，他方即以受益人身分領取保險公司賠償金，給予去世一方的家屬，把一半股權買下來，雙方都沒有損失。

　　今天，如果您是某一企業機構合夥人，您和您的夥伴合作無間，擁有良好的經營和管理才能，使業務蒸蒸日上，因此為企業帶來豐富的收入，也提供您、您的家人和員工良好的生活品質。但天有不測風雲，人有旦夕禍福，在沒有防備情況下，一人逝世，可能使整個局面完全改觀。到時候，整個企業的經營，將會有什麼下場？其他的股東將面對什麼問題？逝世夥伴的繼承人，在能力與觀點上會與您截然不同，勢難繼續合作下去。

　　在合夥企業中，每一合夥人對於合夥企業的行為及債務須負完全的責任，且當合夥人之中有人因故退出，無論其他合夥人意願如何，合夥關係即告終止，此時合夥企業依法必須進行清算或重組。因此一旦合夥人中有人死亡，企業經營問題隨即產生。

　　由於合夥企業在法律上具有的特性，使人壽保險及失能所得保險在人身風險管理上的運用更顯得重要。當合夥企業中，有一合夥人死亡或完全失能時，為了維持企業繼續經營的價值，可由其他合夥人收購該合夥人在企業內的一切權益。為達此目的，合夥人可以如上述方式預先協議好，共同簽訂買賣協議契約，並由合夥事業出資為合夥人分別投保人壽保險，相互為對方的受益人，一旦合夥人死亡或全殘，其他合夥人即以保險金按協議價格向其家屬收購。

　　總之，合夥企業的風險管理人必須特別留意，因合夥人死亡或失能，可能帶給企業的影響。再者，當合夥人彼此間簽訂買賣協議後，企業風險管理人必須對收購死亡或失能合夥人權益所需的資金預作安排，而這種安排最好方法就是透過保險。

五、企業職業災害風險之管理

近年來我國工廠爆炸等意外災害事件層出不窮，有許多工廠一旦發生爆炸事件，往往造成大規模的延燒，財物損失不計其數，人員傷亡更是不勝枚舉，不僅工廠很可能失去經營的能力，遭受最大傷害的個人其本身、未來、家庭，會帶給社會更大的問題。

企業遭受意外災害所造成的損失，依其型態可分為：

㈠直接損失

1. 醫療費用。
2. 復健費用。
3. 賠償費用。

㈡間接損失

1. 因災害導致當事人的損失：⑴當日的停工損失；⑵療養期間的損失。
2. 因災害事故導致其他工人停工的損失：⑴因好奇而停工；⑵因同情或恐懼而停工；⑶因協助受傷工人而停工；⑷因其他原因而停工。
3. 管理人員因處理災害事故所需時間的損失：⑴災害事故的調查與報告；⑵有關訴訟或賠償等協調處理時間；⑶協助受傷人員就醫或其他行政工作；⑷人事安排、調配、再訓練等。
4. 機器設備、工具及其他材料或財產損失。
5. 士氣、產量、效率降低等損失。
6. 因產量降低，以致未能如期交貨而解約或違約罰款等損失。

當意外災害發生，從發生當時至完全恢復，至法律、道德責任終了，是一段無法事先估計的時間，在金錢方面更是無法負擔。所以，要使企業永續經營，甚至更加發達，使社會更加安定、富足，職業災害的防治便成了十分重要的課題。

六、企業員工退休金之規劃

根據內政部統計資料顯示，1993 年我國老年人口比例首度突破 7%，即已邁入高齡化社會（依據聯合國的解釋，一個國家 65 歲以上人口超過全國總人口的 7% 時，即可稱為高齡化社會國家）。高齡化社會所帶來的老年經濟問題，若未能未雨綢繆，將演變成嚴重的社會問題。

又依據行政院經建會在 2010 年中推估，預期在 2025 年之前老年人口比例超過 20%，2030 年將達 25%，2060 年將超過 40%。國人每年約延長 0.2-0.3 歲的壽命，2011 年男女兩性平均餘命為 75.98、82.65 歲，已經高於美國約一歲。

表12-1　臺灣未來老年人口推估

年別	總人口（萬人）	65歲以上高齡人口（萬人）		
		合計	65-79歲	80歲以上
2010	2,316.5	248.6	188.0	60.6
2020	2,343.7	381.3	291.8	89.5
2030	2,330.1	568.3	438.1	130.2
2060	1,883.8	784.3	439.4	344.9

年別	65歲以上人口占總人口比率（%）	占65歲以上高齡人口比率（%）		
2010	10.7	100.0	75.6	24.4
2020	16.3	100.0	76.5	23.5
2030	24.4	100.0	77.1	22.9
2060	41.6	100.0	56.0	44.0

資料來源：行政院經建會（2010年）中推估。

在傳統上，老年退休後經濟安全保障是由家庭自行解決。隨著經濟發展、人口老化，老年經濟生活漸漸成為社會安全制度必須面對的問題——即由家庭負擔轉為社會共同負擔。國內在各方面努力下，對於退休後的老年經濟問題，已經有一些制度形成，如勞保的老年退休金給付、勞基法規定企業對員工有給付老年退休金的責任，並建立退休基金制度，以及規定提撥率的免稅條件，以落實退休金制度的財務來源。除了勞保及勞基法所規定的老年退休金給付外，政府及部分企業主另有自行設立退休金制度。

關於員工退休金制度，任何公司行號，或機關團體都可以自行辦理，一般

可分為兩種方式：第一種是在自己公司內辦理，另一種是委託金融機構來辦理。

企業實施員工退休金制度，有下列幾個優點：

1.安撫員工，加速員工新陳代謝，可完全實現人事管理的現代化。

2.在稅法上企業所繳付的保險費，在一定限額內可全數以當年度費用列支。

3.員工退休後無生活顧慮，可提高員工工作士氣及生產，促進企業發展。

4.員工在服務滿一定年限後，便可領到一筆鉅額的給付，服務年資愈長，給付也愈多，這麼一來，員工基於現實利益的考慮，工作的安定性自然增加。

5.員工退休後生活安定，可促進社會和諧，減少社會問題，所以對企業而言，員工退休金制度不啻是另一種善盡社會責任的方式。

由於員工退休金制度是企業員工福利計畫中，主要核心項目之一，所以企業主應清楚地瞭解公司目標與退休金制度的關係，並體認退休金制度是屬於長期的責任義務，這種制度涵蓋了許多政治的、經濟的和社會的層面環境。在面對我國人口結構高齡化的趨勢，企業主應及早規劃員工退休金制度，以彰顯企業永續經營的宗旨。

自我評量

一、企業經營有哪些人身風險？請說明之。

二、一般企業評估人身風險的內容有哪三種？請說明之。

三、請說明企業人身風險管理之步驟？

四、請說明企業人身風險之種類？

五、請說明企業以哪二種方法，估算其員工的經濟價值？

六、企業團體保險依商品種類可分為哪幾種？請說明之。

七、企業合夥人如何以保險規劃來互相保障？請說明之。

八、企業遭受意外災害所造成的損失，依其類型可分哪幾種？

九、請說明企業實施員工退休金制度之優點？

中文部分

1. 中央災害防救會報，行政院，2007年3月16日。

2. 風險與保險雜誌，中央再保險公司。

3. 產險季刊，產險公會。

4. 華僑產物保險雙月刊，華僑產物保險公司。

5. 鄭鎮樑，保險學原理，五南圖書公司，2005年3月。

6. 風險管理手冊，行政院研考會，2006年11月。

7. 保險大道雜誌，產險公會。

8. 現代保險雜誌，現代保險雜誌社。

9. 風險管理作業手冊，行政院，2006年11月。

10. 陳定國，企業管理，三民書局，1998年9月。

11. 保險專刊雜誌，保險事業發展中心。

12. 今日保險，總號第179號，冬季號。

13. 今日保險，總號第181號，秋季號。

14. 拙著，高枕無憂──人生風險的規劃與管理，廣場文化出版，1994年4月六版。

15. 徐仁志，誰敢跟上帝打賭──保險，中國信託雙月刊，101期，1991年1月。

16. 參閱周伏平編製，個人風險管理與保險規劃，中信出版社，2004年11月。

17. 中華服務保險協會編製，人身風險管理實務與保險組合，行政院金融監督委員會，2005年12月。

18. 中華民國風險管理學會主編，人身風險管理與理財，智勝出版社，2001年8月初版。

19. 中華民國2005年衛生統計年報，行政院衛生署，2005年9月。

20. 侯勝茂，我國醫藥衛生現況與展望，衛生署，2006年1月12日。

21. 袁國平，人身危險管理生命價值估算之探討，壽險季刊，第70期，1998年12月。

22. 拙著，永續經營──企業風險的規劃與管理，廣場文化出版，1993年8月四版。

23. 劉永剛，個人風險管理與保險規劃，清華大學出版社，2011年6月。

24. 袁宗蔚，危險管理，三民書局，1992年6月，初版。

25. 凌氤寶、陳森松，人身風險管理，華泰文化公司，2002年2月，第二版。

26.江朝峰等，風險管理與保險規劃，2011年6月，修訂一版。

27.中華民國人壽保險商業同業公會，保險與財務規劃，2006年9月。

外文部分

1. C. Arthur Williams, Jr. and George L. Head, Ronald C. Horn, and G. William Glendenning, *Principles of Risk Management and Insurance*, Volume, I, Pennsylvania, American Institute for P/L Underwriters, 1997.

2. Robert I. Mehr and Bob. A. Hedges, *Risk Management Concepts and Applications*, Richard D. Irasin, Inc., Homewood, Illionois, 1974.

3. Williams and Heins, *Risk Management and Insurance*, McGraw-Hill Book Company, 2000.

4. Moustafa H. Abdelsmad, Guy J. De Genoro & Robley D. Wood, Jr. 14 Financial Pitfalls for Small Business *S. A. M. Advanced Management Journal*, Spring 1977.

5. Kailin Tuan, *Multinational Corporate Risk Management Prospect and Problems*, A Papar Presented at 50th Anniversary Meeting, 1982.

6. James L. Atheam, S. Travis Pritchett, *Risk and Insurance*, West Publishing Company, 1984.

7. George L. Head, Stephen Horn II, *Essentials of the Risk Management Process*, Volume I, Insurance Institute of America, 1997.

8. Risk & Insurance Management Society, *Risk Management Department Annual Reports: A Guide*, 1983.

9. George E. Rejda, *Principles of Risk Management and Insurance*, Eigth Edition, 2001.

10. Jerry S. Rosenbloom, *A Case Study in Risk Management*, Englewood Cliffs, NJ: Prentice Hall, Inc., 1972.

11. Willams & Heins, *Risk Management and Insurance*, 2005.

12. Edward W. Sivei, Measuring Risk to Protect Income－Developing a Catastrophe Plan, *Risk Management* (April, 1973).

13. George L. Head & Stephen Horn II, *Essentials of Risk Management*, Vol. I (3rd ed. 1997).

14. Table 3 of the Report of the Committee on Group Life and Health Insurance, *Transactions of the*

Society of Accuraries, Vol. XXX, III, No. 2, 1972, 1971 Report of Mortality and Morbidity Experience.

15. Ernest A. Arvanitis, discussion of "Credibility of Group Insurance Claim Experience", *Transactions of the Society of Actuaries*, Vol. XXIII, pt. 1, 1971.

16. George L, Head, Stephen Horn II, *Essentials of the Risk Management Process*, Volume II, Insurance Institute of America, 1997, third ed.,.

17. Huebner, S. S., *Economics of Life Insurance*, 3rd ed., 1959.

18. Herbert S. Denenberg, *Risk and Insurance*, Chapter 15 Peremature Death, Prenctice-Hall Inc, Englewood Cliffs, N.J., 1974.

19. Daniel Seligman, Keeping Up, *Fortune*, April 4, 1983.

20. Russell B. Gallegher, Risk Management, New Phase of Cost Control, *Harvard Business Review*, Vol. XXXIV, No.5, September-October, 1956.

21. Jame Pickford, *Mastering Risk Volume 1: Concepts*, Pearson Education Limited, 2001.

附錄一　自我評量解答

第一章

一、（p.3）　　　　二、（p.5）　　　　三、（p.9）　　　　四、（p.6）
五、（p.11）　　　六、（p.11）　　　七、（p.11）　　　八、（p.12）

第二章

一、（p.18）　　　二、（p.19）　　　三、（p.22）　　　四、（p.22）
五、（p.25）　　　六、（p.25）　　　七、（p.27）　　　八、（p.27）
九、（p.29）　　　十、（p.30）　　　十一、（p.31）　　十二、（p.35）
十三、（p.36）　　十四、（p.39）

第三章

一、（p.46）　　　二、（p.48）　　　三、（p.50）　　　四、（p.51）
五、（p.55）　　　六、（p.56）　　　七、（p.60）　　　八、（p.60）
九、（p.62）　　　十、（p.63）　　　十一、（p.64）

第四章

一、（p.71）　　　二、（p.75）　　　三、（p.77）　　　四、（p.78）
五、（p.79）　　　六、（p.81）　　　七、（p.81）　　　八、（p.82）
九、（p.82）　　　十、（p.83）

第五章

一、（p.91）　　　二、（p.92）　　　三、（p.95）　　　四、（p.92）
五、（p.93）　　　六、（p.98）　　　七、（p.98）　　　八、（p.101）
九、（p.103）　　　十、（p.106）

人身風險管理

第六章

一、（p.117）　　二、（p.123）　　三、（p.125）　　四、（p.129）

五、（p.134）　　六、（p.142）　　七、（p.143）　　八、（p.145）

九、（p.146）　　十、（p.146）

第七章

一、（p.152）　　二、（p.155）　　三、（p.163）　　四、（p.165）

五、（p.166）　　六、（p.166）　　七、（p.152）　　八、（p.160）

九、（p.162）　　十、（p.161）

第八章

一、（p.173）　　二、（p.173）　　三、（p.175）　　四、（p.178）

五、（p.177）　　六、（p.179）

第九章

一、（p.183）　　二、（p.185）　　三、（p.187）　　四、（p.198）

五、（p.195）　　六、（p.196）

第十章

一、（p.202）　　二、（p.202）　　三、（p.205）　　四、（p.206）

五、（p.207）　　六、（p.208）　　七、（p.209）　　八、（p.207）

九、（p.212）　　十、（p.213）　　十一、（p.217）　　十二、（p.219）

第十一章

一、（p.233）　　二、（p.235）　　三、（p.236）　　四、（p.236）

五、（p.237）　　六、（p.244）

第十二章

一、（p.249）　　二、（p.249）　　三、（p.250）　　四、（p.251）

五、（p.253）　　六、（p.254）　　七、（p.255）　　八、（p.256）

九、（p.258）

附錄二　中華民國風險管理學會歷屆個人風險管理師「人身風險管理」試題及參考解答

九十七年第一次

一、選擇題（25題，每題1分）

（ A ）1.一般常用來管理風險的方法有：甲、專屬保險　乙、自我保險　丙、聽天由命　丁、依靠親人　(A)甲、乙only　(B)丙、丁only　(C)甲、丙、丁only　(D)甲、乙、丁only

（ C ）2.個人的風險包括有那些：甲、失業　乙、離婚　丙、生病　丁、車禍　(A)甲、乙、丙only　(B)乙、丙、丁only　(C)甲、丙、丁only　(D)甲、乙、丁only

（ C ）3.下列何者為正確？
甲、客觀風險可藉由統計資料衡量
乙、客觀風險之認定因人而異
丙、主觀風險會受到個人認知與態度影響而異
丁、主觀風險不可藉由統計資料衡量
(A)甲、乙、丙only　(B)乙、丙、丁only　(C)甲、丙、丁only　(D)甲、乙、丙、丁

（ B ）4.主觀風險是定義為：　(A)損失的機率　(B)個人對風險的認知與態度　(C)一個人心理上的不確定　(D)造成損失的因素

（ A ）5.地震是：　(A)風險事故　(B)實質風險　(C)客觀風險　(D)道德風險

（ D ）6.風險事故是：　(A)增加損失機會之條件　(B)道德危險　(C)損失會發生之機率　(D)損失之直接原因

（ D ）7.下列何者「不」為危險因素：　(A)滑溜的地板　(B)不潔的砧板　(C)混亂的交通　(D)檢查過的鍋爐

（ D ）8.缺乏保險利益的投保是：　(A)實質風險　(B)客觀風險　(C)心理風險　(D)道德風險

（ A ）9.影響健康保險商品的費率訂定「不」包括：　(A)死亡率　(B)性別　(C)費用率　(D)傷病率

（ C ）10.Morbidity的中文解釋為：　(A)死亡率　(B)意外發生率　(C)傷病率　(D)失能發生率

（ B ）11.下列何者「不」屬於投資型商品： (A)變額年金 (B)萬能壽險 (C)變額萬能壽險 (D)變額壽險

（ D ）12.核保人員以特別條件承保「不」包括： (A)加費承保 (B)削減給付 (C)改換險種 (D)拒保

（ A ）13.保險在理財上的功能有：甲、無後顧之憂 乙、降低緊急預備 丙、保障退休生活需求 丁、增加貸款額度，以下何者為真？
(A)甲、乙、丙only (B)乙、丙、丁only (C)甲、丙、丁only (D)甲、乙、丙、丁

（ D ）14.銀髮族的保險需求包括：甲、退休規劃 乙、年金保險 丙、醫療規劃 丁、長期看護，以下何者為真？ (A)甲、乙、丙only (B)乙、丙、丁only (C)甲、丙、丁only (D)甲、乙、丙、丁

（ C ）15.個人信託的優點有：甲、產權完整 乙、強迫儲蓄 丙、照顧後代 丁、稅務規劃 (A)甲、乙、丙only (B)乙、丙、丁only (C)甲、丙、丁only (D)甲、乙、丙、丁

（ C ）16.對美國私人退休金401K計劃的敘述，以下何者是正確的：甲、是由雇主協助建立 乙、是個人被強迫建立 丙、是屬確定給付制 丁、是屬確定提撥制
(A)甲、丙only (B)乙、丁only (C)甲、丁only (D)乙、丙only

（ D ）17.下列風險之衡量可以由保險自留來適當的處理 I.高頻率，高幅度 II.低頻率，高幅度 (A)I only (B)II only (C)both I and II (D)neither I nor II

（ B ）18.在人身保險風險選擇的過程中，招攬是屬於何種核保選擇？ (A)不屬於核保作業流程 (B)第一次選擇 (C)第二次選擇 (D)第三次選擇

（ C ）19.健康保險契約的性質有：甲、損失補償原則 乙、多以保額計算為原則 丙、附加型為原則 丁、一年期為原則，以下何者為真？
(A)甲、乙、丙only (B)乙、丙、丁only (C)甲、丙、丁only (D)甲、乙、丙、丁

（ B ）20.心肌梗塞係指冠狀動脈阻塞導致部分心肌壞死，其診斷必須具備下列條件：
甲、典型胸痛症狀 乙、心電圖異常變化 丙、心肌酶異常降低 丁、以上皆是
以下何者為真？
(A)甲、丙only (B)甲、乙only (C)乙、丙only (D)丁

（ D ）21.購買長期看護保險說明了使用哪一種風險管理方法？ (A)風險規避 (B)風險自留 (C)損失控制 (D)風險移轉

（ A ）22.社會保險的原則：甲、強制性承保 乙、社會連帶責任的負擔 丙、基本生活保障 丁、非社會福利，故以營利經營為原則，以下何者為真？
(A)甲、乙、丙only (B)甲、乙、丁only (C)甲、丙、丁only (D)丁

（ D ）23.國民年金的原則：甲、強制參加 乙、社會適當性 丙、給付權利 丁、基本保

障原則，以下何者為真？

(A)甲、乙、丙only　(B)甲、乙、丁only　(C)甲、丙、丁only　(D)甲、乙、丙、丁

（ D ）24.下列事件中，最具壓力的生活改變事件是：　(A)結婚　(B)退休　(C)貸款　(D)離婚

（ B ）25.生命價值理論認為：人類生命價值是財物價值的創造者，而其主要損失的原因為：甲、死得太早　乙、失業　丙、離婚　丁、退休，以下何者為真？

(A)甲、乙、丙only　(B)甲、乙、丁only　(C)甲、丙、丁only　(D)甲、乙、丙、丁

二、簡答題（1題，每題10分）

1.試說明人身風險及其損失的型態。

答：人身風險及其損失型態，依據Heins（1964）的規範內容如下：

(1)健康風險（health risk）：係指人身由於不健康（poor health）而產生的事故，其間包括有外來因素（external factor）的意外傷害，或內在因素（internal factor）的疾病等事故。

(2)生命風險（life risk）：係指威脅到人類生命的老年、意外傷害或疾病等人身風險事故。

(3)職業風險（occupational risk）：係指由於工作性質或工作環境在經過相當期間後，會造成身體的疾病，例如各種職業病等；另外，在執行工作任務時，基於工作的特殊性而造成意外傷害，例如建築工人所面臨之危險等；其次還包括因政治、社會、經濟等因素所造成失業之事故。

基於上述三種風險所致之損失，依據Cammack（1980）的規範又可分述如下：

(1)實質損失（physical loss）：係指標的物實質上的毀損或滅失。就人身風險中健康、生命、職業風險所致的實質損失所指，為由於意外傷害或疾病所致人身的死亡或障礙，以及由於失業或老年所致個人的經濟死亡（economic death）等。

(2)財務損失（financial loss）：係指基於標的物的實質損失，即人身的死亡或障礙、失業導致經濟能力的暫時或永遠喪失，其中包括所得損失（loss of income）。其依型態的不同而分為個人的所得損失、企業重要人員死亡或障礙所導致的信用損失（credit loss）、營業中斷損失（business interruption loss）、清算損失（business-liquidation loss）等；其次為額外費用（extra expense）的負擔，計有醫療費用（medical expense）、遺族生活費用（family period income），而遺族生活費用還包括子女獨立前之生活費用（dependency period income）、配偶生活費用（life income for wife）、喪葬費用（burial cost）及其他等。

九十七年第二次

一、選擇題（20題，每題1.25分）

（　B　）1.老王為水泥工，老張為內勤員工，其他條件一致，若二人投保傷害保險，何者費率較高？　(A)老張　(B)老王　(C)二者一樣　(D)不一定

（　C　）2.保險業需提存準備金，其主要理由為：　(A)賺取利息收入　(B)提高資本額　(C)確保清償能力　(D)增加投資報酬

（　C　）3.下列何者非屬人身風險核保所需之資料？　(A)要保書陳述　(B)體檢報告　(C)土地所有權狀影本　(D)財務狀況

（　B　）4.對年輕之被保人而言，希望利用有限資源獲得最高之保障，適宜購買：　(A)生死合險　(B)定期保險　(C)年金保險　(D)終身保險

（　C　）5.對於固定性之額外風險，例如職業危險、酗酒等，宜擬用何種方式承保？　(A)保險金削減法　(B)年齡增加法　(C)特別保險費徵收法　(D)以上皆是

（　D　）6.簡易壽險為防止逆選擇，於被保人加入保險後，必須經過一段時間，保單始生效，此期間為：　(A)寬限期間　(B)抗辯期間　(C)自動墊繳期間　(D)等待期間

（　B　）7.健康保險於要保人訂定保險契約前，對被保人施以健康檢查，其費用由：　(A)要保人承擔　(B)保險人承擔　(C)受益人承擔　(D)被保人承擔

（　A　）8.目前市面上販售之優體保單，其保費較便宜，原因主要為：　(A)發生率低　(B)保險金額大　(C)減少分紅　(D)以上皆是

（　C　）9.社會保險給付種類中，何者非一般商業保險所能提供？　(A)死亡保險　(B)醫療保險　(C)失業保險　(D)失能保險

（　C　）10.小英向銀行申請50萬之小額貸款，銀行要求她提供50萬人壽保險之保障，其目的為何？　(A)保障生活安定　(B)維持固定收入　(C)提高個人信用　(D)養成儲蓄習慣

（　C　）11.老李害怕萬一年老時，無法維持穩定之生活水準，試問應購買何種保險為佳？　(A)健康保險　(B)失能保險　(C)年金保險　(D)死亡保險

（　C　）12.自九十五年一月一日起，訂定一年以上之人壽保險契約，其純保費較二十年繳費終身保險大者，採：　(A)二十年滿期生死合險修正制　(B)二十五年滿期生死合險修正制　(C)二十年繳費終身保險修正制　(D)二十五年繳費終身保險修正制

（　C　）13.一般人所面對之危險，其管理步驟有四：①危險衡量②保險認知③方法的選擇④執行與評估，正確步驟為　(A)①②③④　(B)④③②①　(C)②①③④　(D)③④①②

（　C　）14.利用專屬保險公司管理危險，係屬危險管理方法中的：　(A)移轉　(B)控制　(C)保留與承擔　(D)分散

（　C　）15.以二人以上之被保人，至少尚有一人生存，作為年金給付之條件，稱為：
　　　　　(A)連生年金　(B)延期年金　(C)最後生存者年金　(D)即期年金

（　B　）16.健康保險中，各種費用損失保單，就每一費用項目，列表規定其承保之最高限
　　　　　額，此即：　(A)總括基礎　(B)表定基礎　(C)損失基礎　(D)費用基礎

（　A　）17.按照世界銀行的規劃，年金保障應有三層之組合，而我國正開始實施之國民年金
　　　　　是屬於：　(A)第一層　(B)第二層　(C)第三層　(D)以上皆非

（　B　）18.家庭購買保險之最佳策略為：　(A)採用最高之自負額　(B)採用本身可承擔之最
　　　　　高自負額　(C)無自負額　(D)以上皆非

（　D　）19.銀髮族之保險規劃，不包括以下何種保單？　(A)長期看護保單　(B)年金保單
　　　　　(C)健康保單　(D)失能保單

（　D　）20.健康保險在何種情況下，保費最低？　(A)不可解約　(B)保證更新　(C)有條件更
　　　　　新　(D)任意更新

二、簡答題（1題，每題10分）

1.請將人的保險購買與生涯規劃相結合。將人生依年齡層劃分成若干階級，並提出各階段
　人壽保險之規劃。

　　答：1.探索期（15-24歲）：定期壽險及意外險。

　　　　2.建立期（25-34歲）：人壽險。

　　　　3.穩定期（35-44歲）：房貸壽險。

　　　　4.維持期（45-54歲）：養老保險。

　　　　5.空巢期（55-64歲）：終身壽險。

　　　　6.養老期（65歲-）：躉繳年金。

九十八年第一次

一、選擇題（40題，每題1分）

（　D　）1.下列何種風險一旦確定，即必須給付他人賠償金？嚴重者甚至可能因而傾家蕩
　　　　　產：　(A)人身風險　(B)純粹風險　(C)財產風險　(D)責任風險

（　B　）2.風險管理的首要步驟為何？　(A)風險的衡量　(B)風險的確認　(C)選擇風險管理
　　　　　的策略　(D)避免風險

（　A　）3.下列何者是屬於不可保風險？　(A)市場占有率下降　(B)火災　(C)財產損失
　　　　　(D)利潤損失

（　B　）4.對於一般體質較差之人，保險人所辦之保險稱為？　(A)簡易保險　(B)弱體保險
　　　　　(C)醫療保險　(D)傷害保險

（ C ） 5.小張為購買小套房向銀行辦理貸款，銀行要求他提供人壽保險之保障，試問此
舉動之目的為何？ (A)保障生活安定 (B)維持固定收入 (C)提高個人信用
(D)養成儲蓄習慣

（ D ） 6.要保人對以下何人有保險利益？ (A)已出嫁的姐姐 (B)公司同事 (C)女朋友
(D)債務人

（ B ） 7.體弱或年老之人皆欲加入死亡保險，體力強壯之人皆欲選擇生存保險，此為：
(A)道德風險 (B)逆選擇 (C)心理風險 (D)實質風險

（ C ） 8.下列何者不是人身保險核保人員在核保時所需的資料？ (A)要保書之陳述
(B)體檢報告 (C)土地所有權狀影本 (D)財務狀況

（ D ） 9.欲以有限之保費獲取最大之保障，可以購買： (A)終身保險 (B)健康保險
(C)生死合險 (D)定期保險

（ C ） 10.勞工保險的保費由何人負擔？ (A)政府 (B)政府與雇主 (C)政府、雇主、以及
被保人 (D)雇主及被保人

（ A ） 11.以二人以上之被保人中，至少有一人生存，作為年金給付之限制條件，則稱為：
(A)最後生存者年金 (B)連生年金 (C)延期年金 (D)個人年金

（ B ） 12.健康保險中，各種費用損失，保單就每一費用項目，表列其承保之最大限額，此
即： (A)總括基礎 (B)表定基礎 (C)費用基礎 (D)損失基礎

（ C ） 13.下列何種並非風險管理對家庭之功能？ (A)節省保費支出 (B)獲致充分保障
(C)增加收入 (D)獲得一定之生活水準

（ C ） 14.保單採取自付額之目的為何？ (A)防止不當得利 (B)防止危險事故之發生
(C)減少小額理賠之不經濟 (D)以上皆是

（ A ） 15.被保人將原保單轉換為保額照舊，而期間較短之定期保單，保費即以原保單所具
之現金價值繳清，此即： (A)展期定期保險 (B)減額繳清保險 (C)躉繳即期年
金保險 (D)萬能保險

（ D ） 16.保險業需提存責任準備金，其主要目的為何？ (A)賺取利息 (B)提高資本額
(C)增加知名度 (D)確保清償能力

（ B ） 17.保險契約中之關係人，係指何人？ (A)保險代理人與保險經紀人 (B)被保險人
與受益人 (C)保險人與要保人 (D)保險人與被保人

（ A ） 18.全民健康保險在性質上屬於： (A)社會保險 (B)商業保險 (C)社會福利
(D)社會救濟

（ B ） 19.人壽保險業之資金運用收益率小於預定利率時，會產生： (A)費差損 (B)利差
損 (C)費差益 (D)利差益

（ B ） 20.保險契約是一種「最大誠信契約」。下列何者為最大誠信契約之主要訴求？
(A)按時繳保費 (B)填寫正確之要保資料 (C)不可轉讓保單 (D)出險後立即賠
償

（ D ） 21.為解決老年享有安定的保障，維持尊嚴的生活，而不需依賴子女、親友奉養之保單，稱為：　(A)人壽保險　(B)健康保險　(C)意外保險　(D)年金保險

（ B ） 22.下列何者不是傷害保險的傷害構成要件？　(A)須由外界原因所觸發　(B)須由第三人之行為所致　(C)須為身體上之傷害　(D)須非故意誘發

（ B ） 23.下列何者非屬企業購買團體保險之目的？　(A)員工福利　(B)投資計畫　(C)節稅目的　(D)以上皆是

（ D ） 24.團體保險內每位員工對每一單位保險金額應繳之保險費，通常是：　(A)年齡別繳費　(B)年資別繳費　(C)性別繳費　(D)平均保費

（ B ） 25.意外保險殘廢保險金之給付，是以何者為標準？　(A)住院天數　(B)殘廢等級　(C)危險事故　(D)死亡與否

（ C ） 26.重大疾病保險之保險給付，其主要之目的為何？　(A)死亡保障　(B)喪葬費用　(C)醫療補助　(D)失能所得

（ C ） 27.健康保險的「日額給付」，通常有何限制？　(A)年齡　(B)保額　(C)日數　(D)職業

（ B ） 28.從生命週期的觀點來看，一個人責任最重的時期為何？　(A)孕育期　(B)建設期　(C)成熟期　(D)空巢期

（ B ） 29.生命價值係以人的何種能力為計算基礎？　(A)消費能力　(B)收入能力　(C)信用能力　(D)以上皆是

（ D ） 30.保險規劃時，分層規劃的概念是非常重要：　(A)社會保險被視為第一層　(B)團體保險被視為第二層　(C)個人保險被視為第三層　(D)以上皆是

（ A ） 31.加強員工安全訓練是何種風險管理方式？　(A)損失預防與損失抑減　(B)避免與損失預防　(C)自行承擔與損失預防　(D)避免與損失抑減

（ C ） 32.被保險人變更職業，且職業危險增加，但未依約通知保險公司，若發生事故，保險公司：　(A)不負給付之責　(B)仍給付保險金但要求保戶補差額　(C)按原保費與應收保費的比率折算給付　(D)解除保費契約，但退還已收之保費

（ B ） 33.健康險保證續保保單，下列敘述何種不正確？　(A)保單保證續保，除非被保人不按期繳費　(B)保單保證續保，保險人不得變更保費　(C)保單保證續保，但保險人得依危險等級更改保費　(D)保證續保保單與不可撤銷保單，後者較貴

（ D ） 34.某甲住所在美國，向臺北乙公司投保人壽保險，發生糾紛訴訟時，其管轄法院為何？　(A)高等法院　(B)美國之高等法院　(C)美國之當地法院　(D)臺北地方法院

（ B ） 35.終身壽險保單，當其責任準備金累積愈多時，其淨危險保額會：　(A)增加　(B)減少　(C)一樣　(D)視投資績效而定

（ D ） 36.為了限制對同一損失有其他保險存在時之給付總額，近來普遍採行在健康保險中，增加何種條款？　(A)共同保險條款　(B)除斥期間條款　(C)免責期間條款

（D)其他保險條款

（ B ） 37.下列何者敘述不正確？ （A)其他因素不變，保險費與死亡率成正比 （B)其他因素不變，保險費與利率成正比 （C)其他因素不變，保險費與費用率成正比 （D)以上皆是

（ B ） 38.若保戶需要長期的死亡保障，但其所得僅侷限於特定期間，則下列何種保單較合適？ （A)定期保險 （B)限期繳費終身保險 （C)十年期意外險 （D)生死合險

（ D ） 39.人壽保險所謂第一次危險選擇，是指何人的工作而言？ （A)核保人員 （B)生調人員 （C)體檢醫師 （D)業務員

（ B ） 40.勞工保險之被保人因職業災害死亡，其遺屬得領取多久之平均月投保薪資？ （A)30個月 （B)45個月 （C)60個月 （D)75個月

二、簡答題（2題，每題10分）

1.退休金制度必須依賴穩定成長的經濟環境方能運行，在面臨戰後嬰兒潮於未來陸續退休的壓力下，各國政府已逐步改革退休金制度，請概述各國退休金制度的改革方向。

　答：⑴經費籌措採共同分擔提撥方式。

　　　⑵以企業年金及個人年金為主，社會年金為輔。

　　　⑶授權行政部門機動調整費率。

　　　⑷調整退休年齡，實施部分退休。

2.如何替客戶規劃適切的保障金額，一直是保險從業人員最重要的課題。請以所得替代法為例，討論如何評估保額。

　答：理賠金×存款利率＝遺族生活費用

　　　保額＝遺族生活費用／存款利率

九十八年第二次

一、選擇題（40題，每題1.25分）

（ A ） 1.吸毒對身體健康而言，是何種危險因素： （A)實質危險因素 （B)道德危險因素 （C)怠忽危險因素 （D)以上皆非

（ B ） 2.銀行要求貸款戶購買遞減式定期險，是屬於何種風險管理方式： （A)風險控制型轉嫁 （B)風險理財型轉嫁 （C)風險自留 （D)避免

（ A ） 3.目前政府在推動的微型保險，是針對那個階層的民眾設計？ （A)近貧階層 （B)中產階層 （C)高薪階層 （D)貧窮階層

（ D ） 4.下列何者非保險利益存在之目的： （A)確保要人權益 （B)避免賭博行為

(C)防止道德危險　(D)作為賠償限制

（ B ）5.為配合保戶的收入期間及經濟負擔能力，一般訂立終身壽險時，多建議客戶採用何種繳費方式？　(A)終身繳費　(B)限期繳費　(C)躉繳　(D)以上皆非

（ A ）6.程先生為全家投保人壽保險，全年所繳保費為：程先生為36,000元，程太太為25,000元，程小弟為15,000元，程小妹為13,000元。若申報綜合所得稅時採用列舉扣除，則一年可扣除的保險費為：　(A)76,000元　(B)89,000元　(C)51,000元　(D)96,000元

（ C ）7.健康保險中的免責期間之涵義為：　(A)被保險人生病期間應繳之保費可以免除　(B)被保險人延期繳納保費之期間　(C)契約生效後，任何保險給付前之期間　(D)一次給付後，再次給付前之期間

（ D ）8.被保險人變更職業，且職業危險增加。但未通知保險公司，若發生事故，保險公司：　(A)不付給付之責　(B)解除契約，退還已繳保費　(C)給付保險金，要求客戶補差額保費　(D)按原收保費與應收保費之比例折算保險給付

（ D ）9.下列何種年金保險，較適合一對年老的夫妻：　(A)單生年金　(B)連生共存年金　(C)延期年金　(D)連生及二分之一年金

（ A ）10.團體保險核保時需要考慮之因素，下列何者不是：　(A)團體內個人健康情形　(B)團體性質　(C)團體大小　(D)員工年齡分布

（ C ）11.在退休金理論中，認為退休金是員工薪資的一部分，但是延至退休時才領取，此為：　(A)人力折舊論　(B)功能報償論　(C)遞延薪資論　(D)勞務管理論

（ A ）12.我國目前實施之國民年金，是屬於世界銀行建議之三層保障中的那一層：　(A)第一層　(B)第二層　(C)第三層　(D)以上皆非

（ A ）13.生死合險之儲蓄性，會隨保險期間經過而：　(A)遞增　(B)遞減　(C)不變　(D)以上皆非

（ A ）14.保單之給付選擇權，是由何人選擇：　(A)要保人　(B)被保險人　(C)保險人　(D)受益人

（ D ）15.對每一元保費支出所購得的保障而言：　(A)生死合險＞終身險＞定期險　(B)終身險＞定期險＞生死合險　(C)定期險＞生死合險＞終身險　(D)定期險＞終身險＞生死合險

（ C ）16.人壽保險所謂第一次危險選擇，是指：　(A)核保人員　(B)體檢醫生　(C)業務員　(D)生調人員

（ D ）17.對於受預算限制而無法立即購買長期保險之年輕家庭而言，則適合購買：　(A)終身壽險　(B)遞減式定期險　(C)年金保險　(D)可轉換定期壽險

（ B ）18.新加坡在實施國民年金，是採用何種制度？　(A)稅收制　(B)公積金制　(C)社會保險制　(D)商業保險制

（ B ）19.下列何者不是老人退休後之風險：　(A)活得太久的風險　(B)死得太早的風險

(C)通貨膨脹的風險　(D)投資的風險

（ A ）20.房地產轉換年金（Reverse Annuity Mortgage）是國內熱門的話題，它是屬於：
(A)躉繳即期年金　(B)躉繳遞延年金　(C)分期繳遞延年金　(D)變額年金

（ B ）21.下列何者非變額年金之特色：　(A)保戶可以自由選擇標的物　(B)提供固定收益
(C)保戶自負投資風險　(D)保費可免於保險公司債權人追索

（ A ）22.下列何者不是公務員保險之給付項目？　(A)醫療給付　(B)死亡給付　(C)殘廢給
付　(D)養老給付

（ C ）23.人壽保險的寬限期，一般大概都多久？　(A)15日　(B)20日　(C)30日　(D)40日

（ A ）24.由於保險契約為附合契約，若契約條文語意不清時，通常做有利於何方之解釋：
(A)要保人　(B)保險人　(C)受益人　(D)仲裁人

（ D ）25.目前販售之壽險商品，其責任準備金之提存，需要按照：　(A)20年滿期生死合
險修正制　(B)25年滿期生死合險修正制　(C)30年滿期生死險修正制　(D)20年
繳費終身保險修正制

（ B ）26.有關確定給付制（Defined Benefit）之敘述，下列何者為真？　(A)過去年資無法
列入　(B)明訂員工退休之福利水準　(C)員工承擔退休前之投資風險　(D)通常有
類似銀行之個人帳戶

（ C ）27.下列何者為純損風險（Pure Risk）：　(A)買股票　(B)做生意　(C)疾病　(D)以
上皆是

（ A ）28.對於發生頻率低且損失金額大的風險，適合採用：　(A)保險　(B)自留　(C)避免
(D)以上皆是

（ D ）29.下列何者為不可保之風險？　(A)死亡　(B)火災　(C)執行業務過失　(D)售價下
跌

（ A ）30.要保人違反告知義務時，保險契約效力：　(A)解除　(B)終止　(C)無效　(D)停
止

（ C ）31.要保人對何人無保險利益：　(A)家屬　(B)債務人　(C)好友　(D)管理財產之人

（ B ）32.年金保險附10年保證給付。若被保險人於保證期間內身故，則保險人：　(A)不
給付　(B)給付至保證期間結束　(C)由保險公司自行決定　(D)以上皆非

（ B ）33.提高預定利率，則壽險保費：　(A)增加　(B)減少　(C)不變　(D)不一定

（ C ）34.下列何者有權變更受益人？　(A)保險人　(B)被保險人　(C)要保人　(D)保險中
介人

（ A ）35.壽險保費占收入之比例，大概為：　(A)十分之一　(B)五分之一　(C)十五分之一
(D)二十分之一

（ A ）36.保戶以保單質押可借之金額，以下列何者為限：　(A)保單價值準備金　(B)所繳
保費　(C)保障金額　(D)以上皆非

（ C ）37.目前世界各國退休金改革方向為：　(A)由確定提撥改為確定給付　(B)以公有年

　　　　金為主，私人年金為輔　(C)延後退休年齡　(D)公有年金實施隨收隨付制

（ B ）38.有關展期保險之敘述，下列何者為真？　(A)與原契約同一保險期間　(B)與原契約同一保險金額　(C)要保人需額外繳保險費　(D)以上皆是

（ B ）39.終身壽險保單，當責任準備金累積愈多時，其淨危險保額會：　(A)增加　(B)減少　(C)不變　(D)視投資績效而定

（ A ）40.我國簡易保險是由下列何者經營？　(A)郵局　(B)壽險公司　(C)產險公司　(D)勞保局

二、簡答題（2題，每題10分）

1.保險之財務特性，主要有兩個，試說明之。

　答：(1)變現性

　　　　①保險給付。

　　　　②保單貸款。

　　　(2)節稅性

　　　　①所得稅。

　　　　②遺產稅。

2.在決定個人年金最適購買額度時，有四個步驟來計算，試說明之。

　答：步驟1：確定政府與企業退休金之額度。

　　　步驟2：決定理想之所得替代率。

　　　步驟3：計算最適每月退休金之額度。

　　　步驟4：計算最適年金購買之額度。

九十九年第一次

一、選擇題（30題，每題1.5分）

（ A ）1.查閱公司內部的財務報表，生產流程圖及重要的紀錄和文件，是屬於風險管理的那一步驟？　(A)確認風險　(B)評估風險　(C)執行風險管理策略　(D)檢討風險策略

（ C ）2.下列何者不屬於風險理財的手段？　(A)保險　(B)風險自留　(C)風險規避　(D)財務契約轉移

（ A ）3.透過行動使損失頻率或損失幅度降低者，稱為：　(A)損失控制　(B)損失預防　(C)損失抑制　(D)損失移轉

（ D ）4.以急難救濟金的方式，作為處理損失的計畫，稱為：　(A)自我保險　(B)風險移

轉　(C)損失控制　(D)風險承擔

（ A ）5.租賃契約中的不追償條款（Hold Harmless Agreement）屬於風險管理策略中的那一類？　(A)財務上的契約轉移　(B)操作上的契約轉移　(C)專屬保險　(D)自我保險

（ D ）6.下列何者不屬於人們購買保險的主要原因？　(A)活得尊嚴　(B)展現愛心　(C)維持生活水準　(D)財富轉移

（ A ）7.人壽保險的經濟理論基礎為：　(A)生命價值理論　(B)家庭財務需求理論　(C)餘命生產力理論　(D)所得倍數理論

（ B ）8.委託人與受託人意思表示一致，並將信託物實現交付，信託即生效的信託屬於：　(A)法定信託　(B)契約信託　(C)遺囑信託　(D)宣告信託

（ D ）9.下列何者與個人風險商品的訂價因素無關？　(A)傷病率　(B)平均餘命　(C)費用率　(D)所得替代率

（ B ）10.下列對於核保手冊（Underwriting Manual）的敘述，何者為非？　(A)可作為核保人員在核保時的評估依據　(B)必須遵循國外再保公司所提供的標準，以利再保險的安排　(C)為保險法所要求的應有文件　(D)具有闡明保險公司核保政策的功能

（ D ）11.人身標準化保險單的訂定，主要不是來自於：　(A)立法單位的要求　(B)保險監理官的指示　(C)產業界競爭所間接創造　(D)產業界自律的自發行為

（ D ）12.下列何者不屬於人身保險單條款的範圍？　(A)表白事項　(B)保險範圍　(C)除外條款　(D)訴訟管轄權

（ A ）13.對於人身風險理財觀的最適保額釐定法的敘述，何者為非？　(A)未成家者在淨收入彌補法未確定時，可用養生負債法　(B)已成家者可使用遺族需要法　(C)已成家者亦可使用淨收入彌補法　(D)預算充裕者，可考慮使用理賠額利息收入法

（ A ）14.對於25～34歲的族群，理財活動應著重於：　(A)量入節出，積存資金　(B)提升專業來提高收入　(C)投資理財，準備創業　(D)建立多元化的投資組合

（ B ）15.下列對於退休制度的敘述，何者為非？　(A)日本明治維新後的退休制度採「功勞報償論」　(B)以人力維新及生產力提升為考量者，為「人力折舊論」　(C)以薪資的一部分作為退撫給付而延遲支付者，為「遞延工資論」　(D)將退休制度視為社會安全制度之一環者，為「社會保險論」

（ D ）16.下列何者不屬於總保險費所包含的費用？　(A)新契約費用　(B)維持費用　(C)收費費用　(D)續期費用

（ B ）17.下列對於保單責任準備金的敘述，何者為非？　(A)責任準備金是未來理賠給付現值和未來保費收入現值的差額　(B)定期保險的責任準備金會隨保單年度的增加而逐年遞增　(C)以終值法來定義責任準備金的方式，稱為「過去法」　(D)以現值法來定義責任準備金的方式，稱為「將來法」

（ B ）18.要保人無力繳交續期保險費時，而仍希望繼續獲得保險保障時，可以選擇的方式有：甲、解約　乙、繳清保險　丙、變更展期保險　丁、保費自動墊繳　(A)甲、乙、丙　(B)乙、丙、丁　(C)甲、丙、丁　(D)甲、乙、丙、丁

（ C ）19.下列對於數理查定法的敘述，何者為非？　(A)有利於電腦大量的核保資料處理　(B)可隨時修正加減點的點數　(C)仍須依賴醫師對風險的綜合判斷　(D)可排除核保人員的主觀判斷

（ B ）20.下列對於保險契約相關人的敘述，何者為是？　(A)保險人為契約的關係人　(B)要保人為契約的當事人　(C)被保險人非要保人時，為契約的當事人　(D)受益人為契約的輔助人

（ C ）21.下列對於保險契約性質的敘述，何者為是？　(A)當被保險人在保險期間屆滿仍生存時，保險公司須負給付之責者，為「死亡保險」　(B)當被保險人在保險期間屆滿前死亡，保險公司須負給付之責者，為「生存保險」　(C)當被保險人在保險期間屆滿仍生存或在保險期間屆滿前死亡，保險公司須負給付之責者，為「養老保險」　(D)生死合險為生存保險與死亡保險的綜合險，所以其保險費要較生存保險便宜

（ C ）22.下列對於保險契約責任的敘述，何者為非？　(A)依保險法所示，要保人可用口頭向保險人聲請保險契約　(B)原則上，保險費應在契約生效前由要保人交付　(C)保險人向要保人先行收取保費，但在簽訂契約前發生保險事故，保險人可以「尚未承保」為由，免除保險責任　(D)不論是否已簽訂保險契約，只要依核保標準應予承保，而保險人亦已收取保費，則保險人仍必須負起保險責任

（ A ）23.現在年齡到死亡的期間，稱為：　(A)平均餘命　(B)死亡率　(C)死亡人數　(D)殘存壽命

（ A ）24.人壽保險單在其保單價值準備金的範圍內，可提供要保人不用擔保品就可以貸放其所需周轉的金錢。這種保單的性質為：　(A)變現性　(B)流通性　(C)價值性　(D)融資性

（ C ）25.下列那一種營利事業的退休金提撥制，對員工最有保障？　(A)帳面準備式退休金　(B)隨收隨付式退休金　(C)分離式退休金　(D)事先提撥制退休金

（ A ）26.將人身的各種風險因素，以簡單的數學加減方式計算其預期死亡率高低的方法，稱為：　(A)數理查定法　(B)最大因素法　(C)基準死亡指數法　(D)超過死亡指數法

（ D ）27.下列何者不屬於個人壽險契約的法律性質？　(A)雙務契約　(B)有償契約　(C)附合契約　(D)議訂契約

（ C ）28.下列何者不屬於傷害保險的「意外」定義？　(A)事故須為外來的　(B)事故須為突發的　(C)事故須為主動的　(D)事故須為單獨且直接原因所致的

（ D ）29.下列那種保險的逆選擇風險最大？　(A)人壽保險　(B)健康保險　(C)傷害保險

(D)年金保險

（ D ）30.人壽保險契約中，變更為「繳清保險」為： (A)保額變大，保險期間縮短 (B)保額變小，保險期間延長 (C)保額變大，保險期間不變 (D)保額變小，保險期間不變

二、簡答題（3題，每題10分）

1.試簡述退休金的投資策略有那些？

答：退休金的投資策略，主要是將退休基金資產，適當地分配於下列三個項目之中：⑴現金或現金相當物；⑵中期或長期性的固定收益型投資工具；⑶績優股票及不動產投資。

另，還必須隨著外在經濟及金融環境變化，而隨時做機動性調整。

2.試簡述保險在理財上扮演的功能有那些？

答：保險在理財上扮演的功能有三：⑴以人壽保險及失能保險使投資置產無後顧之憂；⑵以醫療保險降低緊急預備金需求；⑶以養老保險或年金保險保障退休後基本生活需求。

3.試簡述在使用除外條款（Exclusion Clause）時，所必須考慮的因素有那些？

答：使用除外條款時，必須考慮下列因素：

⑴使道德危險降到最低限度或足以掌控的情況之下。

⑵排除包括的危險中，須賴特別費率及核保技術來克服的危險。

⑶排除容易使要保人請求不當給付的保障條件。

⑷排除不為一般被保險人需要的保障範圍。

九十九年第二次

一、選擇題（30題，每題1.5分）

（ A ） 1.下列對「風險」的敘述，何者不正確？ (A)損失的結果 (B)損失發生機率的不確定性 (C)損失發生後其嚴重程度的不確定性 (D)損失結果的不確定性

（ C ） 2.保險學與財務金融學的區分基礎在於： (A)客觀風險與主觀風險 (B)靜態風險與動態風險 (C)純風險與投機風險 (D)人身風險與財產風險

（ A ） 3.假設X與Y為兩個隨機變數，則損失變異數Var(X+Y)的最大值發生於： (A)X和Y為完全正相關 (B)X和Y為完全負相關 (C)X和Y為完全不相關 (D)視X和Y絕對值的大小而定

（ D ） 4.專屬保險（captive insurance）在風險管理的方法上，屬於： (A)風險規避

(B)損失控制　(C)風險自留　(D)風險移轉

（ B ）5.保險業作業委託他人處理的方式，在風險管理的方法上，不屬於：　(A)風險控制　(B)風險理財　(C)財務契約移轉　(D)非保險方式移轉

（ C ）6.保險公司對所承保的風險採「自留」的方式，是屬於人身風險管理的那一種方式？　(A)避險　(B)控險　(C)化險　(D)抑險

（ C ）7.目前年齡與最可能發生死亡的年齡之間的餘數，稱為：　(A)死亡率　(B)平均餘命　(C)可能餘命　(D)生存餘命

（ D ）8.下列何者非人身風險管理中掌控危險的方式？　(A)要保書的訂定　(B)保單條款的訂定　(C)理賠行政　(D)售後保全服務

（ D ）9.下列何者不屬於「可保的危險」的範疇？　(A)不包括的危險　(B)除外的危險　(C)其餘的危險　(D)最大可能的危險

（ A ）10.「告知義務」在保單條款的性質上是屬於：　(A)不可爭條款　(B)免責條款　(C)保辜條款　(D)除斥條款

（ D ）11.下列何者不屬於影響「年所得倍數保險金額」的因素？　(A)年齡　(B)個人收入成長率　(C)投資報酬率　(D)性別

（ C ）12.保險須配合生涯規劃來執行理財目標，則在生涯規劃中的「穩定期」宜購買何種保險？　(A)定期保險　(B)傷害保險　(C)失能保險　(D)養老保險

（ C ）13.下列何者不屬於保險所具有的財務特性？　(A)變現性　(B)節稅性　(C)收益性　(D)保障性

（ A ）14.保險與基金之間，隨年齡的變化具有何種替代效果的關係？　(A)隨年齡的增長，替代效果遞增　(B)隨年齡的增長，替代效果遞減　(C)隨年齡的增長，替代效果恆定　(D)保險與基金之間不具替代效果，因此完全與年齡的增長無關

（ D ）15.下列何者非「設立信託」的方式？　(A)契約信託　(B)遺囑信託　(C)宣言信託　(D)法定信託

（ A ）16.在風險選擇的過程當中，居最重要地位的階段為：　(A)招攬人員的風險選擇　(B)體檢醫師的風險選擇　(C)核保人員的風險選擇　(D)調查人員的風險選擇

（ D ）17.下列何者不是第四次風險選擇所能達到的目的？　(A)發掘業務員的不實招攬行為　(B)發現體檢醫師對體檢項目的遺漏　(C)確認核保人員的核保決定結果　(D)確認調查人員的調查報告正確性

（ D ）18.保險契約的「當事人」係指：　(A)要保人與被保險人　(B)要保人與受益人　(C)被保險人與受益人　(D)要保人與保險人

（ D ）19.下列對於保險契約相關約定的「時效」限制之敘述，何者為非？　(A)保險事故通知的時效為5日　(B)保險金請求權的時效為2年　(C)保險金給付的時效為15日　(D)不可抗辯條款的解除契約時效為2年

（ D ）20.下列對於變額年金的敘述，何者為非？　(A)屬於投資型保險的一種　(B)保戶可

自由選擇投資標的　(C)保戶須承擔投資風險　(D)具有保證最低的收益性

（ D ）21.下列對於核保手冊（underwriting manual）的敘述，何者為真？　(A)可作為核保人員在核保評估時的參考　(B)必須完全遵循國外再保公司所提供的標準　(C)不須考慮保險法的要求　(D)具有闡明保險公司核保政策的功能

（ D ）22.下列對於人身標準化保險單訂定緣由的敘述，何者為非？　(A)立法單位的要求　(B)保險監理官的指示　(C)產業界競爭所間接創造　(D)產業界自律的自發行為

（ B ）23.下列對於保單責任準備金的敘述，何者為非？　(A)責任準備金是未來理賠給付現值和未來保費收入現值的差額　(B)定期保險的責任準備金會隨保單年度的增加而逐年遞增　(C)以終值法來定義責任準備金的方式，稱為「過去法」　(D)以現值法來定義責任準備金的方式，稱為「將來法」

（ D ）24.下列對於數理查定法的敘述，何者為真？　(A)電腦對於風險因素的量化不易判斷，不利於大量的作業　(B)額外危險對死亡率的影響量化後，即須固定，不可隨意更改　(C)仍須由醫師對風險加以綜合判斷　(D)可排除核保人員的主觀判斷

（ D ）25.人壽保險中，對於未來理賠現值和未來保費收入現值之差額，稱為：　(A)收支相等原則　(B)保單現金價值　(C)年繳化保險費　(D)責任準備金

（ B ）26.下列對於「不可承受的危險（noninsurable risk）」之性質敘述，何者為非？　(A)為無法準確計算保險費率或損失機會相當大的危險　(B)又稱為「不可保的危險（uninsurable risk）」　(C)必須要考慮保險標的之保費恰當性　(D)仍為保險法第一條所保障的範圍

（ D ）27.下列對於社會保險原則之敘述，何者為非？　(A)強制性承保　(B)連帶責任的分攤　(C)基本生活的保障　(D)保費須符合對價關係

（ D ）28.人壽保險契約中，變更為「展期保險」為：　(A)保額變大，保險期間縮短　(B)保額變小，保險期間延長　(C)保額變大，保險期間不變　(D)保額不變，保險期間縮短

（ A ）29.人身風險的選擇過程中，對於被保險人的生命經濟價值必須妥當地評估，以符合其最適的保險金額，其目的在於：　(A)確定其是否有保險利益　(B)確定其健康狀況　(C)確定其社會地位　(D)防止道德危險

（ C ）30.下列對於健康保險的敘述，何者為非？　(A)健康保險是一種損失補償契約　(B)健康保險的給付多為定額給付　(C)健康保險的住院日額給付亦為定額給付的一種　(D)健康保險是以傷病率（morbidity）為計價基礎

二、簡答題（3題，每題10分）

1.某甲每月不列計其個人的家庭生活開支約為5萬元，目前仍有500萬元的房屋貸款。試以所得替代法計算某甲投保人壽保險的最適保額為多少？（假設目前市場的存款利率為1%）

答：某甲應有的保障＝（遺族生活費用／存款利率）＋房屋貸款

$$＝（5萬／月×12月／1\%）＋500萬$$

$$＝6,000萬＋500萬$$

$$＝6,500萬$$

2.我國現行「勞工退休金條例」是採用確定提撥制的精神，試簡述「確定提撥制度」的內容有那些？

答：⑴明訂雇主與員工的提撥率。

⑵通常有類似銀行的個人帳戶。

⑶員工須承擔退休前之通貨膨脹、投資收益等，對退休金適足性之風險。

⑷通常對過去服務的年資無法列計。

⑸低行政費用。

⑹較易與員工溝通。

⑺成本可預測。

3.試簡述「保險費用」的三元素法為何？

答：⑴新契約費用：所有開拓新契約所支付的費用，如：佣金。

⑵維持費用：提供有效契約售後保全服務的經常性費用，如：辦公設備及用品。

⑶收費費用：收取續期保險費的經營性費用。如：收費員的薪水、獎金。

100年第一次

一、選擇題（25題，每題2分）

（　D　）1.風險管理是個人及家庭財務規劃的一部分，而且是最基礎的部分，範圍則著重在 (A)動態風險　(B)基本風險　(C)投機風險　(D)純粹風險　的管理上。

（　C　）2.風險管理的第一步驟為：　(A)損失控制（Loss Control）　(B)風險衡量（Risk Measurement）　(C)認知風險（Risk Identification）　(D)風險避免（Risk Avoidance）。

（　C　）3.各種危險管理措施的選擇程序為？①損失控制②危險避免③損失自留④移轉 (A)①②③④　(B)③②①④　(C)②①③④　(D)③①②④

（　A　）4.當為了有限之預算或實際之理由時，經濟個體在選取互相衝突之風險管理方案

時，經濟個體應選擇的風險管理方案為： (A)預期收益現值與預期成本現值差額最大者 (B)預期收益現值與預期成本現值差額相等者 (C)預期收益現值與預期成本現值差額最小者 (D)以上皆非

（ B ） 5.下列何者敘述不正確？ (A)風險因素會影響損失幅度 (B)風險事故會影響風險因素 (C)風險事故為造成損失的意外事故 (D)損失指非自願性的經濟價值減少

（ D ） 6.風險管理對家庭有何貢獻，下列敘述何者為非： (A)可節省家庭之保險費支出而其保障並未減少 (B)家庭中負擔生計者因獲得保障，而可努力於創業或投資，使生活水準提升 (C)可使家庭免於巨災損失之影響，使其家庭功能維持一定之生活水準 (D)滿足社會責任感與建立良好的形象

（ C ） 7.廣義的風險管理，除彌補經濟損失外尚包括儲蓄投資以備未來教育、結婚、創業、養老等情況所需，此部分之需求可以利用年金保險、終身保險等具有儲蓄性質的何種功能？ (A)滿期金 (B)滿期金+保單貸款 (C)滿期金+保單分紅+保單貸款 (D)以上皆非

（ B ） 8.下列何者屬於人身風險管理中的「控險」（Risk Control）方式 (A)採事前避開 (B)舒緩風險幅度嚴重性 (C)放棄 (D)自負

（ D ） 9.風險處理的策略分為控制型策略和： (A)避免風險策略 (B)損失預防策略 (C)轉移風險策略 (D)財務型策略

（ D ） 10.從危險管理之觀點所稱之危險係指： (A)損失機率很高者 (B)容易造成傷害之活動 (C)損失機率可以預測者 (D)損失發生之不確定性

（ B ） 11.核保人員必須要對被保險人的危險加以篩選，此篩選過程稱為： (A)危險分散 (B)危險選擇 (C)分散費率 (D)醫務選擇

（ C ） 12.設算被保險人在正常狀況下，於工作生涯中所能創造的經濟收入總合，作為被保險人對家庭經濟的生命價值稱為： (A)家庭需要法 (B)所得累積法 (C)生命價值法 (D)倍數法

（ A ） 13.影響「人身意外身故風險」商品價格訂定因素為： (A)死亡率+費用率 (B)平均餘命+費用率 (C)意外事故發生率+費用率 (D)以上皆非

（ B ） 14.凡屬滿一定年齡以上之國民，或符合一定條件之居民，均可領取政府發給公共年金之給付制度稱為： (A)社會年金保險 (B)國民年金 (C)社會救助 (D)公積金

（ C ） 15.計算健康保險費率的因素與人壽保險費率因素比較，下面那一項因素對前者比較不重要？ (A)罹患率 (B)費用率 (C)利率 (D)持續率

（ C ） 16.在空巢期（銀髮族）人生規劃較不考慮： (A)休閒規劃 (B)退休規劃 (C)居住規劃 (D)死亡規劃

（ B ） 17.緊急用基金、教育基金、退休基金是屬於下列個人財務計畫中的那一種？ (A)風險管理計畫 (B)儲蓄和投資計畫 (C)遺產計畫 (D)現金流量規劃

（　Ｂ　）18.健康保險常見的保險商品不包含：　(A)醫療費用保險　(B)終身壽險　(C)失能所得保險　(D)重大疾病保險

（　Ａ　）19.保險契約有分定值契約（Valued Contract）和補償契約（Contract of Indemnity）。甲有壽險保單保額100萬和依據實際費用給付之醫療保單，請問下列何者正確？　(A)壽險保單是定值契約，醫療保單是補償契約　(B)壽險保單是補償契約，醫療保單是定值契約　(C)兩種皆為補償契約　(D)兩種皆為定值契約

（　Ｃ　）20.以下敘述何者有誤？　(A)生死合險提供終身之死亡保障　(B)終身壽險保險金可用於子女教育基金、退休養老儲蓄　(C)定期壽險無現金價值　(D)遞減定期壽險適合未來有房屋貸款、子女教育費用增加需求的保戶

（　Ｄ　）21.個人財務規劃終其一生如果只需要壽險保單，此保單提供彈性保費支付和死亡保額給付，因此適合作為個人生命週期的保單者是：　(A)定期壽險（Term Life Insurance）　(B)20年養老保險（Endowment）　(C)20年繳費終身壽險（Whole Life Insurance）　(D)萬能壽險

（　Ｄ　）22.比較健康與傷害保險，下列敘述何者為非？　(A)健康險的承保範圍較大　(B)健康險所需考量的核保面向較廣　(C)健康保險示範條款的除外部分較多　(D)傷害險契約有等待期間的規定，而健康險則無

（　Ｂ　）23.要保人對於保單價值，隨時按其需要選擇運用的方式稱為：　(A)不可爭條款　(B)選擇性條款　(C)寬限期條款　(D)作為與不作為條款

（　Ｃ　）24.下列「重大疾病保險」敘述何者有誤？　(A)死亡保險金可提前給付　(B)可以附約方式投保　(C)不可以主約方式投保　(D)以主管機關核定七項重大疾病為主要內容

（　Ｃ　）25.下列敘述何者有誤：　(A)全民健康保險之投保方式為強制性　(B)商業性健康保險以營利為目的　(C)全民健康保險以健康狀況作為是否同意投保與核定保費費率的考慮因素　(D)所得比較高、並且比較健康的人，較可能享有商業健康保險的保障

二、簡答題（7題，每題5分）

1.參考Black & Skipper風險管理的論點，人身保險規劃有下列六個步驟：蒐集資訊、建立目標、分析資訊、發展計畫、執行計畫、定期監督並修正計畫，其中「分析資訊」步驟中，身為人身風險管理師應如何協助客戶進行資訊的分析？

答：分為靜態分析、敏感度分析、動態分析。

靜態分析假設被保險人發生事故，對其家庭需要多少保險才能維持既定生活水準進行分析；敏感度分析是指當假設的通貨膨脹率或投資收益率與實際有差異時，對其保險需求影響的評估；動態分析是指個人於下一年或第二年、第三年……死亡，其

保險需求的分析。

2.為了保障老年退休後財源能夠不虞匱乏,多數已開發國家多採用三層退休金制度的規劃機制,請說明之。

　答:第一層是政府所提供的退休金給付(社會年金保險);第二層是雇主所提供的強制性企業退休金制度(企業年金制度);第三層是個人自發性退休理財行為(個人年金保險)。

3.請分析說明人身風險的經濟成本內容。

　答:(1)不可預見之損失的成本。

　　　(2)不確定本身的成本:第一項成本源於恐懼和憂煩引來的身心壓力;其次的成本係指資源運用的扭曲,以致無效率及供過於求或短絀所造成的。

4.請說明「保險需求」的計算有那些方法?

　答:淨收入彌補法(未成家者在養生負債未發生時)、遺族需要法(已成家者)、所得替代法(預算較充裕者)。

5.「個人年金保險」是退休金財務規劃重要的理財工具,請分析說明此工具的優點。

　答:(1)年金保險具有遞延課稅優惠;(2)年金保險提供多樣且有彈性的投資組合;(3)年金保險使投保人更為容易從事長期儲蓄;(4)有商業契約之法律保障;(5)可在自由競爭市場中選擇適合的保險人;(6)投保金額可依個人之實際需求決定;(7)壽險公司通常提供較高的投資報酬率。

6.依據損失頻率與損失幅度可將風險區分為不同種類的風險,請說明不同種類的風險適用於不同的管理方法。

　答:

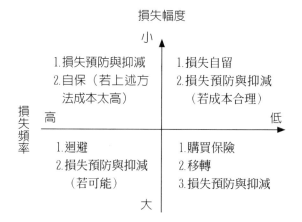

7.風險的防止應從「風險鏈」(Risk Chain)著眼,何謂「風險鏈」(Risk Chain)?

　答:「風險鏈」(Risk Chain)係危險因素(Hazard)→環境(Environment)→交互作用

（Interaction）→產出效果（Outcome）→後續影響（Consequence），防止風險的發生率與危險因素、環境及交互作用三者息息相關。

三、申論題（1題，15分）

1. 請分析說明人身風險及其損失型態。

答：人身風險及其損失型態，依據Heins（1964）的規範內容如下：

(1) 健康風險（Health Risk）：係指人身由於不健康（Poor Health）而產生的事故，其間包括有外來因素（External Factor）的意外傷害，或內在因素（Internal Factor）的疾病等事故。

(2) 生命風險（Life Risk）：係指威脅到人類生命的老年、意外傷害或疾病等人身風險事故。

(3) 職業風險（Occupational Risk）：係指由於工作性質或工作環境在經過相當期間後，會造成身體的疾病，例如各種職業疾病等；另外，在執行工作任務時，基於工作的特殊性而造成意外傷害，例如建築工人所面臨之危險等；其次還包括因政治、社會、經濟等因素所造成失業之事故。

基於上述三種風險所致之損失，依據Cammack（1980）的規範又可分述如下：

(1) 實質損失（Physical Loss）：係指標的物實質上的毀損或滅失，就人身風險中健康、生命、職業風險所致的實質損失所指，為由於意外傷害或疾病所致人身的死亡或障礙，以及由於失業或老年所致個人的經濟死亡（Economic Death）等。

(2) 財務損失（Financial Loss）：係指基於標的物的實質損失。即人身的死亡或障礙、失業導致經濟能力的暫時或永遠喪失，其中包括所得損失（Loss of Income），其依型態的不同而分為個人的所得損失、企業重要人員死亡或障礙所導致的信用損失（Credit Loss）、營業中斷損失（Business Interruption Loss）、清算損失（Business-Liquidation Loss）等；其次為額外費用（Extra Expense）的負擔，計有醫療費用（Medical Expense）、遺族生活費用（Family Period Income），而遺族生活費用還包括子女獨立前之生活費用（Dependency Period Income）、配偶生活費用（Life Income for Wife）、喪葬費用（Burial Cost）及其他等。

100年第二次

一、選擇題（25題，每題2分）

（　D　）1. 投機性危險之存在，會有下列何種可能結果：　(A)有損失　(B)無損失　(C)獲利　(D)以上皆是

（　A　）2. 投機性危險與純損危險之不同，在於投機性危險具有：　(A)獲利之可能　(B)道

德性危險　(C)巨額損失的可能　(D)以上皆非

（ B ）3.危險控制型的危險管理措施，其目的在：　(A)實質危險因素　(B)控制危險之損失頻率與幅度，以改善危險之性質　(C)控制危險之數量　(D)以上皆非

（ D ）4.對於損失頻率高而損失幅度小的危險，下列何種危險管理組合最佳？　(A)損失預防+保險轉嫁　(B)損失預防+損失自留　(C)損失抑制+保險轉嫁+自負額　(D)損失預防+保險轉嫁+自負額

（ C ）5.下列何者非屬於保險之功能：　(A)損失補償　(B)促進損失預防　(C)社會救濟　(D)減少焦慮

（ D ）6.下列何者屬於損失抑制措施？　(A)消防救火　(B)災後清理或出售殘餘物　(C)傷者急救送醫及復健　(D)以上皆是

（ A ）7.要保人向保險人為保險之要約時，通常須提出：　(A)要保書　(B)續保通知　(C)批改申請書　(D)索賠函

（ B ）8.根據現行金管會所公布之「財產保險業經營傷害及健康保險業務管理辦法」當中的規定，現行產險業可經營之健康險保險期間為何？　(A)長年期　(B)一年期以下　(C)二年期以下　(D)主管機關並無限制

（ D ）9.比較健康與傷害保險，下列敘述何者為是？　(A)健康險的承保範圍較大　(B)健康險所需考量的核保面向較廣　(C)健康保險示範條款的除外部分較多　(D)以上皆是

（ D ）10.有關理財規劃，下列敘述何者正確？　(A)退休金不必規劃，可依賴政府國民年金　(B)養兒防老，故應準備子女養育金，不需準備退休金　(C)因應健保費調漲，更應該到大醫院去看病　(D)子女養育金與退休金規劃皆應趁早

（ C ）11.下列那一情況提早退休的機率較高？　(A)預期子女年少有成，有錢孝順可依靠　(B)預期可獲得父母遺產　(C)目前有巨額儲蓄，已大幅超越退休金預期目標　(D)預期可提升退休前的投資報酬率

（ A ）12.在國外當飛機失事時，大公司負責人與小職員的理賠額不同，請問係採用下列何項保險需求計算法？　(A)淨收入彌補法　(B)遺族需要法　(C)所得替代法　(D)變額年金法

（ B ）13.選擇遞減型定期保險商品之保障需求為何？　(A)累積子女的教育基金　(B)避免保戶分期償還購屋貸款期間身故或全殘，家屬無力繼續清償　(C)提供晚年養老的經濟保障　(D)避免保戶身故時遺屬無力繳納遺產稅

（ B ）14.有關金錢信託，下列敘述何者錯誤？　(A)是指成立信託時以金錢為信託財產的信託　(B)與全權委託投資業務相同，為一委任關係　(C)可依委託人指定運用方法的不同分為指定、特定、不指定三類　(D)「指定用途信託資金投資國內、外共同基金」即是一種金錢信託

（ C ）15.下列何者為一種集合多數個人或經濟單位，根據合理的計算，共同集資，以作為

對特定風險事故發生所導致損失的補償制度？ (A)民間互助會 (B)信託 (C)保險 (D)國安基金

（ A ）16.張先生為自己投保新臺幣100萬元保額的定期壽險，若其在契約有效期間內因意外事故而致十足趾缺失，則可獲得的殘廢保險金為新臺幣多少元？ (A)無給付 (B)10萬元 (C)50萬元 (D)100萬元

（ C ）17.有關人壽保險之敘述，下列何者錯誤？ (A)生存保險之被保險人於契約有效期間內死亡，無保險給付 (B)生存保險又稱儲蓄保險 (C)定期壽險於保險期間若無保險事故發生，壽險公司不需理賠，惟應退還所繳保險費 (D)生死合險又稱養老保險

（ A ）18.在編製家庭財務報表時，下列那一種保費的支付，其保單現值的增加額可當作資產的累積？ (A)養老險 (B)失能險 (C)意外險 (D)全民健康保險

（ D ）19.一個完整的退休規劃，應包括工作生涯設計、退休後生活設計及自籌退休金部分的儲蓄投資設計，下列何者非這三項設計的最大影響變數？ (A)通貨膨脹率 (B)薪資成長率 (C)投資報酬率 (D)貸款利率

（ B ）20.用「淨收入彌補法」計算保險需求時，下列敘述何者錯誤？ (A)年紀愈高，保險需求愈低 (B)個人支出占所得比重愈大，保險需求愈高 (C)個人收入成長率愈高，保險需求愈高 (D)投資報酬率愈高，保險需求愈低

（ D ）21.行政院所規劃的勞工退休金新制和舊制所採行的制度為何？ (A)二者均採確定給付制 (B)二者均採確定提撥制 (C)新制採確定給付制，舊制採確定提撥制 (D)新制採確定提撥制，舊制採確定給付制

（ D ）22.下列何種年金險，適用於已擁有大筆資金，想直接轉換為分期給付之退休所得者？ (A)定期保險 (B)分期繳費遞延年金保險 (C)遞延年金保險 (D)即期年金保險

（ C ）23.有關變額型投資型保險之敘述，下列何者錯誤？ (A)可由要保人自行選擇投資標的 (B)要設置專設帳戶管理 (C)要保人無須承擔投資風險 (D)保險金額及現金價值由投資績效而定

（ C ）24.目前國內重大疾病保險所保障的疾病項目，不包括下列何者？ (A)癌症 (B)心肌梗塞 (C)老年癡呆症 (D)尿毒症

（ B ）25.剛結婚所得不高，但又是家中主要經濟來源的年輕上班族，宜選擇下列何種保險商品，以兼顧其經濟負擔與家庭保障？ (A)儲蓄保險 (B)定期保險 (C)養老保險 (D)年金保險

二、簡答題（7題，每題5分）

1.請說明年金保險如何保障老人退休財源之風險？

答：(1)透過年金保險，保險人將定期給付特定額度的年金，直到被保險人死亡為止，故能保障活得太久的風險。

(2)透過年金保險，保險人可提供固定（如：定額年金）或最低的投資報酬率（如：變額年金），故能保障或降低投資風險。

(3)年金保險可透過機制設計，使其給付額度隨著通貨膨脹率調整，故能保障通貨膨脹風險。

2.依目前世界各國之經驗，國民年金制度之實施，主要有那些方式？

答：主要有三種方式：

(1)稅收制。

(2)公積金制：以受僱人員為主要對象，由勞僱雙方依照薪資的一定比率，按月提撥到個人基金帳戶，退休時再一次或分期支領基金帳戶內本利。

(3)社會保險制：採行權利義務對等原則，採社會保險方式辦理國民年金，由被保險人及雇主或政府分擔保費，等事故發生時再由本人或由遺屬請領年金保險。

3.試說明生涯規劃與理財計畫之內容與關係。

答：

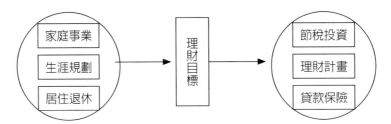

4.小花到國外度假，利用信用卡刷卡購買機票同時附贈保險，小花認為很值得，如此一來出外旅遊即可獲得保障，同時可省下另外購買「旅遊平安險」預算，你贊同小花的想法嗎？請說明。

答：旅遊保險與旅遊平安保險比較：

保障內容	旅遊保險	旅遊平安保險
人身保障	限制在搭乘必要運輸工具時造成身故或殘廢才有理賠	只要在保險的保障期間內，導致身故或殘廢就有理賠
醫療保障	無	只要在保險的保障期間內，因意外所導致之醫療費用給付
急難救助	少數信用卡公司會提供	包括緊急救援、法律支援等服務
其他保障	班機延誤、行李遺失	無

5.請說明人身價值（保額）評定的意義。

　答：人身價值的評定在評估被保險人經濟或財務的風險，其所欲達到的目的有：

　　⑴預防詐欺：預防道德風險發生產生不良的經驗死亡率。

　　⑵確保保險利益的存在：保險是提供受益人在保險事故發生前的風險分散工具，不是一種榨取「橫財」的工具。

　　⑶確保保戶的繳費能力：保單失效率對壽險公司而言，成本非常昂貴。

6.保險在理財上具有那些功能？

　答：⑴以人壽保險及失能保險，使投資置產無後顧之憂。

　　⑵以醫療保險降低緊急預備金需求。

　　⑶以養老保險或年金保險，保障退休後基本生活需求。

7.在人身風險管理的運作中，危險評估可包括那些項目？

　答：危險評估項目包括：

　　⑴道德危險。

　　⑵經濟的危險：

　　　①地理的危險。

　　　②工作上的危險。

　　⑶休閒的危險。

　　⑷健康上的危險。

三、申論題（1題，15分）

1.透過信託與保險的結合，將儲蓄保險的滿期金當作信託基金的來源，請您說明此風險與理財規劃的優點。

　答：⑴贈與稅免稅額100萬元內，分年贈與現金，購保儲蓄保險，將利息累積儲存與保險滿期金中，可節省每年利息所得稅支出。

　　⑵以子女為要保人，自己為被保險人，若在滿期前過世理賠金可提早轉入信託中。

　　⑶在信託期間內，若子女要出國深造或自行創業，可由保險滿期金累積的信託財產中取得資金。在信託的約束下，可以做好資產管理不至於揮霍或不當投資散盡資產。

　　⑷自己仍為委託人，享有信託受益權與控制權，在退休後每年可領取生活費養老，過一個有尊嚴的晚年。

101年第一次

一、選擇題（25題，每題2分）

（ C ）1.利用專屬保險公司管理風險，係屬風險管理方法中之？　(A)移轉　(B)控制　(C)保留與承擔　(D)分散

（ B ）2.下列何者不屬於風險管理之成本？　(A)保險費　(B)保險賠款　(C)減少產量　(D)安全設備支出

（ B ）3.對於遞增型之額外風險，例如糖尿病患者，適合採用何者方式承保？　(A)保險金削減給付法　(B)年齡增加法　(C)特別保險費徵收法　(D)額外保費法

（ B ）4.小李現年25歲，剛找到一份工作，月薪3萬元，並準備與女友結婚。請問小李適合的保單為？　(A)生死合險　(B)定期保險　(C)終身保險　(D)年金保險

（ D ）5.下列何者可變更為展期保險？　(A)弱體保險　(B)效力停止之契約　(C)契約成立後未經一年之契約　(D)定期保險

（ D ）6.就商業保險而言，下列何者為可保風險？　(A)革命　(B)內亂　(C)通貨膨脹　(D)老年生存

（ B ）7.就全民健康保險而言，下列何者為已實施之制度？⑴總額預算制；⑵診斷關係群（DRG）；⑶論人計酬制；⑷部分負擔制　(A)1234　(B)124　(C)134　(D)234

（ C ）8.我國勞工保險所採行之保費計算方式為？　(A)均等保費率制　(B)累進費率制　(C)等級比例制費率制　(D)固定比例費率制

（ C ）9.健康保險中，列有給付協調條款，其目的為？　(A)免除保險人之保險責任　(B)減少與被保人之糾紛　(C)避免被保人所領之給付超過實際損失額　(D)降低保險公司之負擔

（ D ）10.政府目前實施之以房養老政策之目的為何？⑴作為社會福利的補充；⑵提供不動產市場更多商品；⑶作為一個金融商品：　(A)12　(B)123　(C)23　(D)1

（ B ）11.對於儲蓄僅足以維持一個人生活的年老夫妻而言，下列何種年金較適合？　(A)單生年金　(B)連生年金　(C)連生及生存者年金　(D)連生及二分之一年金

（ C ）12.團體保險之轉換條款（Conversion Provision），下列敘述何者不正確？　(A)被保員工離職可按此條款轉換為個人保險　(B)申請轉換必須在被保員工與團體終止關係後一個月內申請　(C)轉換時必須附可保證明　(D)轉換後個人保險之費率必須按轉換當時年齡計算

（ D ）13.銀行鼓勵貸款人購買房貸壽險，對銀行而言，是何種風險管理？　(A)損失抑減　(B)損失防阻　(C)控制型轉移　(D)理財型轉移

（ B ）14.保險契約中，針對何種風險，通常訂有自負額條款？　(A)損失頻率高，損失幅度大　(B)損失頻率高，損失幅度小　(C)損失頻率低，損失幅度大　(D)損失頻率

低，損失幅度小

（ C ）15.目前國民年金保險的財務處理方式為？ (A)隨收隨付制 (B)完全提存準備 (C)部分提存準備 (D)賦課制

（ C ）16.下列何種為確定提撥制（DC）：(1)勞工退休金新制；(2)公教人員退休撫恤制度；(3)美國401（K）制度；(4)新加坡公積金制度 (A)1234 (B)123 (C)134 (D)34

（ B ）17.指數年金（EIA）是一個相當受到注意的商品，以下那些是指數年金的投資目標？(1)本金的安全性；(2)保證報酬率；(3)短期投資；(4)資產報酬 (A)1234 (B)124 (C)134 (D)234

（ D ）18.保險公司篩選潛在客戶的目的在於？ (A)提高承保能量 (B)提高保費 (C)降低佣金 (D)減少理賠支出

（ B ）19.下列有關社會保險的敘述，下列何種正確？ (A)保費完全由政府提供 (B)通常採用強制投保方式 (C)主要針對財產損失風險 (D)保費通常含有佣金

（ C ）20.下列何者為傷害保險的構成要素：(1)須由外界原因所觸發；(2)須為第三人行為所致；(3)須為身體上的傷害；(4)須非故意誘發 (A)1234 (B)234 (C)134 (D)24

（ C ）21.下列何者屬於控制型的危險處理方式？ (A)保險 (B)危險自留 (C)危險避免 (D)提撥準備金

（ B ）22.根據經建會高齡化社會的定義，一個國家65歲以上的人口，占總人口比例達？ (A)5%以上 (B)7%以上 (C)10%以上 (D)14%以上

（ B ）23.責任準備金在保險公司財務報表屬於： (A)負債科目 (B)資產科目 (C)盈餘科目 (D)費用科目

（ B ）24.當要保人急需現金應急時，使用何種方式較恰當？ (A)解約 (B)保單貸款 (C)展期保險 (D)繳清保險

（ A ）25.吸毒對身體而言，是屬於何種危險因素？ (A)實質危險因素 (B)道德危險因素 (C)怠忽危險因素 (D)基本危險因素

二、簡答題（7題，每題5分）

1.人身風險牽涉範圍廣泛，請簡述影響人身風險的三大因素。

答：(1)人口統計學的特徵。

(2)人性的特徵。

(3)環境條件。

2.核保人員在審核契約時，若採用特別條件承保，通常有三種方式，請簡單敘述之。

答：(1)加費承保。

　　　　(2)改換險種。

　　　　(3)削減給付。

3.人身保險在理財上有三大功能，請簡述之。

　　答：(1)人壽保險以及失能保險，使投資置產無後顧之憂。

　　　　(2)醫療保險降低緊急預備金需求。

　　　　(3)養老保險或年金保險，保障退休後基本生活需求。

4.目前有一些信託與保險結合的產品，請舉一個例子說明之。

　　答：保險受益人若年幼，可利用信託來保障理賠金。

5.退休金理論中，有遞延工資論，請說明之。

　　答：保留部分薪資，延至退休時才發放。

6.保險金的給付，除了一次給付外，一般尚有其他方式，請舉三種給付方式。

　　答：(1)利息選擇權。

　　　　(2)定期給付選擇權。

　　　　(3)定額給付選擇權。

7.生命價值理論是評估人身保障的重要理論，請簡述之。

　　答：生命價值將個人收入轉換為人壽保險的保障金額。

三、申論題（1題，15分）

1.最近油價、電價以及重要商品價格逐步上升，引發社會對通貨膨脹的疑慮，請說明通貨膨脹對人身保險市場的影響。

　　答：有兩大影響：

　　　　(1)降低被保人的經濟保障。

　　　　(2)阻礙人壽保險事業的發展，客戶將資金移轉至基金或不動產。

101年第二次

一、選擇題（25題，每題2分）

（ D ）1.某位影星以其美麗的小腿投保五千萬的意外保險，但保險公司不願承保，試問下列何者非保險公司拒絕的理由：　(A)無足夠數量同品質之危險單位　(B)易生道德危險　(C)損失無法明確測定　(D)損失屬巨大災害性質

（ A ）2.面對損失率高、損失幅度大的風險，宜採用何種方式？　(A)避免　(B)損失抑減　(C)保險　(D)自留

（　A　）　3.社會保險給付之種類中，何者非一般商業保險公司所能提供？　(A)失業保險
(B)死亡保險　(C)殘廢保險　(D)失能保險

（　C　）　4.目前社會非常關注勞工保險老年給付的財務安全性，試問其財務處理方式為？
(A)隨收隨付制　(B)完全提存準備制　(C)部分提存準備制　(D)以上皆非

（　B　）　5.在健康保險中，對於保單內明訂承保之任何一次性全部醫療費用之最高給付金
額，不考慮所包括之各項目，此即：　(A)表定基礎　(B)總括基礎　(C)損失基礎
(D)費用基礎

（　A　）　6.人壽保險契約，在契約訂定之初，由當事人預先約定一保險金額，訂定於契約
內，其原因為：　(A)保險利益測定評價困難　(B)保險期間長　(C)投保對象廣
(D)以上皆是

（　C　）　7.我國目前勞工保險所採取之計算保費方式為：　(A)固定比例費率制　(B)累進費
率制　(C)等級比例費率制　(D)均等保費率制

（　A　）　8.一般的觀念，「全部的雞蛋勿置於同一個籃子內」，其意係指何種風險管理之方
式？　(A)分散　(B)移轉　(C)避免　(D)中和

（　B　）　9.一般人面臨風險，其管理步驟有四：⑴風險的衡量；⑵風險的確認；⑶決策的執
行與評估；⑷風險管理方式的選擇　(A)1234　(B)2143　(C)4213　(D)3412

（　A　）　10.一般而言，保險價額、保險金額與保險金的關係為：　(A)保險價額≧保險金額
≧保險金　(B)保險金額≧保險價額≧保險金　(C)保險金≧保險金額≧保險價額
(D)保險價額≧保險金≧保險金額

（　B　）　11.違反告知義務之法律效果為何？　(A)契約無效　(B)解除契約　(C)契約停止
(D)契約不成立

（　C　）　12.王先生與保險人約定，於女兒年滿十八歲時，由保險人給付一定金額，請問王先
生投保的商品是：　(A)意外保險　(B)健康保險　(C)教育年金　(D)失業保險

（　D　）　13.以下那些保險是由勞工保險局所辦理？(1)全民健康；(2)公保；(3)軍保；(4)勞
保；(5)國民年金　(A)12345　(B)234　(C)145　(D)45

（　C　）　14.下列何者非屬人身保險核保所需之資料？　(A)要保書　(B)體檢報告　(C)所有權
狀影本　(D)財務狀況

（　C　）　15.下列何者保險基本原則，人壽保險不適用？　(A)保險利益原則　(B)最大誠信原
則　(C)損失分攤原則　(D)主力近因原則

（　D　）　16.下列何者為健康保險與人壽保險的主要差異？　(A)健康保險之保險期間較長
(B)健康保險之費率較低　(C)健康保險之保單價位準備金較高　(D)保險事故不同

（　B　）　17.有關社會保險之敘述，何者正確？　(A)保費完全由政府提供　(B)常採用強制投
保方式　(C)主要針對財產損失風險　(D)保費中含有佣金

（　C　）　18.依我國保險法之規定，要保人對於下列何者的生命或身體無保險利益？　(A)家
屬　(B)生活費所仰給之人　(C)債權人　(D)為本人管理財產之人

（ A ）19.壽險業的「生前給付」附約，規定被保險人經醫生診斷，其生命經判斷不足多久時，可以提前申請保險金？　(A)六個月　(B)一年　(C)二年　(D)三年

（ C ）20.世界銀行在定義年金制度時，可分為第一層的社會年金，第二層的職業年金，以及第三層的個人年金。國內目前的退休金制度中，那一些是屬於第一層社會年金？⑴國民年金；⑵勞工退休金新制；⑶公教人員退休撫恤制度；⑷公務人員保險老年給付；⑸勞工保險老年給付　(A)2345　(B)1245　(C)145　(D)1345

（ A ）21.下列何者不是社會保險？　(A)強制汽機車責任保險　(B)勞工保險　(C)公教人員保險　(D)軍人保險

（ C ）22.企業購買團體保險的目的有那些？⑴員工福利；⑵投資計畫；⑶節稅　(A)123　(B)12　(C)13　(D)23

（ C ）23.下列何種保險商品，可以結合購屋貸款：　(A)長期看護保險　(B)年金保險　(C)定期保險　(D)終身壽險

（ D ）24.為防止被保險人因保險事故的發生，而所領取之保險給付，大於實際的花費，因此，在醫療保險的條款中，訂出何項規定？　(A)共保比例條款　(B)除外條款　(C)等待期間條款　(D)給付協調條款

（ C ）25.有關團體保險之轉換條款，下列敘述何者不正確？　(A)被保員工離職時，可依此條款之規定轉換成個人保險　(B)申請轉換時，必須在被保員工與團體終止關係後一個月內提出申請　(C)轉換時必須附可保證明　(D)轉換後個人保險之保險費，依轉換當時之年齡計算

二、簡答題（7題，每題5分）

1.人身的風險有那些？請說明之。

　答：⑴早喪。

　　　⑵不健康。

　　　⑶長命。

　　　⑷投資理財。

2.請舉例說明純損風險與投機性風險。

　答：⑴純損風險：車禍。

　　　⑵投機型風險：投資買股票。

3.核保人員以特別條件承保時，有三種方式，請說明之。

　答：⑴加費承保。

　　　⑵改換險種。

　　　⑶削減給付。

4.保險的財務特性有兩項,請說明之。

答:⑴變現性。

⑵節稅性。

5.請解釋生命價值理論。

答:生命價值是指賺錢的能力。將未來機會成本折現的價值,即為個人的生命價值。

6.請舉例說明信託與保險結合的模式。

答:若受益人年幼,則保險金信託可以避免理賠金被侵占。

7.海外旅遊已成為國人重要休閒活動。海外旅遊的保險需求有二,請說明之。

答:⑴旅行平安保險規劃。

⑵海外突發急難救援服務。

三、申論題(1題,15分)

1.保險與生涯規劃,一直是大家重視的焦點,請依年齡層,將生涯劃分為六個時期,並說明每個時期的保險規劃。

答:⑴探索期:15~24歲。保險規劃:定期壽險、意外壽險。

⑵建立期:25~34歲。保險規劃:人壽保險、教育年金。

⑶穩定期:35~44歲。保險規劃:房貸壽險。

⑷維持期:45~54歲。保險規劃:養老保險、醫療保險。

⑸空巢期:55~64歲。保險規劃:終身壽險。

⑹養老期:65歲以後。保險規劃:躉繳退休年金。

102年第一次

一、選擇題(25題,每題2分)

(D) 1.請問近來發生之四川大地震是屬於: (A)動態風險 (B)投機風險 (C)特定風險 (D)靜態風險

(D) 2.於銀行入口處雇用警衛以嚇阻歹徒入侵是屬於: (A)風險規避 (B)風險移轉 (C)損失抑制 (D)損失預防

(C) 3.保險法之所以將自殺、自殘、或保險利益列入,係為對何種風險進行管理? (A)身體上的危險 (B)心理上的危險 (C)道德上的危險 (D)隱藏性的危險

(C) 4.所謂風險鏈(Risk Chain)係指:①環境、②危險因素、③交互作用、④產出結果 至後續影響一連串的總稱,順序為: (A)①②③④ (B)④①②③ (C)②①③④ (D)①③②④

（ D ） 5.人身風險中個人風險通常包括： (A)早喪 (B)長壽 (C)不健康 (D)以上皆是

（ B ） 6.核保人員針對被保險人個人的肺結核病史（非家族病史），由於復發的危險性只要當時經治療完畢，並且經過數年，即會快速地消退，此時核保決策宜採取？ (A)拒保 (B)削減給付 (C)改換險種 (D)加費承保

（ D ） 7.壽險契約有約定依保險法第二十一條分期交付保費的，依國際慣例均應賦予要保人一定期間為交付之期間，稱為： (A)免責期間 (B)觀察期間 (C)等待期間 (D)寬限期間

（ A ） 8.企業主每年醵出的金額，固定為員工薪資的百分比，員工退休金給付隨企業主醵出金額多寡的變動而變動，此制度稱為： (A)確定提撥制 (B)確定給付制 (C)年金制 (D)以上皆是

（ C ） 9.依據勞保條例第五十八條規定，被保險人符合： (A)參加保險年資合計滿1年，年滿65歲者 (B)參加保險年資合計滿15年，年滿60歲者 (C)在同一投保單位參加保險年資合計滿25年退職者 (D)擔任經中央主管機關核定具有危險、堅強體力等特殊性質之工作合計滿15年，年滿55歲退職者 可請領受雇人員之老年給付

（ B ） 10.人身風險選擇的過程，其第二次風險選擇係指何階段？ (A)招攬 (B)體檢 (C)核保 (D)調查

（ D ） 11.一種定期性繼續給付，凡屬滿一定年齡以上之國民，或符合一定條件之居民，均可領取政府發給之公共年金制度稱為？ (A)社會救助 (B)企業年金 (C)公積金 (D)國民年金

（ C ） 12.在信託契約中，可作為人壽保險金錢信託之來源為： (A)保險費 (B)保單價值準備金 (C)保險金 (D)年金

（ D ） 13.何謂利差益？ (A)預定之管理費用小於實際之管理費用之差益 (B)實際利率小於預定利率之差益 (C)預定死亡率大於實際死亡率之差益 (D)實際利率大於預定利率之差益

（ B ） 14.一個符合購買者需要的保險應具有：①能滿足基本保障 ②所繳保費在購買者的經濟負擔能力內 ③交付之保費在市場上具有競爭性 ④所購買之保險為市場上熱門暢銷商品 (A)①② (B)①②③ (C)①②③④ (D)②③④

（ C ） 15.招攬人員在行銷新契約時，應注意：①投保動機 ②保險利益關係 ③財務核保 ④生活習慣與環境因素 (A)①② (B)①②③ (C)①②③④ (D)①②④

（ D ） 16.下列何者為保險公司之除外責任：①要保人故意致被保險人於死者 ②受益人故意致被保險人於死者 ③被保險人於變更契約或停效之日起2年內故意自殺或因犯罪處死、拒捕或越獄致死者 ④依保單條款或承保條件所訂明之各種除外責任或除外期間者 (A)①② (B)①②③ (C)①②③④ (D)①②④

（ A ） 17.有關契約撤銷權之規定：①招攬人在保險單送達之翌日起算10日內 ②自親自送達時起或郵寄郵戳當日零時起生效 ③得以口頭向壽險公司撤銷壽險契約 ④壽

險公司無須返還所繳保險費　(A)①②　(B)①②③　(C)①②③④　(D)①②④

(A) 18.當指定以胎兒為受益人者，以何者為限？　(A)以將來非死產者　(B)以年齡超過15歲者　(C)以年齡超過18歲者　(D)死產者仍為指定受益人

(C) 19.要保人以同一保險利益、同一保險事故與數保險人分別訂立數個保險契約的行為？　(A)再保險　(B)共同保險　(C)複保險　(D)重保險

(A) 20.死亡保險契約，要保人所指定之受益人如在被保險人死亡後才身故，且保險公司尚未給付保險金時，則保險金應作為？　(A)受益人之遺產　(B)歸屬國庫　(C)被保險人之遺產　(D)要保人之遺產

(D) 21.保險基本原則中何者人壽保險不適用？　(A)保險利益原則　(B)最大誠信原則　(C)主力近因原則　(D)損失分攤原則

(B) 22.各國為消弭貧窮，採取各種提供國民最低經濟保障為目標的方式，如以民營化運作的強制性儲蓄為主要形式，透過政府的監督，以高效率的民營化經營方式建立個人儲蓄帳戶及企業年金保險，如　①智利的強制儲蓄　②新加坡的強制儲蓄　③瑞士的企業年金保險　④智利制定的最低保證年金標準並提供補助差額　(A)①②　(B)①②③　(C)①②③④　(D)②③④

(D) 23.團體保險的特性具有：　(A)多張主保單　(B)採取個人個別費率　(C)被保險人之身故受益人可指定為要保單位　(D)多為一年定期保險

(B) 24.不論實際發生之醫療費用為若干，每次就診，被保險人均須負擔一定金額的醫療費用，此為？　(A)定率負擔制　(B)定額負擔制　(C) 免責額制　(D)以上皆非

(B) 25.不論年金受領人是否死亡，如受領人未到該確定之年數，即中途死亡則將繼續給付其指定之受益人直到到期為止，稱：　(A)終身生存年金　(B)確定期間生存年金　(C)返還年金　(D)遞延年金

二、簡答題（7題，每題5分）

1.一般風險自留的方法，有三項請說明之？

答：風險承擔
　　自我保險
　　專屬保險

2.人身風險選擇的意義為何？

答：維持差別費率的公平原則
　　維護收支平衡的相等原則
　　確保壽險公司的健全經營

3.紅利給付選擇權包括哪四項?

答:現金給付

購買增額繳清保險

抵繳應繳保險費

儲存生息

4.符合意外的定義為何?

答:事故須係外來

事故須係突發

事故本身須係結果之直接且單獨的原因

5.訂定等待期間的目的?

答:避免道德危險

配合其他計畫

次標準體之承保

減少小額給付

6.變額年金的特色中,除保費投資於分離帳戶可免於債權人之追索外,其他為何?

答:保戶可自由選擇投資工具

提供高投資報酬率的可能性與被保險人須自負投資風險

7.請說明保險需求的計算方法有哪些?

答:淨收入彌補法

遺族需求法

所得替代法

三、申論題(1題,15分)

1.檢視國內規範各職域之退休金制度法規,顯然仍有相當不足,且亦限制整體退休金制度的發展,請說明可能的缺失為何?

答:⑴退休金提撥不足情況普遍:我國目前各主要退休金存在提撥不足的隱憂。

⑵層面涵蓋不足:除國民年金之建立外,如美國的401(K)計畫亦值得參考。

⑶缺乏多元化的機制設計:確定提撥制與確定給付制度同時並存。

⑷退休金管理缺乏專業化的環境:我國目前相關的退休金大都以公部門組織的型態經營,先天上受限許多,不易因應多變的市場行情,再者缺乏專業人才。

⑸未來發展趨勢:我國近年來積極推動老年經濟安全保障制度設計,第一層提供基本生活保障,第二層為以薪資基礎為強制提撥的職業年金,第三層則是以個人自願性的商業年金保險與儲蓄設計的退休金為主。

附錄三　考試院歷屆人身保險經紀人「人身風險管理概要」試題及參考解答

九十三年

一、何謂保險密度（insurance density）、保險滲透度（insurance penetration）、保險普及率（ratio of prevalence）以及投保率（ratio of having insurance coverage）？（20分）

答：㈠保險密度＝保費收入÷全國人口數

其意謂每人平均支出之保險費

㈡保險滲透度＝保費收入÷國內生產毛額

其意謂保險業對該國經濟之貢獻程度

㈢普及率＝保險金額÷國民所得

其意謂每一元所得所獲之保額保障

㈣投保率＝保險契約數÷全國人口數

其意謂平均每一人口持有之契約張數

二、何謂續保性（renewability）？從財務領域觀點而言，續保性對於被保人來說是一種買權（call option）？抑或賣權（put option）？為什麼？何謂轉換性（convertibility）？從財務領域觀點而言，轉換性對於被保人來說是一種買權（call option）？抑或賣權（put option）？為什麼？（30分）

答：㈠續保性

1.續保性之意義：續保性是指一張定期壽險契約，在保險期間終了之到期日，保險人是否可再繼續延長一段保險期間，而無須考慮被保人之可保條件，如健康狀況等。

2.續保性是一種買權。由於被保險人一旦行使續保權，即謂保險人不得考慮其可保條件，而必須讓被保險人繼續延長保險期間，相當於被保險人擁有買保險的權利，故其為買權。

㈡轉換性

1.轉換性之意義：轉換性是指持有保單的要保人或被保險人，因工作、環境等因素之改變，已不符保險契約的理賠條件，但在一定期限內仍然可以向保險人請求理賠的契約轉換權。

2.轉換性亦是一種買權。由於被保險人如行使轉換權，保險人即必須依照轉換後之保險契約合法給付理賠金，亦相當於被保險人擁有買保險的權利，故其亦為買權。

三、自財政部公布壽險保單九十三年一月一日起，區分為「分紅」與「不分紅」兩種保單，國內壽險市場走進另一嶄新的競爭局面。而臺灣壽險業自81保單年度便奉行實施的「強制分紅保單」正式走入歷史。（20分）

請問：

㈠「強制分紅」、「自由分紅」以及「不分紅」保單之區別及對消費者的影響何在？

㈡同時，身為保險經紀人，您認為應如何幫客戶規劃「分紅保單」、「不分紅保單」以及「投資型保單」，以符合客戶的保險需求？

答：㈠三種保單之區別及對消費者的影響

強制分紅保單指依照財政部所核定的公式來分配保單紅利，其核定之計算公式主要包括死差異與利差異，並不包括費差異。自由分紅保單係指在保單年末時，若預期成本與實際成本有差額，保險公司便將此差額回饋給保戶；不分紅保單則無論如何都不會有任何給保戶的回饋。因此，分紅保單之價格普遍較不分紅保單貴，蓋其多了與保險公司分享利益之權益。

㈡保險經紀人應如何規劃

保險經紀人在為客戶選擇保單時，主要仍應視客戶的想法與需求，最重要的是與客戶有充分的溝通與共識，若客戶有較充裕的預算，則建議購買較為昂貴的分紅保單，每年年末得享有保單分紅之利益；若客戶預算較不充裕，則可建議客戶購買相同保障但無分紅權利的不分紅保單；若客戶不僅預算充裕，且其投資需求大於保險需求，則可建議客戶購買風險較大，保障相對不穩定之投資型保單。

四、根據下表分別計算下列情況之純平準期末責任準備金，請四捨五入至小數點兩位。（30分）

㈠25歲投保一個保險金額1,000美金之20年繳費終身壽險，其第10年的純平準期末責任準備金。

㈡25歲投保一個保險金額1,000美金之20年繳費20年期生死合險，其第10年之純平準期末責任準備金。

| 各年齡下各險種每$1,000保額之純躉繳保費 | | | | $1之期初生存年金之給付價值 | | |
年齡	終身壽險 $\overline{A}x$	20年期生死合險 $\overline{A}x:\overline{20}$	10年期生死合險 $\overline{A}x:\overline{10}$	終身 $\bar{a}x$	20年 $\bar{a}x:\overline{20}$	10年 $\bar{a}x:\overline{10}$
25歲	$124.316	$386.254	$616.55	18.389	12.889	8.050
35歲	$183.559	$393.167	$617.928	17.145	12.743	8.023
45歲	$270.840	$412.730	$622.701	15.312	12.333	7.923
55歲	$387.005	$457.051	$634.199	12.873	11.402	7.682

答：㈠$\overline{A}_{25} = \overline{P} \times \overline{a}_{25\,:\,\overline{20|}}$　　　　$\Rightarrow \overline{P} = 9.645$

　　$124.316 = \overline{P} \times 12.889$

　　$_{10}\overline{V}[\overline{A}_{25}] = \overline{A}_{35} - \overline{P} \times \overline{a}_{35\,:\,\overline{10|}}$

　　　　　　　　$= 183.559 - \overline{P} \times 8.023$

　　　　　　　　$= 106.176$

㈡$\overline{A}_{25\,:\,\overline{20|}} = \overline{P}' \times \overline{a}_{25\,:\,\overline{20|}} \Rightarrow \overline{P}' = 29.968$

　　$386.254 = \overline{P}' \times 12.889$

　　$_{10}\overline{V}[\overline{A}_{25\,:\,\overline{30|}}] = \overline{A}_{35\,:\,\overline{10|}} - \overline{P}' \times \overline{a}_{35\,:\,\overline{10|}}$

　　　　　　　　　$= 617.928 - \overline{P}' \times 8.023$

　　　　　　　　　$= 377.497$

九十四年

一、簡答題：（30分）

　　㈠訂立人壽保險契約時，以「未滿十四歲之未成年人」作為被保險人，試說明目前國內如何規範及規範之目的？

　　㈡我國現行人壽保險單示範條款賦予要保人有「契約撤銷權」，試說明其特性。

答：㈠以未滿十四歲之未成年人作為被保險人之規範及目的

　　保險法第107條規定，「訂立人壽保險契約時，以未滿十四歲之未成年人，或心神喪失或精神耗弱之人為被保險人，除喪葬費用之給付外，其餘死亡給付部分無效。前項喪葬費用之保險金額，不得超過主管機關所規定之金額。」其目的乃為避免道德危險。因為依保險法第105條第1項規定，由第三人訂立之死亡保險契約，未經被保險人書面同意，並約定保險金額，其契約無效。未滿十四歲之未成年人因無完全行為能力，無法自主同意，只得由法定代理人代為意思表示，為了避免不肖之受益人故意使保險事故發生，故限制保險金額之給付僅限於喪葬費用，且不得超過主管機關所規定之金額。而依據財政部臺財保字第0910751300號函，對於十四歲以下未成年人或心神喪失或精神耗弱之人其喪葬費用保險金額，最高賠償限額為新臺幣貳佰萬元整。

　　㈡契約撤銷權

　　人壽保險單示範條款第3條：「要保人於保險單送達的翌日起第十日內，得以書面檢同保險單向本公司撤銷本契約。要保人依前項規定行使本契約撤銷權者，撤銷的效力應自要保人書面之意思表示到達翌日零時起生效，本契約自始無效，本公司應無息退還要保人所繳保險費；本契約撤銷生效後所發生的保險事故，本公司不負保險責任。但契約撤銷生效前，若發生保險事故者，視為未撤銷，本公司仍應依本契約規定負保險責任。」

二、一般壽險公司危險選擇（Risk Selection）目的何在？若被保險人較一般標準體（Standard Lives）更具有額外死亡率（Extra Mortality）時，通常保險人如何處理？試申述之。（20分）

答：㈠危險選擇之目的

1.增強保險公司競爭力量

無危險選擇之保險公司，只有一致性的費率，造成優良客戶補貼劣等客戶的現象產生，且只有被其他保險公司認為不合格的投保人，才到此沒有選擇的保險公司投保的逆選擇現象，致使削弱了保險公司的力量。

2.制定適當的費率

保險公司根據過去的損失經驗，訂定差別性的費率，但要靠核保人員對危險大小加以鑑定，以決定其適用的合理費率。

3.達成危險的有利分配

⑴危險品質分配：選擇的危險是可保的危險，且每類危險中，各個危險應有相當的一致性。品質上的一致性，包括危險的種類、大小與金額的一致。

⑵危險地域分配：危險品質縱屬一致，但集中於某一地區，有巨大損失的可能性。故承保時，必須注意危險的分散，承保後，亦可運用再保險分散危險。

㈡保險人對具有額外死亡率之被保險人之處理方式

1.修改承保範圍：危險情況不理想，但不得不接受要保時，保險公司以反要約方式提高保險費率，或提出較嚴格的承保條件。反要約的方式包括：限制保險金額、自負額、調高費率、要求要保人做好損失控制。而損失經驗在平均損失經驗之下之優良危險，則以較低之保費獲得承保。

2.拒絕要保：不符承保要件的危險，在不可能修改承保範圍下，只有拒絕接受要保。

三、試說明臺灣地區年金保險商品發展之背景。又該類商品在危險管理上所扮演之角色為何？試說明之。（25分）

答：㈠臺灣地區年金保險商品發展之背景

1.高齡化社會的到來

⑴死亡率降低；

⑵平均壽命延長；

⑶老年人口增加；

⑷預估未來人口老化程度更加深。

2.家庭結構的改變：每戶人口數逐年下降。

3.就業結構的變化

⑴非農業就業人口增加，人際關係趨於淡薄，社會扶助的功能轉由政府負擔。

　　(2)老人勞動參與率偏低，使得老人扶養變成政府及未來年輕世代的沉重負擔。

　4.國民所得提升及高齡者經濟狀況

　　(1)物價與工資上升；

　　(2)高齡者所得偏低。

　5.年金保險趨勢的形成

　　社會保障制度尚未能滿足年老後生活的需求，進而促使年金保險的需求增加。

㈡年金保險商品在危險管理之角色

　按危險管理方法有五：避免危險、承當危險、防止危險、轉移危險及結合危險。其中轉移危險又可分為五種方式，分別為保險、契約排除、避險、出賣以及分包。年金保險即為危險管理方法中，以保險方式來轉移危險的具體實踐。

四、試說明「早死（Premature Death）」之定義及引起成本。又如保險經紀人考量以保險方式為家庭生計者（Breadwinner）處理此類危險，試說明如何運用之？（25分）

答：㈠早死之定義及引起成本

　　早死指死亡時尚有待扶養之子女、未償還之貸款及未盡之責任的情形，此為人身最大之風險。

㈡保險經紀人之運用

　　保險經紀人可建議家庭生計者投保普通人壽保險（即死亡保險）。在被保險人死亡時，由保險公司依保險契約所約定的金額給付保險金，可保障因死亡太早所致之家庭收入損失。此外，尚可投保傷害保險、健康保險及旅行平安保險等。

九十五年

一、近年來，金融機構跨業經營已成為一個趨勢，而銀行保險是相當普遍的型式，試述金融整合的優點，並分析銀行跨足保險業時，何以選擇之市場以壽險為主？（25分）

答：㈠金融整合之優點

　　1.資源配置最適化。

　　2.透過規模與範疇經濟促進效率。

　　3.增加營收。

　　4.降低風險。

　　5.增加市場占有率。

　　6.改善經營體質。

　　7.增加競爭，促使無效率的銀行離開市場。

　　8.帶動一國的經濟發展。

㈡銀行選擇跨足壽險業之原因

銀行參與壽險業務，主要是利用其既有龐大客戶為銷售對象，再加上銀行擁有之良好聲望、綿密的行銷據點進行壽險商品之銷售，因此在成本上，可利用既有之資源做更有效之利用，除了具有以低成本獲取高收益之效果外，也因銀行業是利用本身既有但相對閒置之資源與壽險業合作共用，可因多角化經營而產生經營綜效之效果。

二、請比較定期壽險與終身壽險之優缺點，並說明定期壽險提供續保與轉換權，對於投保人之重要性。（25分）

答：㈠定期壽險與終身壽險之優缺點

定期壽險相對於終身壽險來說優點是比較便宜，而保險契約期滿後保戶可以靈活安排資金的用途，定期壽險的受益人通常是客戶本身，但因為定期壽險僅以彌補保障期間發生的損失為目的，若保險期間內保險事故未發生，那保費亦不能退還，不具儲蓄效果；至於終身壽險，其一方面可提供保戶生前的保障，另一方面，於保戶過世時，其繼承人或指定之受益人可得到一筆身故保險金。因此，終身壽險實際上既可在保戶死亡時為家人提供經濟保障，也因為每期繳付相同的保險費而相當於是為將來進行儲蓄。

㈡續保與轉換權對於投保人之重要性

1. 續保權：續保權是指一張定期壽險契約，在保險期間終了之到期日，保險人是否可再繼續延長一段保險期間，而無須考慮被保人之可保條件，如健康狀況等。由於被保險人一旦行使續保權，即謂保險人不得考慮其可保條件，而必須讓被保險人繼續延長保險期間，對於被保險人相當有保障。

2. 轉換權：轉換權是指持有保單的要保人或被保險人，因工作、環境等因素之改變，已不符保險契約的理賠條件，但在一定期限內仍然可以向保險人請求理賠的權利。如張三係參加團體定期險之員工，於離職後三十一天內死亡，保險公司依然須給付死亡保險金，可防止被保險人因一時疏忽，未立即轉換為個人保險而使受益人喪失獲得理賠之權利。

三、保險利益何以必須存在？人身保險利益為何？再者，保險利益有何轉移之情形？（25分）

答：㈠保險利益存在之原因

我國保險法第17條規定，要保人或被保險人，對於保險標的物無保險利益者，保險契約失其效力。其原因約有下列幾項：

1. 保險不是賭博。就財產保險言，如以無保險利益之他人財產充為保險標的，則全然帶有賭博性質。人壽保險亦同，如毫無關係之人得為他人購買保險，則其很有

可能為了得到理賠而暗殺被保險人，不符保險之偶發性原則。

2. 限制賠償金額。保險之目的在補償被保險人之損失，其不得藉由保險而得到超過其損失之保險金，否則亦有賭博之性質。

(二)人身保險利益

保險利益指要保人對於被保險人之生命或身體享有合法之經濟利益。要保人對此經濟利益，因被保險人之體傷或死亡而遭受損失，或因沒有保險事故的發生而繼續享有。保險法第16條規定，「要保人對於下列各人之生命或身體，有保險利益。一、本人或其家屬。二、生活費或教育費所仰給之人。三、債務人。四、為本人管理財產或利益之人。」此即人身保險之保險利益。

(三)保險利益之轉移

1. 繼承：在財產保險方面，除保險契約另有訂定外，保險利益在原則上因繼承而移轉於繼承人；在人身保險方面，被保險人死亡，如屬死亡保險，即為保險事故之發生；如係傷害保險，則為保險標的之消滅，其契約當然終止，並無保險利益之移轉可言。

2. 轉讓：在財產保險方面，保險標的所有權移轉，除保險契約另有訂定外，保險利益隨同移轉於受讓人；人身保險則無此問題。

3. 破產：財產保險方面，其財產移轉於破產財團，已被分配於破產債權人，因此保險契約仍為破產債權人而存在；在人身保險方面，保險契約定有受益人者，仍為受益人之利益而存在。

四、基於各項經濟、社會、法令及科技上之革新，人身保險市場會產生變化，以配合環境變遷之需求。試論人壽保險商品之發展趨勢。（25分）

答：人身保險一經發展成為人民生活所必需，國人對於人身保險商品的選擇，必將以其生活需要為依歸。這一選擇商品的能力，亦必隨同市場的發展愈見增進。業者在商品設計方面，不僅要切合社會大眾一般的需要，而且還得顧及社會各階層的特殊需要；同時對於投保者日常生活的經濟效益，亦應併予重視。

臺灣社會經過經濟起飛，帶來繁榮和富庶，物質生活亦有很高的提升，但生活環境的巨變，導致文明亦大幅增加，故應運而生的重大疾病保險逐漸在市場上嶄露頭角，目前市場上販賣的重大疾病保險，主要是針對癌症、心肌梗塞、冠狀動脈繞道手術、中風、慢性腎衰竭、重大器官移植、癱瘓等七項提供保障，未來可再擴充至其他特殊的重大傷病保險，讓保障範圍更臻完善。

另外，由於資金的累積，資產管理的需求亦日益增加，且已不限於千萬大戶，一般中產階級亦可透過保險商品來達成儲蓄與投資的目的，此亦是保險業者在開發人壽保險商品時，值得考慮之重點。

九十六年

一、保險公司在決定是否接受某一業務前，常須透過核保，以瞭解該業務的危險性，並決定合適的費率，例如人壽保險的核保人員會考慮被保險人的年齡及性別等因素。

假設政府禁止保險公司利用某一因素作為核保的標準，例如禁止使用性別作為年金保險的核保標準，對保險公司及消費者可能產生那些影響？（25分）

答：保險公司對於要保人所提出保險之申請時，藉由核保政策、核保準則，並運用契約風險選擇、醫務核保、財務核保、數理查定法……核保專業知識，將風險分級進而使接受業務之風險品質能趨於一致，兼顧防止道德危險與逆選擇之發生，據此決定是否承保、承保條件及承保費率，並於此過程中也期待能享有獲利性之風險利潤，而以此選擇保戶的過程，則稱為「核保」。

所謂「年金保險」是指在被保險人生存期間或一特定期間內，每屆滿一固定期間，由保險公司依約定給付保險金。此種保險的訴求重點是確保退休後仍可有一定額度的經濟保障。

通常年金保險是按照年齡和性別來決定保費。根據2006年度主計處統計，女性平均壽命為79.8、男性為73.7，足足高出6.1歲。所以就年金保險來說，女性消費者保費較男性消費者來的貴。

今假設政府禁止使用「性別」作為年金保險的核保標準，會有以下的可能性發生：

㈠保險公司

由於依照上述前提，短期可能會使投保率增加，但實質上保險公司的風險提高，且會面對「道德危機」和「逆選擇」的情況發生，日後理賠風險發生率也會增加。

㈡消費者

由於保費變的齊一，所以投保人數增加，續保率也會增加，對消費者是有益的。

二、何謂門檻法則？（5分）設立門檻的目的為何？（10分）我國有何規定？（10分）

答：門檻法則正式名稱為「投資型人壽保險商品死亡給付對保單帳戶價值之最低比率規範」，為保險局2006年4月1日公布之規定，主要是避免保戶購買投資型商品只有投資卻無保險本質，保戶於每次繳交保險費都須符合本規定，才可繳交保險費。門檻法則影響到的是想從事基金投資者。

㈠目的

為維持投資型保險商品最低之保險保障比重，藉以提高國人保險保障，並促進國內投資型保險市場良性發展，特訂定本規範。

㈡內容

投資型人壽保險死亡給付對保單帳戶價值之比率，應於要保人投保及每次繳交保險費時符合下列規定：

1.被保險人之到達年齡在四十歲以下者，其比率不得低於130%。

2.被保險人之到達年齡在四十一歲以上，七十歲以下者，其比率不得低於115%。

3.被保險人之到達年齡在七十一歲以上者，其比率不得低於101%。

前條比率，於要保人投保及每次繳交保險費時重新計算各契約應符合之最低比率，並做下列繳費別判定：

1.定期定額繳費保件：於保險人列印保險費繳費通知單時重新計算，其含當次繳費後之比率，不得低於當時各該契約應符合之最低比率。

2.彈性繳費保件：於要保人每次繳交保險費時重新計算，其含當次繳費後之比率，不得低於當時各該契約應符合之最低比率。

三、在年金給付期（Liquidation Period）中，為避免年金受領人可能在給付期間開始後不久即死亡，使要保人支付多年的保險費付諸流水，因此年金保險契約多提供消費者退費（Refund）的選擇。請說明：退費的方式。（5分）如何以純粹生存年金為基礎結合其他保險，形成退費的特性。（20分）

答：年金保險（Pension Insurance）的意義，年金保險係指一當事人（稱為年金受領者）在其終身或一定期間內按年或定期性提供一定給付金額的年金保險契約，亦即在被保險人的生存期間每年給付一定金額的生存保險稱為年金保險。我國保險法第135條之1亦有規定，年金保險人於被保險人生存期間或特定期間內，依照契約負一次或分期給付一定金額之責。

退費方式：

㈠未到期之保險期間未超過一年者，保險人應以扣除當年度保險人之業務費用及為健全本保險費用後剩餘之保險費，按未到期日數與保險期間之比例計算。

㈡未到期之保險期間等於或超過一年者，保險人應將超過保險期間第一年以後之保險費全數退還，其他剩餘之未到期保險期間應退還之保險費，依照前項退費方式辦理。

四、相對於傳統定額年金而言，利率變動型年金有什麼特點？（25分）

答：㈠定義

利率變動型年金保險之年金累積期間，保險公司依據要保人交付之保險費，減去附加費用後，依宣告利率計算年金保單價值準備金。年金給付開始時，依年金保單價值準備金，計算年金金額。依型態可分為以下兩種：

1.甲型：年金給付開始時，以當時之年齡、預定利率及年金生命表換算定額年金。

2.乙型：年金給付開始時，以當時之年齡、預定利率、宣告利率及年金生命表，計算第一年年金金額，第二年以後以宣告利率及上述之預定利率調整各年度之年金金額。

(二)商品特點

　　1.商品特性為給付期間。

　　2.給付方式多樣化。

　　3.資金運用靈活。

　　4.年金累積期間可隨時辦理質借或提領。

九十七年

一、在企業危險管理中，通常企業所面臨之人身損失可來自「內部」與「外部」兩方面，請針對企業之內部人員與外部人員等兩方面，分別說明可能會造成企業那些損失？（25分）

答：(一)內部人員

　　1.員工殘疾以及死亡危險：投保雇主員工型團體壽險，為最普遍的團體定期險。當員工在職有傷殘、死亡的危險，雇主有義務負擔員工的生活家計，投保此團體定期險，則可將此人身危險轉移至保險公司。

　　2.員工年老的危險：投保平準式團體長期險。當員工年老時，不僅生產力降低，生活缺少保障，企業投保長期險具有減輕壓力的效果。

　　3.員工退休金的壓力：投保儲金式團體長期險。員工退休金的負擔對雇主而言是照顧員工的福利措施，但因金額較大，投保此險，可減輕企業資金壓力。

(二)外部人員

　　工商業的組織型態一般分為：獨資、合夥、公司。

　　1.獨資：獨資企業的所有權和經營權完全集中於一人，因此獨資企業是否能永續經營的風險是很高的，萬一業主發生死亡、殘疾或疾病等事故，獨資企業就會面臨是否繼續經營的風險。因此獨資業主保險的主要功能，在於保障獨資企業繼續的經營以及保障繼承人或家屬的經濟生活。

　　2.合夥：當有一合夥人死亡或喪失工作能力時，此死亡或喪失工作能力的合夥人權益可以由其他合夥人共同買下，因此合夥人可以事先共同簽訂買賣契約，規定萬一有合夥人死亡或是喪失工作能力，可以由其他合夥人共同出資買下此一死亡或喪失工作能力的合夥人之權益，買賣價格事先規定於合約中，而買賣所需的金額則可透過購買人身保險的方式來解決。

　　3.公司：股票上市公司的經營，往往不會因為股東死亡、喪失工作能力或退出時，發生公司生存及經營中斷的問題，利用人身保險來預防較不實際。股票未上市公司經營型態，類似合夥人的企業，不同的是合夥企業在合夥人發生死亡或退出時，合夥關係即告終止，但是股份公司的經營並不會因為股東的死亡或退出而終止。當股東死亡，其持有股份便成為遺產，該死亡股東的繼承人便合法成為公司

股東或將股份轉賣。股票未上市的公司，為避免股權外流，可比照合夥公司方式簽訂合約。

二、通常「生命價值法」（Human Life Value Approach）是衡量人身價值最常用方法之一，請說明在生命價值法之計算公式中，應予考量之因素有那些？請分別說明之。（25分）

答：㈠意義

1942年美國保險學者休勃納（Solomnon S. Huebner）首創，認為人類生命與財產價值同樣可為評價之客體，所謂人類生命價值者，即由吾人體內所具各種經濟性力量（Earning Capacity）之價值，如品行、健康、教育、訓練、經驗、人格、勤勉、創造力及進取心等，測定家庭成員死亡對財務之影響。其以收益觀點來考量人身價值之大小，以及以賺錢能力來衡量，當賺錢能力增加時，可以視為人身投資之收益。人身價值是一個人依其未來之淨收益能力而定，其考慮因素如下：

1.年齡。

2.職業所得（不含其他隱藏性收入）。

3.預期工作時間。

4.預期利率水準。

㈡公式

生命價值法的計算方式是（年所得－年支出）×（預定退休年齡－目前年齡）＝應投保金額。生命價值法可由個人的年所得、預定繼續工作時間及利率水準，計算年金現值。

三、請說明失業之意義與類型？再者，請針對不同之失業類型，其可採行危險管理方法有那些？（25分）

答：各失業的種類與對策說明如下：

㈠摩擦性失業（Frictional Unemployment）

在現在市場條件下，可以找到工作但尚未找到者，最主要的特徵是這些失業的人剛好處於「新舊工作之間」，稱之為摩擦性失業。當然，這也可以包括「可找到工作」的初次求職者（例如，剛離開學校的畢業生）。他們最終的結果都是可以找到適當的工作，只是礙於資訊不充分而未找到工作。

※對策：就業博覽會，提供求職求才的資訊與服務。

㈡結構性失業（Structural Unemployment）

因產業結構的轉變或區域發展的消長，導致求才與求職間不能配合（Dismatch）的失業狀態，稱之為結構性失業。臺灣早期由農業時代進入工業時代，再轉型為服務業時代的過程中，每次轉型的同時，都會伴隨著無法配合產業升級所造成的失業人

口。或者，當某產業由甲地慢慢往乙地發展時，甲地的勞工可能無法伴隨著資方的移動而移動，因此在當地找不到工作而變成失業人口。簡單的說，這類型的失業人口，具有「缺乏移動性」（Lack of Mobility）的特徵，不管是職業與職業間的移動，或者是地區間的移動，都算是結構性失業。

　　※對策：增加勞工的移動能力。例如，職業技能訓練、平衡區域發展、建立區域間的求職訊息連線，甚至提供求職者遷徙上的便利等，都可以消弭結構性失業。

　㈢循環性失業（Cyclical Unemployment）

　　景氣衰退造成工作機會減少而引起的失業。例如，金融海嘯的影響。

　　※對策：擴張性的財政、貨幣政策。例如，增加公共建設、社會食物救濟等。

四、在衡量人身損失金額之方法中，有「總財務需求法」（Gross Financial Needs Approach）與「淨財務需求法」（Net Financial Needs Approach）兩種方法，請比較此兩種方法之不同？（25分）

答：㈠總財務需求法（Gross Financial Needs Approach）

　　家庭中最基本的財務來源是正常的收入。家庭之成員死亡後，計畫家庭收入需求的主要因素有：⑴已故者提供給家庭的收入是否超過他個人的消費？⑵此人死後，家庭需要多少收入？⑶需要這份收入的時間有多久？「多少」決定於家庭中需要被扶養的成員及家庭的生活水準需求，「多久」決定於家庭中其他成員的計畫和死者死時他們的年紀。

　　家庭收入計畫，要適當地考慮家庭收入需求的持續和總數兩者，通常分為二個主要部分：⑴小孩需要扶養的年數；⑵尚生存的配偶之餘生。已故者死後相關的問題也要考慮。再調整期，已故者死後，其餘家人也許須降低生活標準來調適。

　㈡淨財務需求法（Net Financial Needs Approach）

　　家庭本身無法提供在扣除社會保險給付和員工福利給付之前家庭生存者的總需求，在扣除這些收入或來源之後，就是家庭直接的必要財務淨需求。

　　在社會保險制度下，家庭中主要收入者有生存給付的權利。大部分收入者，受到員工福利制度的保障，包括人壽保險，或其他退休金和醫療費用保障制度下的生存準備金。職業關係上的保障，也可提供重要的緩衝，以抵抗收入者死亡後的財務影響。此外，有些家庭因他們本身有可利用的財源，所以就沒有其他的計畫或行動，從家中其他成員的收入來提供遺產或信託財產的需求。扣除以上這些生存者的收入和財源，則剩下的就是家庭的淨財務需求。

　　淨財務需求表示藉風險移轉，將家庭的財務需求移轉給人壽保險和退休金。淨財務需求也表示家中成員無法控制的損失，可經由社會保險給付移轉給政府，或由員工福利制度移轉給雇主。

九十八年

一、保險與生涯規劃有密不可分的關係，請將被保險人之年齡層劃分為若干期間，討論其每段時期之風險，並提供適當之保險規劃。（25分）

答：隨著人生不同時期的生涯規劃，從求學階段、社會新鮮人、單身、有家庭、退休等不同階段的理財方式和目標也不盡相同。求學時著重於培養儲蓄的習慣，由於年紀較輕，所投資的保險金額也較少；單身時著重於累積自己的財富及信用以成家立業，可以承受風險的能力相對較高，適合採取較積極的理財方式；有家庭以後，雖然收入跟著成長，但也因為要兼顧家庭生計、子女成長、休閒娛樂及退休規劃等，理財的壓力相對增大，要較單身時更注重風險的分散；到了收入漸減甚至歸零的退休階段，風險承擔能力最低，則以採取保守穩健的理財態度為宜。

下表可分析說明人生各階段的風險管理與保險理財規劃：

人生各階段的風險管理與保險理財規劃分析表

期間	學業事業	家庭型態	理財活動	投資工具	保險計畫
探索期 15～24歲	升學或就業 轉業抉擇	以父母家庭為 生活重心	提升專業 提高收入	活存 信用卡	定期壽險意外保險， 受益人父母
建立期 25～34歲	獨立貢獻者 加強在職進修	擇偶結婚 學前子女	量入節出 存自備款	定存標會 小額信託	人壽保險／教育年金 配偶及子女受益
穩定期 35～44歲	初階管理者 是否創業評估	子女上小學、 中學	償還房貸 籌教育金	自用房地 股票基金	房貸壽險 受益人為銀行
維持期 45～54歲	中階管理者 建立專業聲譽	子女上大學或 深造	收入增加 籌退休金	建立多元投 資組合	養老保險、醫療保 險，受益人為自己
空巢期 55～64歲	高階管理者 指導組織方向	小孩已就業 自住或合住	負擔減輕 準備退休	降低投資組 合風險	終身壽險節稅 受益人為子女
養老期 65歲後	名譽顧問 經驗傳承	兒女成家 含飴弄孫	享受生活 規劃遺產	固定收益 投資為主	躉繳退休年金 受益人為自己

二、在現代人的生活中，人身保險是不可或缺的商品。而不同的商品有不同的功能，請以個人理財的角度出發，討論這些商品所能提供的功能。（25分）

答：「保險理財」在理財規劃中扮演一個很重要的角色。「保險」可讓保戶能以低價買到萬一意外發生時一個高額的保險給付，這樣的保險制度讓保戶能轉移一些風險給保險公司。例如，太早死亡的風險，或是太早發生意外殘障無法工作失去收入的風險。

「理財」可以讓我們透過儲蓄和衍生性商品的報酬率，來替投資人累積財富和生財。所以「保險理財」是將「保險」與「理財」做一個結合，不論是投資人或保戶，都可以在風險分擔下來累積財富。「保險理財」對個人而言，有以下幾點功能：

(一)滿足個人、家庭的安全感需求

由於個人或家庭對於可能會遭受的損失，可以經由保險來獲得彌補，因此有保險後，即產生安全感，可以減少或消除對於未來面對危險事故的恐懼感，有助於減輕焦慮。

(二)養成儲蓄習慣

投保後，保費必須按事先約定的方式、金額及時間繳納，否則保險契約的效力會受到影響，所以保險因保險費的繳納，而有強迫定期儲蓄的功能。

(三)保障經濟生活安定

對於個人或家庭，不論是因人的生老病死、或因財產遭遇意外事故而受損時，都可以透過各種人身保險、財產保險的保險給付來彌補，所以保險有提供生活資金或填補損失的功能。

(四)提高個人信用

當個人、家庭向金融機構融資舉債時，也可藉由某些保險來提高自身的信用，以利資金的取得，所以保險有提高信用的功能。

(五)合法節稅

買保險後，除了保險費及保險給付可以依法享受所得稅扣除額的優惠外，人壽保險死亡保險金的受益人所領取的保險金，亦可不計入遺產內而可免課遺產稅。

消費者不論購買任何一張理財保單，都希望能享受到投資獲利及保單價值成長的好處，但是長期投資才能享受複利滾存所帶來的價值收益，投入時機必須「早」，規劃期限必須「長」，即使只是每個月投資金額不多，但日積月累下來也能累積到一筆大的財富。

三、經過多年的發展，我國社會保險與人壽保險均有長足的進步，而此二者對國家社會皆有重大影響。請回答下列問題：（25分）

(一)請分析社會保險與人壽保險之差異。

(二)請分析社會保險如何與商業保險相結合，以達成相輔相成之目的。

答：(一)比較差異

「社會保險」為一種政策性的強制保險制度，係屬權利義務相對的社會福利措施。其主要目的在於提供國民的基本經濟安全與醫療照顧，基於連帶責任理念的共識，透過大數法則的應用與費用共攤的方式，來達成預期的保障目標。目前，我國的社會保險體系採以職業別為主、分立型的制度，不同職系的保險制度有不同的主管機關。

現行內政部所主管之社會保險事務，可分為六大類，即為：

1.農民健康保險。

2.勞工（國民年金）保險。

3.是透過保險費補肋，讓參加各類社會保險的弱勢族群，獲得經濟上之協助（失業
　給付、學生團體保險）。

4.全民健康保險。

5.公務人員保險。

6.軍人健康保險。

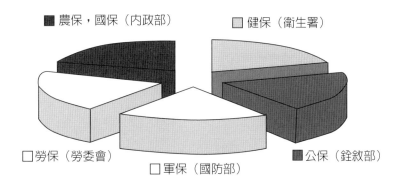

(二)社會保險的特質

　1.強制的原則

　　由於社會保險是一種政策性的保險制度，需考慮大多數人的利益及費用負擔能
　　力，且由國家制定法律，把在特定範圍的國民均納入參加保險，以獲得基本的保
　　障。又基於大數法則，人愈多風險分擔愈平均，且結合風險性高的與低的，可以
　　避免逆選擇，且都獲得保障，防止健康國民遭受疾病、老年及死亡時，喪失其收
　　入，而導致貧窮的發生。

　2.最低收入保障的原則

　　提供最低收入保障，以對抗特定的風險事故損失，傳統上認為個人應為自己的經
　　濟不安全負大部分的責任，但對於最低收入保障難有明確的界定。最低收入保障
　　大致上有三種分法：

　　⑴係指低到無法生活。

　　⑵意指僅靠此項收入來維持，就能維持基本的生活。

　　⑶係指綜合此項收入與其他收入及資產，足以維持大部分人的基本生活；反之，
　　　則需要找其他公共補助加以補充之。

　3.給付與所得無直接關係原則

　　⑴因個人努力而有較高收入的勞工，在保險制度應有較高的給付額。

　　⑵一般由其所得來決定個人生活水準及退休後的所得水準。

　　⑶對於部分雇主而言，或許會以支付保費當作部分薪水的支出。

4.給付權利的原則

　⑴在被保險人與保險人間並沒有正式的契約關係存在，而保險契約並不需經保險人同意就可修改之。

　⑵社會保險給付應是一種應得的權利，在於保險已被繳納。

　⑶係指法令所規定的權利而言，依法令制定的特性給付必須給予合格的領受者。

5.自給自足的原則

　⑴讓保險人瞭解給付來自於其所繳納的保險費，可避免保險人疏忽的態度，且更注意保險制度的健全發展。

　⑵可使社會保險經營的更具有效率，也可避免政府無所謂的超額預算支出。

　⑶由於社會保險是經由立法而產生，普遍大部分民眾均有參加，將有助於保險的推廣，也因如此，政府需因應現況而加強社會保險的制度，以圖民眾最大利益。

6.不必完全提存基金準備的原則

　由於社會保險是一種開放式的永久性互助福利制度，透過強制方式，新加入者源源不斷，並藉世代間移轉作用，採隨收隨付基礎，保險人所繳納的保險費只要足以支應整個制度的當期財物支出即可，以減輕當代勞資費用負擔，而採逐期調整保險費率方式來解決其財物問題。

7.給付依法律訂定原則

　各種保險制度的給付標準、給付方式、給付條件及給付項目等，均依法有明文規定，惟保險給付標準及條件，並非一成不變，需配合社會經濟變動及民眾反應加以修改以符合需要。而「人壽保險」乃以被保險人的生存或死亡為保險事故的保險，即被保險人於約定保險期間內死亡或保險期間屆滿仍生存時，保險公司依約定的保險金額給付保險金的保險。

㈢人壽保險種類

1.生死合險

　又稱為養老壽險，乃承保被保險人於保險期間內死亡，保險公司給付死亡保險金；或被保險人於保險期間屆滿仍生存時，給付生存保險金，故同時提供被保險人生存與死亡保障的保險。

2.死亡保險

　乃承保被保險人於約定期間內死亡時，保險公司給付死亡保險金，為提供死亡保障的保險。

　⑴定期壽險：即提供被保險人固定期間死亡保障的保險。如，10年定期壽險、20年定期壽險等。

　⑵終身壽險：即提供被保險人終身死亡保障的保險。

3.生存保險

乃當保險期間屆滿被保險人仍生存時，保險公司給付生存保險金，為純儲蓄性的保險。

4.其他

保險公司有提供針對兒童所設計的教育年金保險、終身壽險；債權人債權確保所設計的信用人壽保險；保險與銀行、投信結合的理財型人壽保險等商品。

(四)社會保險與商業保險之結合

所謂「商業保險」是指企業與保險公司通過訂立保險契約，以營利為目的的保險形式，由專門的保險企業經營。商業保險關係是由當事人自願締結的契約關係，投保人依據契約內容，向保險公司支付保險費。保險公司依據契約約定的可能發生之事故，因其發生所造成的財產損失承擔賠償保險金責任，或者當被保險人死亡、傷殘、疾病或達到約定的年齡、期限時，承擔給付保險金責任。

由於「商業保險」有別於「社會保險」，是在於商業保險是採「選擇性自由制」的投保方式，其主要保險人為一般保險公司，並不是政府機構。所以一般企業常常會忽略此保險的重要性，甚至當需要理賠時會遇到求助無門的可能性發生。

若企業將「商業保險」與「社會保險」做一個完整的結合，將會提高企業雇主與受雇人的保障，一方面可減少雇主因外力造成企業經營上的損失，另一方面也減少受雇人因職業傷害造成日後家庭的經濟負擔。

四、有關如何計算人身風險保障額度，請回答下列問題：（25分）

(一)請以家庭資產負債表的角度，說明如何計算人身風險保障額度。

(二)請以替代所得的觀點，說明如何計算人身風險保障額度。

答：(一)家庭負債表之觀點

資產		負債		淨值（E）
營生資產（H）		營生負債（F）		實質淨值（W）
實質資產（A）	－	實質負債（L）	＝	
自用資產 生產資產		消費性負債 投資性負債		自用淨值 投資淨值

※公式：$E = (H + A) - (F + L)$

當 E ＝ 0，維持最基本的生活保障

E ＞ 0，超越最基本的生活保障

E ＜ 0，欠缺最基本的生活保障

採用此種觀點，可分為二種方法：

1.淨收入彌補法（未成家者採用）

依上述公式：

當E＝0時，H＋A＝F＋L，H＝（F＋L）－A

保障需求＝H（營生資產）

    ＝個人未來收入現值－個人未來支出現值

    ＝$Y(1 - V \times n) / i - C(1 - V \times m) / i$

  2.遺族需求法（已成家者採用）

    保險需求＝（F＋L）－A＝F－（A－L）

        ＝養生負債－實質淨值（實質資產－實質負債）

        ＝$P(1 - V \times n) / i$－（實質資產－實質負債）

(二)替代所得之觀點（投保預算寬裕可採用）

「所得替代法」於被保險人死亡時，保險公司理賠的保險金所孳生出來的利息，須能夠支應被保險人遺族所需的費用支出。

※公式

保險金額×存款利率＝遺族所需的費用支出

保險金額＝遺族所需的費用支出／存款利率

※範例

李大明之遺族每年所需的費用支出為60萬元，存款年利率為2%，則李大明所需要的保險金額應為多少？

計算：保險金＝遺族所需的費用支出／存款利率

      ＝60萬元／2%

      ＝3,000萬元

九十九年

一、請比較傳統保障型保險商品與投資型保險商品之主要差異？此兩種商品分別適合那些消費者或那種保險規劃目的？（25分）

答：(一)傳統保障型保險商品與投資型保險商品的主要差異如下表：

	項目	傳統保障型保險商品	投資型保險商品
1	・保險金額（或保險保障） ・身故保險金	・保險金額固定（缺乏彈性） ・身故保險金＝保險金額	・保險金額不固定（彈性較大），但有最低死亡保額。 ・身故保險金的基本型有二： ■甲（或A）型 ■乙（或B）型

項目	傳統保障型保險商品	投資型保險商品
2　繳費方式	固定（躉繳或定期定額）	・變額壽險：固定 ・變額萬能壽險：不固定
3　資金運用方式	保險公司決定	保戶決定或同意（選擇投資標的）
4　投資風險	保險公司承擔	大部分或全部由保戶承擔
5　現金價值（或保單價值）	有保證	通常沒有保證
6　費用透明度	較不透明	較透明
7　投資收益	固定（預定利率）	實際收益由保戶選擇的分離帳戶投資項目所決定，具波動性
8　資產之管理	一般帳戶	壽險保障：一般帳戶 投資資產：分離帳戶

註：分離帳戶於保險法稱為專設帳簿。

㈡投資型保險商品最主要之特點，可由其與傳統保障型保險商品之差異看出。主要差異為投資型保險商品之要保人有投資的選擇權，亦承擔投資風險。又就投資賣權、投資買權言之，投資型保險商品之要保人擁有買權。其他之差異上有：⑴傳統保障型保險以保障為主，投資型保險雖保障、投資兼具，但以投資為重點。⑵傳統保障型保險保額，原則上固定，變額萬能壽險乙型之投資型保險其保額由最低之死亡保險金額與變動之保險金額構成。所謂變動，是指該部分保險金額隨資金運用之優劣而變動。⑶傳統保障型保險完全承擔資金運用風險，如以保費結構言之，保險人同時承擔投資風險、死亡風險、費用風險；投資型保險方面，保險人與要保人同時承擔投資風險，至於死亡風險、費用風險仍由保險人承擔。⑷投資型保險資金單獨設立帳戶（即分離帳戶），管理透明；傳統保障型保險之要保人通常不瞭解保費架構。⑸傳統保障型保險之保單現金價值於訂約時即已確定；投資型保險之保單現金價值由投資帳戶單位價值總和計算。

二、請說明連結基金類型的投資型保險商品與直接購買基金有何不同？一般市面上投資型保險商品之費用率大多高於直接購買基金，你認為為什麼消費者還需要購買投資型保險商品？（25分）

答：連結基金類型的投資保險商品之特性，並不只有「保險」部分，還包含「投資」部分。而與直接購買的基金僅有「投資」，而沒有「保險」不同。

投資型保險通常不保證投資收益率，也就是說，投資帳戶的運用是沒有保證最低現金價值的。就正面而言，客戶在承擔投資風險的同時，也享有投資高額報酬的可能性。

保險公司依舊承擔保險保障風險，投資資產則由保險公司篩選的投資標的發行機構

（例如共同基金發行機構）之專業管理人操作之。觀察美國投資型保險盛行的因素有幾項：保戶投資自主、保費彈性、遞延課稅與資金運用靈活，同時也因為投資型保險可以滿足個人財富累積需求、教育基金、應急現金、退休規劃、遺產規劃、企業規劃。

三、請舉一實例說明你會利用買那些保險商品，為中小企業進行企業人身風險管理之規劃？（25分）

答：人是企業最寶貴的資源，企業為避免因員工或業主的人身損失風險，危及企業經營的安全，可藉由投保保險，彌補因風險事故發生時對企業造成的財務損失。

企業用來管理人身風險所需的保險，分為一般員工、重要幹部及業主三方面，說明如下：

㈠員工保險

在員工保險範圍，除了政府所辦理的社會保險，提供基本所需保障以外，企業為減輕本身因員工執行職務而遭受風險事故時，應負起的賠償責任，或為維持良好的勞資關係，以提高企業的經營績效，而對於員工發生意外事故時，所願意提供經濟上的補助，都可透過保險予以達成。

對於企業為達成上述目的而投保的保險，統稱為員工保險。

員工保險的保障內容並非一成不變的，可由企業依其本身實際的需要，從下列幾種保險加以彈性組合運用：

1.團體壽險：當企業為員工投保團體壽險後，一旦風險事故發生時，該企業可以將保險金用來支付員工的撫卹金或其他補償金額。

2.團體健康及傷害險：這項保險可補償企業因員工疾病或傷殘所遭致的損失，其中可細分為醫療費用保險及失能所得保險二大項。

㈡重要幹部保險

企業中重要幹部（Key Man）的經驗與才能，比企業的財產來得更重要。由於重要幹部所具有的專門技術與經驗，往往是公司利潤產生的主要來源，可視為企業的一種無形資產，因此無論是為吸引或挽留該重要幹部繼續為企業服務，或為彌補企業因重要幹部無法工作所造成的損失，企業主除可為重要幹部投保員工保險外，另可為其購買重要幹部保險。

㈢企業主保險

企業主死亡或失去能力，不僅會使企業主本身的家庭收入受到影響，也可能因債務問題或領導人欠缺的問題，使企業無法持續經營，因此為減輕企業主死亡或失能對企業造成的影響，可透過企業主保險予以解決。

四、以家庭人身風險管理的觀念，一對剛結婚的夫妻，應如何進行保險規劃？此規劃是否
　　會因被保險人之年齡而有差異？（25分）

答：由於剛結婚的夫妻，初期資產累積速度較慢，但因為年齡較輕，可以考慮長期規劃，
　　例如儲蓄性質保單。若選擇六年期儲蓄保險，以月繳保費1萬元為例，六年後生存滿期
　　金，約可領回60～80萬元保險給付。

　　相較於零存整付的銀行定存，儲蓄性質保單可以提供風險保障，而且保單增值不同於
　　銀行利息，不需繳利息所得稅。相較於定期定額之基金投資，儲蓄性質保單報酬率較
　　低，但在空頭市場中，儲蓄性質保單擁有「保證收益」的特色。剛結婚的夫妻應依照
　　所得狀況，針對保險單、基金、定存來決定資產配置的優先順序及比重。

　　定期保險（Term Life Insurance）在保險契約之約定期間內，如被保險人死亡，保險人
　　即給付其受益人一定金額之保險。定期保險通常不包含儲蓄因素，純為保障之目的，
　　保費較為低廉。適用於經濟能力較低，但又負擔家中主要經濟來源的家庭成員，一旦
　　發生意外，家中成員能有一份保險理賠金，作為經濟保障。因此，保額規劃應涵蓋一
　　段期間的家庭生活開銷及貸款支付為主。若為剛結婚的夫妻收入不多時，亦可考慮購
　　買定期保險，一旦發生意外，家中父母可將理賠金作為退休金，取代子女的孝敬金。

100年

一、簡答題：（30分）

　　說明長期看護保險（Long-Term Care Insurance）之特色。

　　說明風險規避（Risk Avoidance）與損失控制（Loss Control）之差異。

　　說明遞減型保險金削減給付法（Decreasing Lien Method）之特色。

答：㈠長期看護保險（Long-Term Care Insurance）係保障被保險人罹患痴呆症或因疾病或
　　　傷害等事故，導致無法自己如廁、長期臥床等不良於行之情事，而長期必須依賴專
　　　人照護時，給予長期看護費用之補償。

　　　㈡1.風險規避（Risk Avoidance）

　　　　風險規避的目標是避免引起風險的行為和條件，使損失發生的可能性變為零。風
　　　　險規避是一種最簡單、最徹底的風險控制策略，家庭（個人）可藉此策略避免許
　　　　多的風險。例如：不購置汽車避免汽車損壞、被盜及責任之損失風險；不搭乘飛
　　　　機，可避免因飛機發生風險事故而致傷亡的風險。

　　　　2.損失控制（Loss Control）

　　　　損失控制策略可分為損失預防和損失抑制，前者著重於降低損失發生的可能性和
　　　　損失機率；後者著重於減少損失發生後的嚴重程度，即損失幅度。損失控制策略
　　　　常同時涉及損失預防和損失抑制。例如，家中安裝防火警報器，當室內溫度或煙
　　　　霧濃度超過某一限度時，令自動警報，從而可以降低家庭（個人）因火災受傷的

可能性，也有助於及時發現火災，及早採取救火措施或移轉貴重物品，減少火災所致之損失。

㈢遞減型保險金削減給付法（Decreasing Lien Method）

係指定期壽險之保障額度，隨著保險期間的經過而逐年遞減。遞減型保險金削減給付法定期壽險最常用於搭配被保險人清償各種貸款，例如不動產抵押貸款、汽車貸款，甚至於信用貸款等。被保險人如為一個家庭的主要收入者，不幸亡故，尚未清償的貸款對於其遺族為一相當大之負擔，此種保險正可適時用於清償貸款。又由於房屋貸款或汽車貸款均按期攤還本息，貸款呈現遞減情況，相對而言，被保險人的保障需求額度可逐漸遞減，此種遞減型保險金削減給付法的定期壽險恰可適用。

二、說明扣減式自負額（Straight Deductible）之特質；一般保險單若設有自負額之規定，其目的何在？試申述之。（20分）

答：㈠扣減式損失自負額（Straight Deductible）在保險契約中訂立一確定金額，在依照保險契約規定保險人應負責給付之前，由被保險人自行負擔。換言之，損失在此一確定金額以下者，保險人不負補償之責，超過此一確定金額者，保險人僅對超過之部分負補償之責。

例如：在汽車碰撞保險中，通常採用一定之自負額。

㈡採用自負額的目的

　1.藉損失自負額的設定，保險人能夠排除小額的經常損失。

　2.保險人能夠擴大巨災損失的承保。

　3.鼓勵損失預防，藉此降低損失機率。

　4.減輕被保險人保險費的負擔。

　5.減少道德危險的發生。

三、說明企業面臨人身風險（Personnel Risks）之類型；又非保險業之大型企業若考量以專屬保險（Captive Insurance）之型態處理災害型的危險，試說明主要的理由。（25分）

答：㈠人身損失風險（Personnel Risks）之類型

　1.企業的員工，因傷殘或疾病，造成企業收入與員工服務的減少，並增加額外的費用（如醫療費用、替代工作人員費用等）的潛在可能損失。

　2.企業的員工，因死亡造成企業收入與員工服務的減少，並增加額外費用的損失。

　3.企業的員工因年老退休，同樣會造成企業收入與員工服務的減少，並增加額外費用（如接替工作人員的訓練費用）的潛在可能損失。

㈡非保險業之大型企業以專屬保險（Captive Insurance）之型態處理災害型危險之理由

　1.節稅與延緩稅賦支出

　　此為企業集團設立專屬保險公司最重要之理由，就企業集團而言，支付於其專屬

保險公司之保險費可列為營業費用，而專屬保險公司收到之保險費依會計應計基礎，有些必須提存為未滿期保費準備，屬負債性質，因此，一筆資金可有節稅與延緩稅賦支出之效果。

2. 母公司可減輕保費支出

在商業保險的保費結構中，除純保費之外，尚有附加保險費，其中包括有保險中介人之佣金、營業費用、賠款特別準備、預期利潤等。就專屬保險人言之，同一企業集團無須支付佣金，營業費用亦可較少，所以母公司所支付之保險費可以降低甚多。

3. 專屬保險公司可拓展再保交易

設立專屬保險公司，本應有分散風險之機制，即應有再保險配套措施，此時專屬保險公司即可藉由業務交換之便而拓展再保交易，企業集團之業務領域因而更為寬廣。

4. 加強損失控制

設立專屬保險公司之目的雖在為企業集團尋找保險出路，但須注意其目的非在救急，以標的不出險為主要目的，因此應配合加強損失控制措施，一來可以有較佳之再保險出路，二來可使專屬保險公司擴大其規模，成為一個利潤中心。

5. 商業保險保費太高

此理由與減輕保費支出之理由類似，惟須注意，保險費過高也代表企業體之風險暴露單位之風險性較高，就此點而言，設立專屬保險之理由似過於牽強。

6. 一般保險市場無意願承保

一般保險市場無意願承保，改由自己之專屬保險公司承保，除非能有良好之再保險出路分散風險，否則其理由亦嫌牽強。

四、試從國人生活型態轉變的發展過程，說明如何搭配人身保險的使用。（25分）

答：國人生活型態已由早期農業時期的大家庭制度轉變為工業時代的小家庭制度，所以現代人在人生不同的發展過程，其人身保險之需求與規劃，應依不同時期生涯規劃而定。

生涯規劃好比是人生之旅的預定行程圖。就個人方面重要的抉擇是學業與事業規劃，還有預定何時退休的退休規劃；就家庭來說是何時結婚、何時生小孩的家庭計畫，及配合家庭成員成長的居住規劃。根據家庭、居住、事業、退休等大項的生涯規劃，可以將其具體化成為以數據表現的理財目標，而這些理財目標，必須有按部就班的理財行動計畫，才能加以落實。理財計畫也可以分為投資、保險、貸款與節稅四大要項。用投資以累積資產；用貸款來提前達成置產的願望；用保險來保障收入中斷家人生活不致無著落，或避免大筆醫療費用開銷侵蝕資產的風險。依年齡層可把生涯規劃分為六個期間，如下表：

生涯規劃與人身保險計畫分析表

期間	學業事業	家庭型態	理財活動	投資工具	保險計畫
探索期 15～24歲	升學或就業 轉業抉擇	以父母家庭為 生活重心	提升專業 提高收入	活存 信用卡	定期壽險、意外保險 受益人父母
建立期 25～34歲	獨立貢獻者 加強在職進修	擇偶結婚 學前子女	量入節出 存自備款	定存標會 小額信託	人壽保險／教育年金 配偶及子女受益
穩定期 35～44歲	初階管理者 是否創業評估	子女上小學、 中學	償還房貸 籌教育金	自用房地 股票基金	房貸壽險 受益人為銀行
維持期 45～54歲	中階管理者 建立專業聲譽	子女上大學 或深造	收入增加 籌退休金	建立多元 投資組合	養老保險、醫療保險 受益人為自己
空巢期 55～64歲	高階管理者 指導組織方向	小孩已就業 自住或合住	負擔減輕 準備退休	降低投資 組合風險	終身壽險節稅 受益人為子女
養老期 65歲後	名譽顧問 經驗傳承	兒女成家 含飴弄孫	享受生活 規劃遺產	固定收益 投資為主	躉繳退休年金 受益人為自己

101年

一、如果你幫一個35歲的消費者進行壽險保障規劃，請說明利用人生價值法與財務需求法所計算之保額會有什麼不同？你會適用那一種方法幫你的客戶作規劃？為什麼？（25分）

答：㈠人生價值法

以人生價值法的觀念計算保險金額是指消費者如果發生風險，未來可以賺到的收入減去支出之後折現的總金額＝（年收入－年支出）×（1 + 折現率）年期。從計算公式中，可以知道最大的變數在於所採用之折現率。基本上，年收入就是估算消費者個人在其工作生涯中，平均每年的薪資。至於支出包括其他稅賦、個人所需生活費及保險費用，而兩者的差額也就是客戶用於撫養家屬的金額。至於工作年期則以客戶目前的年齡推算至預期退休之年齡，也就是未來服務的年資。試舉一例，其消費者王先生現年35歲，預計65歲退休，每年的年收入為60萬，個人的生活費用及其他稅賦約為20萬；假定年利率為6%，則依人生價值法所計算的保險金額如下：

首先，計算年收入扣除個人生活所需及其他稅賦後可用於撫養家屬的數額：60萬－20萬＝40萬。其次，計算工作年數：65歲－35歲＝30歲（年），若每年1元利率為6%，三十年後的現值為13.765元，最後再以40萬×13.765 = 5,506,000元。

㈡財務需求法

假設王先生與王太太現年35歲，王太太為沒有收入的家庭主婦，並且育有一男一女。若在通貨膨脹率與投資報酬率相等時，計算王先生保障不足的總額為1,575萬元、退休準備不足總額為140萬元，而醫療準備不足總額約為200萬元，王先生的財

務總需求為1,915萬元。

較詳細的計算則須依消費者的個別狀況去規劃，壽險顧問須依其所蒐集到的質量與數量的資訊為消費者量身訂做，並運用不同假設的通貨膨脹率與投資報酬率重新計算需求。總之，財務需求分析是依消費者的需求，假設當家中主要賺取收入者身故，其家人還能維持原來生活水準所計算出來的需求金額。由此，壽險顧問也必須每年檢視消費者的需求是否改變；若有，改變則必須作修正，以期許消費者及其家庭得到最適當的保障。

人生價值法的計算比較單純，但是因為主要的立論依據是從收入面計算，難免未考慮消費者的實際生活需要以及負債清償的問題，所以漸漸少被建議採用。

二、請比較定期壽險、終身壽險與生死合險三種保險商品之主要差異？此三種商品在保險規劃目的上有何不同？其分別適合那些年齡與所得之消費者族群，請舉實例說明。（25分）

答：㈠定期壽險、終身壽險、生死合險各優缺點

　　1.定期壽險：保險人提供一特定期間的死亡保障，若特定期間屆滿被保險人仍生存，則保險契約即為終止，受益人收不到任何金額。

　　⑴優點：保費便宜且保障金額高。

　　⑵缺點：每續保一次，會增加其保費且被保險人可能因身體狀況變成不可保而無法獲得保險保障，而且定期壽險通常無現金價值，若超過繳費期間未繳費時，保單可能因此失效。

　　2.終身壽險：自保險契約有效之日起，被保險人無論何時死亡，保險人均以一定金額給付被保險人。

　　⑴優點：只要有繼續繳納保險費，無續保被拒絕之問題，且若無違反契約約定內容，則受益人一定領得到保險金。

　　⑵缺點：保險費較定期壽險來得高，因保障終身，所以是最貴的定期壽險。

　　3.生死合險：被保險人在約定期間內死亡或到期而繼續生存時，由保險人給付一定金額之保險。

　　⑴優點：兼具儲蓄與保障功能。

　　⑵缺點：費率由生存保險與定期（死亡）保險混合，因此保費最高。

㈡各險種分別適合何種年齡與所得消費族群

　　1.定期壽險：適合經濟較不寬裕之人，無法支付高額保障之長期保險的保費，卻想有高額之保險保障，或欲保障債務人之安全以鞏固自己之債權，以及想要將長期保險與定期保險之保費差額自行投資之人。

　　2.終身壽險：適合想要將此壽險作為死後之遺產且不需要扣稅、以保障遺族之經濟生活，需要長期保障之人，以及想要避免日後因健康情況不良而遭拒絕續保之

人。

　　3.生死合險：想要同時得到保障與儲蓄之人，並若期間屆滿仍生存，可作為退休後之收入或子女教育基金之用。

三、以退休保障為目的，請說明以傳統養老險與年金保險作規劃，在風險與保障上有何不同？如果你幫一個40歲的消費者規劃退休儲蓄與保障，你會推薦那一種商品？為什麼？（25分）

答：㈠年金保險與傳統養老保險（生死合險）同樣是大數法則之應用，須同時符合大量、同質及分散原則，但是兩者在風險分攤運用上卻恰恰相反。傳統養老保險的主要目的是為了彌補因死亡過早而使家庭斷失經濟來源之損失，即在年輕時死亡率較低，即存活者為多數，死亡者為少數，因此是由多數存活者的保險費來分攤少數死亡者的風險。而購買年金保險的目的，則是為了預防存活太久致老年時已無收入來負擔生活經濟，而老年的死亡率較高，亦即死亡者為多數，存活者為少數，因此是由多數死亡者來分攤少數存活者的風險。

　　㈡如果幫助一位40歲的消費者規劃退休儲蓄與保障，宜推薦養老保險與醫療保險，因為建立家庭與子女的教育已逐漸進入正常，此時宜為自己未來醫療與退休金打算。

四、請說明對企業與個人進行「財務安全需求分析」時，會有何不同的考量與方法？請舉兩個實例說明，你會利用買那些保險商品幫一個新成立的企業與一個剛大學畢業的新鮮人進行人身風險管理之規劃？（25分）

答：㈠企業與個人進行「財務安全需求分析」時之不同考量與方法

　　1.企業方面

　　　⑴時刻關注國家巨集觀政策的變化對企業經營可能帶來的財務風險

　　　　負債經營的企業一方面要關注國家產業政策、投資政策、金融政策、財稅政策等變化，對企業在投資項目、經營項目、籌措資金、經營成本等方面可能產生的負面效應；另一方面又要關注因市場格局、市場需求、供求關係等變化，使企業採購成本和市場投入大增，而引起企業成本費用和資金需求增加，使財務成本上升而出現經營虧損。

　　　⑵避免盲目舉債擴張，防範企業財務風險

　　　　國家鼓勵優勢企業兼併或收購劣勢企業，也鼓勵企業發展多元產業，這無疑是企業尋求新的經濟增長點，消化安置企業富餘人員的有效途徑。但是，切忌為了擴張，將現有資產特別是變現速度較慢的固定資產（如土地、建築物）採取評估升值的方式，人為降低負債水平，去進行力不從心的舉債擴張。企業舉債擴張以後，總體資產負債水平以不超過70%為宜。只要企業經營者牢牢把握住這個負債比率，就能從總體上防範企業財務風險。

⑶提高投資回報水平和加速投資本金回收速度，避免產生不良資產風險

企業為了發展壯大或者提高產品技術含量，在負擔總水平允許的前提下，進行技術改造投資或投資新的經營項目，這是必不可少的。但是，企業不因新項目的經營而降低原有項目的利潤水平；再者是新項目的投資本金一定要在預期內（甚至提前）收回。唯有如此，企業才不會因技術改革或新項目的投入，而增加負債，產生不良資產。

⑷有效調整企業的資產結構和負債結構，避免資產變現能力風險

要使舉債經營的企業能夠按期還本，企業經營者就必須使企業的流動資產與流動負債的比率不低於2：1。因為流動資產是一年內或一個經營周期內能夠變現的資產，流動負債是一年內或一個經營周期內到期應該歸還的債務。因此，企業經營者應隨時處置不良資產，有效控制存貸結構，加速企業變現能力。

⑸提高資金運行速度，確保企業資金安全，杜絕壞帳損失風險

企業經營者除了控制資金投資，減少資金占用外，還應注意加速存貨和應收帳款的周轉速度，使其儘快轉化為貨幣資產，提高資金使用率，減少甚至杜絕壞帳損失。

⑹謹慎提供資產或信譽擔保，減少和消除不必要的企業損失和財務風險

企業經營者在向有隸屬關係、有投資關係或業務關聯單位提供資產或信譽擔保時，一定要謹慎行事，對被擔保的企業或項目進行全面瞭解並做到胸中有數，且在符合國家政策規定的前提下，方可結合本企業的情況適度提供一定期限內的擔保。

2.個人方面

⑴確定個人的風險屬性，保持財務安全

大家需要根據個人的具體情況以及風險承受能力來選擇資產種類，尤其需要考慮家庭資產累積狀況、未來收入預期、家庭負擔等，因為這些因素與個人的風險承受能力息息相關，在此基礎上才能更佳地選擇適合自己的資產種類和相應的投資比例。

⑵負債水平合理，保持個人財務流動性

要根據個人收入支出狀況確定合理負債水平，以免影響正常生活，造成心理負擔。負債結構與投資期限和投資品種匹配，保持家庭財務具有充足的流動性。

⑶制定個人財富管理目標，確定投資期限的長短

對於大多數人而言，需要對個人及其財務資源進行分類，優先滿足家庭的財務目標，建構核心資產組合；再將多餘資金配置於具有一定風險的資產，構築合理資產組合，在保障個人財務安全的基礎上透過投資來增加財富。

⑷制定適合個人自己的投資方案

確定了財務目標、風險屬性後，隨後需要決定的就是一個適合個人自己的投資

方案，也就是需要制定一個可行性方案來操作其投資組合。投資人的風險承受力是考慮所有投資問題的出發點，風險承受力強者，可以考慮高風險、高收益的投資工具，諸如股票、偏股基金；風險承受力不強者，可以考慮低風險的工具，如債券、偏債基金、保險等。

(二)幫新成立的企業與剛由大學畢業的新鮮人作人身風險管理規劃

1.剛成立的企業之人身風險管理規劃

人是企業最寶貴的資源，企業為避免因員工或業主的人身損失風險，危及企業經營的安全，可藉由投保保險，彌補因風險事故發生時對企業造成的財務損失。

剛成立的企業用來管理人身風險所需的保險，分為一般員工、重要幹部及業主三方面：

(1)員工保險

在員工保險範圍內，除了政府所辦理的社會保險，提供基本所需保障以外，企業為減輕本身因員工執行職務而遭受風險事故時，應負起的賠償責任，或為維持良好的勞資關係，以提高企業的經營績效，而對於員工發生意外事故時，所願意提供經濟上的補助，都可透過保險予以達成。

對於企業為達成上述目的而投保的保險，統稱為員工保險。

員工保險的保障內容並非一成不變的，可由企業依其本身實際的需要，從下列幾種保險加以彈性組合運用：

①團體壽險：當企業為員工投保團體壽險後，一旦風險事故發生時，該企業可以將保險金用來支付員工的撫卹金或其他補償金額。

②團體健康及傷害險：這項保險可補償企業因員工疾病或傷殘所遭致的損失，其中可細分為醫療費用保險及失能所得保險二大項。

(2)重要幹部保險

企業中重要幹部（Key Man）的經驗與才能比企業的財產來得更重要。由於重要幹部所具有的專門技術與經驗，往往是公司利潤產生的主要來源，可視為企業的一種無形資產，因此無論是為吸引或挽留該重要幹部繼續為企業服務，或為彌補企業因重要幹部無法工作所造成的損失，企業主除可為重要幹部投保員工保險外，另可為其購買重要幹部保險。

(3)業主保險

企業主死亡或失去能力，不僅會使業主本身的家庭收入受到影響，也可能因債務問題或領導人欠缺的問題，使企業無法持續經營，因此為減輕業主死亡或失能對企業所造成的影響，可透過業主保險予以解決。

2.大學剛畢業的新鮮人之人身風險管理規劃

(1)儲蓄功能

由於初入社會，初期資產累積速度較慢，但因為年齡較輕，可以考慮長期規

劃，例如儲蓄性質保單。若選擇六年期儲蓄保險，以月繳保費1萬元為例，六年後生存滿期金，約可領回60～80萬元保險給付。

相較於零存整付的銀行定存，儲蓄性質保單可以提供風險保障，而且保單增值不同於銀行利息，不需繳利息所得稅。相較於定期定額之基金投資，儲蓄性質保單報酬率較低，但在空頭市場中，儲蓄性質保單擁有「保證收益」的特色。社會新鮮人應依照所得狀況，針對保險單、基金、定存來決定資產配置的優先順序及比重。

⑵風險保障

定期保險（Term Life Insurance）在保險契約之約定期間內，如被保險人死亡，保險人即給付其受益人一定金額之保險。定期保險通常不包含儲蓄因素，純為保障之目的，保費較為低廉。適用於經濟能力較低，但又負擔家中主要經濟來源的家庭成員，一旦發生意外，家中成員能有一份保險理賠金，作為經濟保障。因此保額規劃應涵蓋一段期間的家庭生活開銷及貸款支付為主。若為社會新鮮人收入不多時，亦可考慮購買定期保險，一旦發生意外，家中父母可將理賠金作為退休金，取代子女的孝敬金。

102年

一、㈠目前國內新種的投資型保險商品，是由那個機構負責辦理保單的實質審查？（5分）

㈡政府為公平合理、迅速有效處理金融消費爭議，以保護金融消費者權益，於2012年2月起設立那個機構負責辦理？（5分）

㈢「投資型」保險商品的業務員應如何瞭解客戶（know your customer：簡稱KYC）？（5分）

㈣請從保障、投資報酬或風險角度，比較投資型保險商品與傳統壽險商品的差異？（5分）

㈤變額保險與萬能保險的差異為何？（5分）

答：㈠財團法人保險事業發展中心

㈡財團法人金融消費評議中心

㈢對於「投資型」保險商品的業務員而言，其KYC的目的在於「預先蒐集客戶相關基本資料」，以幫助客戶規劃一份符合需求的保險計劃，以達到「適當的保額」、「合適的保費」的規劃目標。

㈣投資型保險商品投資方式由保戶自行決定，相對的投資風險也由保戶自己承擔，其與傳統型保險的主要差異如下表所示：

項目	投資型保險	傳統保險
保障	保障＋投資	保障
投資報酬	通常沒有保證，依投資績效	有保證
投資風險承擔	由保戶承擔	由保險公司承擔

㈤變額保險即投資型保險，即保險保單結合投資工具，例如債券、基金，而隨著基金或債券投資報酬率的變動。

萬能壽險可根據人生不同階段的保障需求和財力狀況，調整保額、保費及繳費期，確定保障與投資的最佳比例，讓有限的資金發揮最大的作用。

二、㈠陳先生從事營建工地的工作，擔心工地發生意外狀況，目前的房屋貸款又沒還完，妻兒的生活將沒人照顧，所以投保了高額的人壽險及意外險。某年陳先生的顧慮成真，身故後留下妻子及四位年幼的子女。陳太太領取理賠金後，公婆及大伯卻不停地藉故跟陳太太借用這筆保險金，此時勢單力薄的陳太太難以拒絕，但又無力獨自負擔孩子往後數十年的生活費與教育費，造成生活陷入困境。請問陳先生當初要怎麼做，才能避免這種情況發生？（10分）

㈡針對你所建議的做法，被保險人或受益人是否要負擔或如何考量贈與稅和遺產稅？（10分）

㈢國內遺產及贈與稅法在免稅額及遺贈稅率的規定如何？（5分）

答：㈠採取保險金信託方式，每年定期定額給付指定受益人方式為之。

㈡依據保險法規定，保險給付至特定受益人時不應視為遺產，不應課贈與稅或遺產稅，惟鑑於有部分要保人以投保鉅額保險規避稅賦，因此國稅局採用「實質課稅原則」後，認定超過每一人每一年對特定人贈與額超過新臺幣220萬元時，或死亡後保險金給付超過3000萬元時，均會課予相關稅賦，金管會要求自102年7月1日起，保險銷售文件必須加註課稅警語。日前保險局更整理出保險給付依實質課稅原則核課遺產稅的8大特徵，並要求壽險公會在網站上公告，提醒消費者注意相關風險。

根據金管會整理，凡是具有重病、躉繳、舉債、高齡、短期、鉅額、密集投保，以及保險給付低於或相當於已繳保費等8大特徵之一的保險給付案件，都容易被國稅局盯上，一旦發現要保人的投保動機有避稅之嫌，就會依照實質課稅原則課徵遺產稅。

㈢每一人每一年對特定人贈與免稅額為新臺幣220萬元，遺產稅率則為10%。

三、㈠郭同學於95學年度（保障期間95年8月1日至96年7月31日）參加由A人壽保險公司承保之高級中等以下學校學生暨幼稚園兒童團體保險契約（即臺閩地區學生團體保

險），於96年5月31日因故（被罰跑操場50圈而發生意外）導致心肌炎合併心臟衰竭，同年8月23日進行心臟移植手術，並在96年9月12日取得「身心障礙手冊」，郭同學若在96年9月25日向A人壽保險公司申請殘廢保險金理賠，請依團體險的一般契約規定，說明是否符合理賠規範？（5分）

㈡倘若郭同學直到101年12月12日才向A人壽保險公司申請理賠，請依保險法的相關規定，說明是否合理有效？（10分）

答：㈠依據高級中等以下學校學生暨幼兒（稚）園兒童團體保險保險單條款第3款、第13條第1項、第15條規定，郭同學得申請相關理賠給付。

㈡依據上述保險保險單條款第23條規定，郭同學請求權已罹於時效。A人壽保險公司得拒絕給付。

四、㈠健康保險有那些情況被排除於承保危險的範圍？（5分）

㈡傷害保險的法規或示範條款，有那些情況屬於保險人不負給付保險金的責任？（5分）

㈢意外保險附約之保險期間通常訂為一年，該附約在期間屆滿時，要逐年更新繼續有效的條件為何？（5分）

答：㈠不承保的危險範圍：

・被保險人之故意行為（包括自殺及自殺未遂）

・被保險人之犯罪行為

・被保險人非法施用防制毒品相關法令所稱之毒品

㈡不負給付保險金的責任：

・美容手術、外科整型

・外觀可見之天生畸形

・非因當次住院事故治療之目的所進行之牙科手術

・裝設義齒、義肢、義眼、眼鏡、助聽器或其它附屬品

・健康檢查、療養、靜養、戒毒、戒酒、護理或養老之非以直接診治病人為目的者

・懷孕、流產或分娩及其併發症

上述醫療行為仍有部分因意外所致者不屬於除外責任。

㈢關於健康保險契約之續約規定，如屬於不得撤銷，由保險人續約之保單（Non-Cancelable but Renewal at the Insurer's Option），續約之費率仍由保險人決定；如屬於限制保險人拒絕續約權保單（Restricted Right of Non-Renewable by Insurer），通常不允許保險人以被保險人身體情況發生變化為由拒絕續約。

五、本題請以公式列示計算過程，不需要寫出計算結果：

㈠黃太太參加儲蓄型保險，每年年初繳交20萬元，預定的利率為2%，十年後（第十年

年底）該儲蓄型保險契約到期，試問黃太太可以領回多少錢？（5分）

㈡又知B人壽保險公司所提供的人壽保險契約為：30歲健康之要保人若身故可獲得100萬元保險金，每年年初須繳費12,368元，20年後期滿。如果要保人繳滿保險金後再過5年（即第24年底之後）死亡，請問該投保提供受益人的年平均報酬率或收益率為多少？（5分）

㈢若以國人平均壽命75歲計算，忽略其他作業成本時，請問B人壽保險公司推出該保險契約的資金成本（以百分比衡量）約為多少？（5分）就此保險商品而言，什麼情況可使保險公司負擔的資金成本愈低？（5分）

答：㈠$20萬元 \times (1 + \frac{2}{100})^{10} + 20萬元 \times (1 + \frac{2}{100})^{9} + 20萬元 \times (1 + \frac{2}{100})^{8} + 20萬元 \times (1 + \frac{2}{100})^{7}$

$+ 20萬元 \times (1 + \frac{2}{100})^{6} + 20萬元 \times (1 + \frac{2}{100})^{5} + 20萬元 \times (1 + \frac{2}{100})^{4} + 20萬元 \times (1 + \frac{2}{100})^{3}$

$+ 20萬元 \times (1 + \frac{2}{100})^{2} + 20萬元 \times (1 + \frac{2}{100})$ 有一符號 $\Rightarrow 20萬元\ S_{\overline{10}|} (1 + \frac{2}{100})$

㈡略（資料欠缺，無法計算）

㈢略（資料欠缺，無法計算）

五南文化廣場 橫跨各領域的專業性、學術性書籍 在這裡必能滿足您的絕佳選擇！

五南全國展售門市

【逢甲店】
【台大店】
【嶺東書坊】
【海洋書坊】
【環球書坊】
【台中總店】
【高雄店】
【屏東店】

海洋書坊：202 基 隆 市 北 寧 路 2號 TEL：02-24636590　FAX：02-24636591
台 大 店：100 台北市羅斯福路四段160號 TEL：02-23683380　FAX：02-23683381
逢 甲 店：407 台中市河南路二段240號 TEL：04-27055800　FAX：04-27055801
台中總店：400 台 中 市 中 山 路 6號 TEL：04-22260330　FAX：04-22258234
嶺東書坊：408 台中市南屯區嶺東路1號 TEL：04-23853672　FAX：04-23853719
環球書坊：640 雲林縣斗六市嘉東里鎮南路1221號 TEL：05-5348939　FAX：05-5348940
高 雄 店：800 高 雄 市 中 山 一 路 290號 TEL：07-2351960　FAX：07-2351963
屏 東 店：900 屏 東 市 中 山 路 46-2號 TEL：08-7324020　FAX：08-7327357
中信圖書團購部：400 台 中 市 中 山 路 6號 TEL：04-22260339　FAX：04-22258234
政府出版品總經銷：400 台 中 市 軍 福 七 路 600號 TEL：04-24378010　FAX：04-24377010
網 路 書 店　http://www.wunanbooks.com.tw

專業法商理工圖書‧各類圖書‧考試用書‧雜誌‧文具‧禮品‧大陸簡體書
政府出版品總經銷‧中信圖書館採購編目‧教科書代辦業務

五南圖解財經商管系列

※ 最有系統的圖解財經工具書。

※ 一單元一概念，精簡扼要傳授財經必備知識。

※ 超越傳統書藉，結合實務精華理論，提升就業競爭力，與時俱進。

※ 內容完整，架構清晰，圖文並茂‧容易理解‧快速吸收。

圖解企劃案撰寫
/ 戴國良

圖解企業管理(MBA學)
/ 戴國良

圖解企業危機管理
/ 朱延智

圖解行銷學
/ 戴國良

圖解策略管理
/ 戴國良

圖解管理學
/ 戴國良

圖解經濟學
/ 伍忠賢

圖解國貿實務
/ 李淑茹

圖解會計學
/ 趙敏希
馬嘉應教授審定

圖解作業研究
/ 趙元和、趙英宏、
趙敏希

圖解人力資源管理
/ 戴國良

圖解財務管理
/ 戴國良

圖解領導學
/ 戴國良

國家圖書館出版品預行編目資料

人身風險管理：理論與實務／鄭燦堂著.－－

初版.－－臺北市：五南, 2013.07

面；　公分.

ISBN 978-957-11-7191-3 (平裝)

1.風險管理

494.6　　　　　　　　　102012524

1FS8

人身風險管理：理論與實務

主　　編 — 鄭燦堂

發 行 人 — 楊榮川

總 編 輯 — 王翠華

主　　編 — 張毓芬

責任編輯 — 侯家嵐

文字校對 — 陳俐君

封面設計 — 盧盈良

出 版 者 — 五南圖書出版股份有限公司

地　　址：106台北市大安區和平東路二段339號4樓

電　　話：(02)2705-5066　　傳　　真：(02)2706-6100

網　　址：http://www.wunan.com.tw

電子郵件：wunan@wunan.com.tw

劃撥帳號：01068953

戶　　名：五南圖書出版股份有限公司

台中市駐區辦公室/台中市中區中山路6號

電　　話：(04)2223-0891　　傳　　真：(04)2223-3549

高雄市駐區辦公室/高雄市新興區中山一路290號

電　　話：(07)2358-702　　傳　　真：(07)2350-236

法律顧問　林勝安律師事務所　林勝安律師

出版日期　2013年7月初版一刷

定　　價　新臺幣450元